이야기로 만나는
제주의 나무

글·사진 이성권

목수책방
木水冊房

서귀포시 대정읍 보성리 구실잣밤나무 노거수

추천사

나무란 같은 식물이면서도 풀과는 다른 특성이 있다. 무엇보다 크고 오래 산다. 그러니 그 환경을 지배하고 사람들의 심성까지도 좌우한다. 어제도 보았고 작년에도 보았던 그 나무를 돌아가신 선조들도 보았다. 앞으로도 그만큼 더 보게 될 것이다. 그래서 나무에는 문화가 들어 있다. 이 책은 그런 문화의 원형을 찾아가기 위한 여정의 길잡이가 되려고 한다. 길을 나서면 만날 수 있는 나무로 시작한다. 제주도의 전부라 할 수 있는 한라산에서, 죽어서도 간다는 오름에서, 어떻게든 살아남아 오히려 희귀해진, 제주의 비바람에 맞서 견뎌내고 있는, 서지 못하면 엎드려서라도 살아가는 이 땅의 나무들을 실었다. 이 책은 제주도의 나무를 이해하는 데 큰 도움이 될 것이다.

김찬수(이학박사, 한라산생태문화연구소장)

보고 싶은 식물을 찾아 산과 들을 다니며 관찰하고 새로운 사실을 밝히는 일은 결코 쉽지 않다. 책에 수록된 나무들은 저자가 직접 답사하면서 실체를 확인한 것으로, 제주도 곳곳에서 만날 수 있는 대부분의 수종樹種을 망라하고 있다. 《이야기로 만나는 제주의 나무》는 현장을 조사하며 찍은 다채롭고 정밀한 사진을 수록하고, 나무 용어를 전문가와 일반인이 모두 수용할 수 있는 쉬운 말로 풀어서 설명하고 있다. 게다가 나무의 생태에만 국한하지 않고 나무의 쓰임새, 역사·문화적 이야기까지 풀어내고 있어 제주에 뿌리 내린 나무를 이해하기 위한 최고의 입문서라고 감히 말하고 싶다.

문명옥(이학박사, 제주대학교 기초과학연구소)

많은 시간 공을 들여 제주에 분포하는 수목의 절반을 한데 모아 만든, 저자의 노고가 느껴지는 책이다. 구성도 한라산에서 바닷가까지 나무가 살아가는 장소에 따라 구분하고, 희귀수목과 노거수뿐만 아니라 나무의 특성에 따라 구분한 것도 마음에 든다. 드물게 식재된 식물도 있으나 전체적으로 자생식물 위주로 구성하고, 제주어와 제주의 이야기를 함께 녹여 내 제주의 숲을 좋아하고 사랑하는 일반인들이 접근하기 좋은 책이 될 것이다.

송관필(이학박사, 제주생물자원(주) 대표)

들어가는 글

사람들은 제주도를 식물의 보고라고 말한다. 제주도는 국내에서 가장 따뜻한 곳이며, 섬 가운데에는 해발 1950미터의 한라산이 솟아 있고, 중산간에는 겨울에도 따뜻한 온도와 습도가 일정 정도 유지되는, 독특한 미기후아주 작은 범위 내의 기후를 일컫는 말. 보통 지면에서 1.5미터 정도 높이까지를 측정 대상으로 한다를 보이는 곶자왈이 있다. 그렇다 보니 수직적으로는 따뜻한 지역에서 자라는 남방계 식물과 추운 지역에서 나타나는 북방계 식물이 함께 자라며, 수평적으로는 중국과 일본을 잇는 식물군이 띠 모양을 이룬다. 그 결과 다양한 식물이 분포하며, 육지부와도 다른 식물상植物相, 특정 지역에 생육하고 있는 식물의 모든 종류을 보인다. 지금까지 알려진 국내 4500여 종의 식물 가운데 제주도에 약 2000여 종이 분포한다. 자생식물의 절반 가까이 제주도에서 자라고 있으니 좁은 면적치고는 많은 숫자다. 또 고립된 섬이기 때문에 제주도에는 육지에서 보기 힘들거나 볼 수 없는 나무들이 많이 자라고 있다.

이런 제주 식물의 다양성과 특이성은 식물에 관심을 가진 사람들에게 매력으로 다가올 수밖에 없다. 그래서 전에 만났던 식물을 다시 보기 위해 매년 제주행 비행기를 타는 사람들이 있을 정도다. 게다가 제주도는 면적이 좁은 섬이어서 비교적 짧은 시간 안에 다양한 식물을 접할 수 있다는 장점이 있다. 집을 나서면 바다고 오름이고 곶자왈이다. 약 두 시간이면 제주도의 동쪽 끝에서 서쪽까지 이동할 수 있어서 어느 장소든 그날 목표한 식물을 볼 수 있다. 고도가 높은 지역에서 자라는 식물을 보기 위해 마음만 먹으면 하루 일정으로 한라산을 다녀올 수도 있다.

생태해설사는 여러 방면으로 많은 공부가 필요한 직업이다. 들풀을 보러 다닌 것이 계기가 되어 생태해설사 일을 하고 있던 나에게 식물 공부가 특별히 관심이 가는 부분이었다. 특히 나무 공부는 제주의 생태를 알아 가는 과정이기도 했지만, 제주도의 문화를 이해하는 하나의 방법이기도 했다. 나무 관찰은 나무의 생태적인 특성을 찾는 일에만 국한할 수 없다. 나무는 사람들의 생활과 떼려야 뗄 수 없는 대상이기 때문이다.

팽나무는 제주도의 어느 곳에서나 흔히 볼 수 있는 나무로 척박한 환경에서도 잘 자라 마을의 쉼터 구실을 한다. 곶자왈의 종가시나무는 재질이 강하여 과거 주요 농기구의 재료가 되었으며, 구실잣밤나무로는 덕판배를 만들었다. 제주도 신당神堂의 당목堂木은 신이 깃든 곳이 아니라 좌정한 곳이어서 나무의 종류보다 그 장소에서 자라는 나무가 더 중요했다. 중산간 마을에서는 팽나무나 푸조나무 등 산에서 자라는 큰 나무들이 당목이 되지만, 해안 마을에서는 우묵사스레피나무, 보리밥나무 등 바닷가에 자라는 나무가 그 역할을 한다.

그러나 식물도감을 펼칠 때마다 나타나는 한자로 된 전문용어는 식물 초보자가 나무를 이해하는 데 걸림돌이다. 그 결과 식물에 관심은 많으나 용어가 낯설고 어려워 식물도감을 회피하는 사람들이 허다하다. 이런 일을 겪으면서 '식물에 쉽게 다가설 수 있는 책이 없을까' 하는 목마름이 항상 있었다. 내가 찾아낸 방법은 결국 전문적인 용어를 우리가 쓰는 쉬운 말로 사용하고, 우리가 경험해 왔던 나무와 사람들의 이야기를 하는 것이었다.

제주도의 나무를 세세하게 소개할 기회가 생겼다. 식물을 전공하지 않은 사람이 어떤 책을 만들 수 있을까? 기대 반 걱정 반이었지만 결론은 '생태해설사의 눈으로 나무를 보자'였다. 어차피 해설사는 쉽게 풀어 주는 역할을 하는 사람이기에 나무와 관련 있는 제주의 문화와 생태 이야기를 곁들이면 좋겠다는 생각을 했다. 그래서 이 책을 읽어야 할 사람들은 식물 전문가라기보다 제주를 자주 찾고 제주도의 자연과 문화가 궁금한 일반인일 것이다.

나무를 살펴보고 기록하는 일은 생태해설사로서 나만의 이야기를 사람들에게 들려주기 위한 것이며, 반드시 해야만 하는, 일종의 소명감 같은 것이었다. 나는 제주도에서 자라는 나무를 오랫동안 관찰했다. 그때마다 나무들을 카메라에 담았으며, 덕분에 15년이 지난 지금 많은 자료가 쌓였다. 동이 트기 전 한라산에 올라 암매와 들쭉나무를 촬영하고 백록담을 내려오다 마주한 서귀포 해안 풍경은 너무나 평화로웠다. 그런가 하면 무릎이 까이면서 한라산 계곡을 건너 겨우 찾은 성널수국을 결코 잊을 수 없다. 나무를 동정하기 위해 습관적으로 줄기·잎·꽃·열매 등을 나누어 촬영했다. 현장감을 살리기 위해 될 수 있으면 있는 그대로 담았고, 나무마다 어떤 특징이 있는지 관찰하는 일을 게을리하지 않았다.

그밖에 주변에서 들었던 이야기도 나무 공부를 재미있게 해 주었다. 조천읍 선흘리에 있는 동백동산에서 자연환경해설사로 근무하면서 마을 어르신들로부터 과거 제주 사람들이 어떻게 나무를 사용했는지에 관한 이야기를 들을 수 있었다. 이와 함께 농촌에서 어린 시절을 보낸 탓에 주변에서 자라는 나무에 관해 부모님께 듣거나 실제로 나무의 쓰임새를 보기도 했다. 이렇게 쌓인 시간과 이야기는 나에게 소중한 자산이 되어 책을 쓰는 데 많은 도움이 되었다.

제주도에는 62과 320여 종의 나무가 자란다고 알려져 있다《제주 지역의 임목유전자원》, 국립산림과학원, 2007. 그 가운데 156종을 선정해 실었다. 제주도에서만 볼 수 있는 나무를 우선했으며, 육지에서 자라는 나무라도 제주도에서 많은 쓰임이 있었거나 재미있는 이야기가 있는 것은 함께 실었다. 자칫 딱딱할 수도 있는 식물도감 형식에서 벗어나 나무와 관련된 이야기를 중심으로 줄기·잎·꽃·열매 등에 관한 세부적인 정보와 함께 생태적인 내용도 함께 실었다. 또 나무의 주요 특징이나 유사종과 어떤 차이점이 있는지를 기록하여 서로 구별하는 데 도움이 될 수 있도록 했다. 식물 용어는 될 수 있으면 한글로 풀어 썼으며, 널리 통용되고 있는 한자어는 그대로 두었다.

책은 크게 2부로 나누어 주제별로 구성했다. 1부는 제주도의 지질적인 특징과, 식물의 수직적인 분포를 고려하여 도로, 한라산, 오름, 곶자왈, 하천 변, 바닷가 등 나무가 살아가는 장소별로 구분했다. 2부는 제주도에 와야만 볼 수 있는 나무를 중심으로, 이야기가 있는 나무를 선정하여 희귀나무, 노거수, 덩굴나무, 가시가 달린 나무, 도토리가 열리는 나무, 산딸기 등 나무의 특성에 따라 구분했다. 물론 나무들은 장소별·특성별로 서로 중첩되는 경우가 많다. 이를 해결하기 위해 나무의 특성을 우선했고, 장소는 후순위로 두었다.

특히 가로수의 경우, 2020년 현재 총 36종 5만7671여 그루가 식재되어 있는데, 이 가운데 가장 많은 나무 순으로 12종을 선정해 다루었다. 제주도에서 노거수로 지정하여 보호하는 나무는 총 15종 158그루다. 또 천연기념물로 지정된 나무에도 노거수가 포함되어 있다. 이 책에는 제주도 보호수와 천연기념물 가운데 대표적인 노거수 12종을 선정해 실었다. 가로수와 노거수가 서로 겹치는 경우, 가로수로 많이 활용되는 나무는 가로수로 구분했다. 나무의 분류체계와 학명·국명은 국가표준식물목록www.nature.go.kr/kpni/index.do, 2022을 기준으로 표기했다. 나무의 제주어는 《제주도방언집》석주명, 2008, 《제주어사전》제주문화예술재단, 2009 등을 참고했다.

식물을 전공하지 않은 사람이라 제주도의 나무에 관한 책을 출간한다는 것은 많은 용기가 필요한 일이었다. 이에 많은 분의 격려가 있었다. 특히 식물 공부에 등불이 되어 주고 용기를 불어넣어 준 김찬수 박사님, 원고 집필에 많은 도움을 준 송관필·문명옥 박사님, 사진을 포함해 많은 자료를 제공해 준 산림과학원 난대아열대연구소 김진 님, 제주생물자원(주) 문성필 님, 경북 영주시 남명자 님, 제주의 이영선 님에게 감사드리며, 글을 쓰는데 동기 부여는 물론 지원을 아끼지 않는 (사)제주생태관광협회 고제량 대표님, 이 책을 위한 자료 정리에 많은 도움을 준 아내 김은숙, 변변치 못한 글임에도 책이 될 수 있게 해 준 목수책방 전은정 대표에게도 고마움을 전한다.

2022년 겨울 이성권

차례

들어가는 글   4

알아 두면 좋은 식물 용어   12

1장
도로에서 만나는 나무

구실잣밤나무	20
느티나무	22
다정큼나무	24
담팔수	26
돈나무	28
동백나무	30
먼나무	32
배롱나무	34
산딸나무	36
왕벚나무	38
참식나무	40
후박나무	42

2장
한라산에 사는 나무

구상나무	50
굴거리나무	52
귀룽나무	54
들쭉나무	56
마가목	58
백리향	60
분단나무	62
붉은병꽃나무	64
사스래나무	66
산개벚지나무	68
산철쭉	70
섬매발톱나무	72
시로미	74
주목	76
털진달래	78
함박꽃나무	80
홍괴불나무	82

3장
오름에서 자라는 나무

가막살나무	86
개서어나무	88
검노린재나무	90
고추나무	92
곰의말채나무	94
국수나무	96
까마귀밥나무	98
누리장나무	100
덜꿩나무	102
때죽나무	104
비목나무	106
산뽕나무	108
예덕나무	110
윤노리나무	112
자귀나무	114
참개암나무	116
참느릅나무	118
참빗살나무	120
팥배나무	122
황벽나무	124

4장
곶자왈을 지키는 나무

감탕나무	128
광나무	130
길마가지나무	132
까마귀베개	134
된장풀	136
붉나무	138
빌레나무	140
사스레피나무	142
산검양옻나무	144
새덕이	146
새비나무	148
생달나무	150
송악	152
육박나무	154
자금우	156
작살나무	158
합다리나무	160
화살나무	162
후피향나무	164

5장
하천 변에서 만날 수 있는 나무

말오줌때	168
모새나무	170
백량금	172
붓순나무	174
산호수	176
이나무	178
참꽃나무	180
호자나무	182
황칠나무	184

6장
바닷가에서 흔히 볼 수 있는 나무

갯대추나무	188
까마귀쪽나무	190
낭아초	192
돌가시나무	194
멀구슬나무	196
보리밥나무	198
순비기나무	200
우묵사스레피	202
이팝나무	204
황근	206

7장
제주의 희귀나무

목련	210
무주나무	212
섬개벚나무	214
성널수국	216
솔비나무	218
수정목	220
암매	222
제주백서향	224
죽절초	226
참나무겨우살이	228
채진목	230
초령목	232

8장
제주 땅을 지키는 오래된 나무

곰솔	236
녹나무	238
비자나무	240
센달나무	242
소귀나무	244
온주밀감	246
은행나무	250
조록나무	252
주엽나무	254
팽나무	256
푸조나무	258
회화나무	260

9장
제주의 덩굴식물

개다래	266
개머루	268
까마귀머루	270
남오미자	272
노박덩굴	274
다래	276
담쟁이덩굴	278
댕댕이덩굴	280
등수국	282
마삭줄	284
멀꿀	286
모람	288
영주치자	290
왕머루	292
으름덩굴	294
인동덩굴	296
줄사철나무	298

10장
가시가
달린 나무

꾸지뽕나무	302
두릅나무	304
머귀나무	306
산유자나무	308
산초나무	310
상동나무	312
실거리나무	314
음나무	316
청미래덩굴	318
초피나무	320

11장
도토리가
열리는 나무

개가시나무	324
떡갈나무	326
붉가시나무	328
상수리나무	330
신갈나무	332
졸참나무	334
종가시나무	336
참가시나무	338

12장
제주의
산딸기

가시딸기	342
거문딸기	344
검은딸기	346
겨울딸기	348
멍석딸기	350
복분자딸기	352
산딸기	354
서양오엽딸기	356
장딸기	358
줄딸기	360

참고문헌	362
찾아보기	363

알아 두면 좋은 식물 용어

*일부 용어는 《알기 쉽게 정리한 식물 용어》국립수목원, 2010를 참조해 정리했습니다.

木 나무의 모습

암수딴그루^{자웅이주 雌雄異株} : 암꽃과 수꽃이 서로 다른 그루에 달린 것.

암수한그루^{자웅동주 雌雄同株} : 암꽃과 수꽃이 같은 그루에 달린 것.

작은큰키나무^{아교목 亞喬木, 소교목 小喬木} : 큰키나무처럼 보이지만 큰키나무보다 작은 나무.

작은키나무^{관목 灌木} : 밑에서 줄기를 많이 내며, 키가 작은 나무.

큰키나무^{교목 喬木} : 하나의 굵은 줄기를 갖는 키가 큰 나무로, 굵은 줄기와 가지의 구별이 뚜렷하다.

⚘ 줄기와 뿌리

겨울눈^{동아 冬芽} : 겨울을 지나 봄에 잎이나 꽃이 되는 눈. 비늘조각^{인편 鱗片}이나 털로 뒤덮인다.

골속 : 가지나 줄기의 중심부에 있는 조직의 흔적.

껍질눈^{피목 皮目} : 나무의 줄기나 뿌리에 코르크층이 만들어진 후 공기의 통로가 되는 조직.

꽃눈^{화아 花芽} : 꽃이 될 눈.

내피^{內皮} : 속껍질. 나무껍질 맨 안쪽, 부름켜 바깥쪽에 있는 조직.

반덩굴성 : 줄기가 빳빳하지 못하여 덩굴처럼 되는 성질.

부정근^{不定根} : 줄기나 잎 등 뿌리 이외의 기관에서 생겨나는 뿌리.

부착근^{附着根} : 줄기에서 부정근이 만들어져 다른 물체에 붙는 뿌리.

잎눈^{엽아 葉芽} : 잎이나 가지가 될 눈.

🌿 잎

거꿀달걀형^{도란형 倒卵形} : 잎 위쪽으로 갈수록^{잎자루 부분에서 멀어질수록} 상대적으로 폭이 넓어지는 거꾸로 선 달걀 모양.

겹톱니 : 잎가장자리의 큰 톱니 안에 작은 톱니가 있는 것. 2중으로 된 톱니.

기공선 : 바늘잎 바깥 표면에 있는, 가스 교환과 수증기 통로 역할을 하는 기관.

기판基瓣 : 콩과식물의 꽃잎 중 위쪽에 있는 가장 크고 넓적한 꽃잎.

깃꼴겹잎깃모양겹잎, 우상복엽 羽狀複葉 : 새의 깃처럼 생긴 작은잎이 잎줄기에 마주나기로 달린 겹잎으로 홀수깃꼴겹잎, 짝수깃꼴겹잎이 있다.

반상록성반늘푸른 : 추운 곳에서는 잎이 지지만 따뜻한 곳에서는 녹색 잎을 단 채 겨울을 나는 성질.

삼출엽三出葉 : 한 지점에서 세 개의 작은잎이 나온 겹잎.

선형線形 : 좁고 길어서 양 가장자리가 거의 평행을 이루는 잎·꽃잎·꽃받침조각 등의 모양.

잎맥 : 잎 속 물과 양분의 이동통로.

중륵中肋 : 잎 한가운데 세로로 통하는 굵은 잎맥.

차상叉狀 : 서로 엇걸려 있는 모양.

측맥側脈 : 가운데 주맥에서 좌우로 갈라져 나온 잎맥.

턱잎탁엽 托葉 : 잎자루 밑에 붙은 한 쌍의 잎과 같은 부속체.

피침형披針形 : 잎이나 꽃잎 등이 가늘고 길며 끝이 뾰족한 모양

✿ 꽃

겹우산모양꽃차례복산형화서 複散形花序 : 우산모양꽃차례의 꽃대 끝에서 다시 우산 모양으로 갈라져 피는 꽃차례. 예) 당근, 인삼, 미나리

기판基瓣 : 콩과식물의 나비 모양 꽃부리 위쪽에 있는 가장 크고 넓적한 꽃잎.

꼬리모양꽃차례미상화서 尾狀花序, 유이화서 葇荑花序 : 꽃대가 아래로 처지는 꽃차례. 꽃은 단성화로 꽃잎이 없고 포로 싸여 있다. 예) 참나무과, 자작나무과

꽃덮이화피 花被 : 꽃받침과 꽃잎의 구별이 명확하지 않은 꽃에서 꽃잎과 꽃받침을 함께 지칭할 때 쓰는 말.

꽃덮이조각화피편 花被片 : 꽃덮이의 한 조각.

꽃부리화관 花冠 : 하나의 꽃에서 꽃잎 전체를 말한다. 꽃잎 일부나 전부가 서로 붙어 있다.

머리모양꽃차례두상화서 頭狀花序 : 꽃자루가 없거나 짧은 꽃이 줄기 끝에 모여서 머리 모양으로 배열하는 꽃차례. 예) 국화과

무성화無性花 : 암술과 수술이 퇴화하여 열매를 맺지 못하는 꽃. 예) 수국

비늘조각인편 鱗片 : 겨울눈의 겉면을 싸고 있는 비늘 모양의 구조.

산방꽃차례산방화서 繖房花序 : 바깥쪽 꽃의 꽃자루는 길고 안쪽 꽃은 꽃자루가 짧아서 꽃대 끝이 거의 같은 높이를 갖는 꽃차례. 예) 기린초 등

소포小苞 : 포와 꽃받침 사이에 있는 포보다 작은 잎.

실편實片 : 소나무나 편백나무 같은 송백류의 암꽃을 이루는 비늘 조각 중 밑씨가 붙어 있던 목질성 조각.

심피心皮 : 암술을 구성하는 암술머리·암술대·씨방.

씨방자방 子房 : 밑씨가 만들어지는 곳으로 암술의 아랫부분이 부푼 곳.

암수딴꽃단성화 單性花 : 암술과 수술이 서로 다른 꽃봉오리에서 피어나서 서로 구분되는 꽃.

암수한꽃양성화 兩性花 : 암술과 수술이 한 곳에 다 있는 꽃.

암술머리주두 柱頭 : 꽃가루를 받는 암술대의 끝부분.

용골판龍骨瓣 : 콩과식물의 나비 모양 꽃부리 가장 아래쪽에 있는 두 장의 꽃잎.

우산모양꽃차례산형화서 傘形花序, 산형꽃차례, 우산꽃차례 : 꽃대 끝에 작은 꽃자루가 달린 꽃들이 우산살처럼 배열된 꽃차례. 예) 설앵초

원뿔모양꽃차례원추화서 圓錐花序, 원뿔꽃차례 : 총상꽃차례가 가지를 치면서 전체적으로 원뿔 모양을 이룬 꽃차례.

이삭꽃차례수상화서 穗狀花序 : 가늘고 긴 꽃대에 꽃자루가 없는 작은 꽃이 여러 송이 붙어서 이삭 모양으로 배열한 꽃차례. 예) 질경이, 보리

익판翼瓣 : 콩과식물의 나비 모양 꽃부리 좌우 양측에 있는 꽃잎.

총상꽃차례총상화서 總狀花序 : 긴 꽃대에 꽃자루가 있는 여러 개의 꽃이 어긋나게 붙는 꽃차례. 예) 냉이, 등나무

총포總苞 : 꽃대 끝에서 꽃의 밑부분을 싸고 있는 비늘 모양의 조각. 예) 국화과, 산형과

취산꽃차례취산화서 聚繖花序, 집산화서 集散花序 : 꽃대 끝에 꽃이 달리고 다시 그 밑으로 가지가 갈라져 끝에 달리는 꽃차례. 예) 작살나무, 덜꿩나무

통꽃 : 대롱·깔때기·종 모양으로 꽃잎이 서로 붙은 꽃. 예) 철쭉, 나팔꽃, 도라지

포비늘^{苞鱗} : 침엽수 열매 축에 나선상으로 배열된 비늘조각. 포비늘 안쪽에 배주가 붙어 있다.

헛수술 : 암수한꽃에서 형태만 있고 기능을 하지 못하는 수술.

○ 열매

각두^{殼斗} : 종가시나무나 상수리나무처럼 열매를 싸고 있는 모자 모양의 받침.

견과^{堅果} : 단단한 껍질이나 깍정이에 싸여 있는 나무 열매. 예) 잣나무, 밤나무, 은행나무, 가래나무

관모^{冠毛} : 꽃받침 형태가 변한 것으로 씨방의 맨 끝에 붙은 솜털 같은 것.

골돌과^{骨突果} : 하나의 심피에서 발달하며, 다 익으면 한 개의 봉선을 따라 껍질이 벌어지는 열매. 예) 작약, 투구꽃, 붓순나무, 박주가리 등

과포^{果苞}·과낭^{果囊} : 열매를 싸고 있는 주머니.

구과^{毬果} : 중축에 목질의 비늘조각이 겹쳐서 이루어진 열매. 비늘조각 안쪽 아래에 두 개에서 수 개의 종자가 붙어 있으며 성숙하면 벌어진다. 예) 소나무, 편백나무

밑씨^{배주 胚珠} : 종자식물에서 씨앗으로 발달하는 기관.

분과^{分果} : 여러 개의 씨방이 붙어 자라다가 다 익으면 떨어져 나가는 열매. 예) 산형과, 꿀풀과, 지치과

삭과^{蒴果} : 여러 개의 씨방으로 되어 있고, 익으면 열매 껍질이 말라 쪼개지면서 씨를 퍼뜨리는 열매. 예) 철쭉, 붓꽃

상과^{桑果} : 복화과^{複花果}의 한 종류. 짧은 꽃대에 많은 꽃이 피며 열매가 다닥다닥 열려 겉보기에 한 개처럼 보인다. 예) 산뽕나무, 파인애플

소견과^{小堅果} : 작은 견과 또는 견과처럼 생긴 열매. 예) 느티나무

수과^{瘦果} : 얇은 껍질에 싸여 있지만 크기가 작고 단단하여 익어도 터지지 않는 열매. 예) 메밀, 해바라기

시과^{翅果} : 과피가 막 모양으로 돌출하여 날개로 발달한 열매. 예) 단풍나무

은화과隱花果 : 헛열매의 일종. 꽃주머니 안쪽에 작은 꽃이 빽빽이 피고 꽃이 진 뒤 전체가 열매처럼 부풀어 오르는 열매. 예) 천선과, 모람

이과梨果 : 중심은 하위씨방이 발달하고, 꽃턱이 변한 씨가 많은 열매. 예) 사과, 배

장과漿果 : 액과液果라고도 하며 과육 부분에 수분이 많고 조직이 연한 열매. 예) 포도, 무화과

종의씨옷 種衣, 가종피 假種皮 : 씨를 덮고 있는 특별한 외피.

취과聚果 : 꽃 하나에 여러 개의 암술이 발달하여 이루어지나 하나처럼 보이는 열매. 예) 산딸기, 미나리아재비

핵과核果 : 중과피는 육질이고 내과피는 단단하여 그 안에 씨가 들어 있는 열매. 예) 벚나무, 매화, 담팔수

협과꼬투리, 莢果 : 성숙한 후 건조하면 심피꽃의 암술을 만드는 구성요소 씨방이 두 줄로 갈라져 터지면서 씨가 나오는 꼬투리 열매. 예) 콩과

▽ 학명

학명scientific name : 생물종의 공식적인 명명체계로 식물학자 칼 폰 린네가 만들었다. 라틴어 또는 라틴어화한 단어를 사용해 속명genus과 종소명species을 표기한다. 이를 이명법二名法이라 하는데, 속명의 첫 글자는 대문자, 종소명은 소문자로 표기하며 전체 이탤릭체로 표기한다.

아종subspecies : 생물분류학상 종의 하위 단계로 종 중에서 주로 지역적으로 일정하게 차이를 보이는 집단을 말한다. 종소명 다음에 subsp.로 표기한다.

변종variety : 한 지역 내에서 원종과 약간의 차이를 보이는 식물들이 무리를 이루었을 때 해당 식물을 변종으로 분류한다. 종소명 다음에 var.로 표기한다.

명명자 : 학명 뒤에 정체로 학명을 처음 지은 사람의 이름·성을 붙인다.

※ **기타**

샘털^{선모 腺毛} : 줄기·잎·꽃·포 등 여러 곳에서 나며, 점액을 비롯한 액체를 분비하는 식물체 표면의 털. 표피 일부가 돌출된 것으로 끝이 둥근 모양인 경우가 많다.

선점^{腺點} : 잎이나 꽃잎에 나는 검거나 투명한 점으로 분비물이 나온다.

수관^{樹冠} : 나무의 줄기·잎·꽃 등 지표면 위의 총합 구조. 나무의 가지와 잎이 달려 있는 부분.

자생식물^{自生植物} : 사람의 손길이 닿지 않은 채 산과 들에서 저절로 자라는 식물.

특산식물^{特産植物} : 한정된 특정 지역에서만 생육하는 고유한 식물.

풍향수^{風向樹} : 바람의 영향으로 한쪽으로 치우친 모습을 하고 있는 나무.

이야기로 만나는 제주의 나무

1장
도로에서 만나는 나무

구실잣밤나무

느티나무

다정큼나무

담팔수

돈나무

동백나무

먼나무

배롱나무

산딸나무

왕벚나무

참식나무

후박나무

구실잣밤나무

Castanopsis sieboldii (Makino) Hatus.
저지대 산지에서 자라는 상록성 큰키나무

과명	참나무과
분포	경남, 전남, 전북, 제주
제주어	제밤낭, 조밤낭, 조베남, 조베낭

5월의 제주여고 사거리는 코를 찌르는 비릿한 냄새가 진동한다. 구실잣밤나무가 내뿜는 밤꽃 향기 때문이다. 구실잣밤나무 가로수가 있는 도로는 제주시 중앙로와 정실마을, 신제주 남녕로, 서귀포시 태평로와 중문동 일주서로 등 도내 곳곳에 있다. 제주도에서는 구실잣밤나무를 해발 600미터 이하에서 흔히 볼 수 있다. 원래 빨리 자라기도 하지만 다른 나무에 비해 키가 크고 줄기도 굵어 정글을 이룬 곶자왈이나 한라산에서도 쉽게 눈에 띈다. 최근 설악산의 피나무[11.13미터]에 이어 가슴높이 둘레가 두 번째로 큰 구실잣밤나무[9.91미터]가 한라산에서 발견되기도 했다.

참나무과 나무의 열매는 대부분 쓴맛이 나서 여러 번 조리 과정을 거쳐야 먹을 수 있다. 하지만 구실잣밤나무 열매는 바로 까먹을 수 있다. 긴 타원형 열매는 다 익으면 껍질이 세 갈래로 갈라진다. 껍질을 벗겨 내면 씨앗이 나오는데 날로 먹어도 밤처럼 고소하다. 구실잣밤나무라는 이름도 열매가 구슬처럼 작고 밤 맛이 난다는 뜻에서 유래한다. 일반적으로 열매는 같은 해 가을에 익지만 구실잣밤나무는 붉가시나무나 상수리나무처럼 꽃이 피고 나면 이듬해 가을에 익는다.

구실잣밤나무는 재질이 무겁고 질겨 제주도에서는 땅속 돌을 파내는 벤줄레, 토지를 개간할 때 사용했던 따비, 콩이나 메밀 등 곡식을 수확한 다음 탈곡할 때 사용하는 도깨 등 다양한 농기구 재료로 이용했다. 제주도의 전통 돛단배인 덕판배도 구실잣밤나무를 사용해 만들었다.

구실잣밤나무는 곶자왈에 흔하지만 오래된 개체는 많지 않다. 과거 농기구 등 생활용품을 만드는 재료로 이용했기 때문이다. 노거수로 지정하여 보호하고 있는 제주도 내 보호수는 세 그루다. 제주시 용강동에는 당목^{堂木}으로 이용하는 250년 된 나무가 있으며_{왼쪽 사진}, 제주시 아라동과 서귀포시 대정읍 보성리에는 각각 300년 된 나무가 있다. 보성리의 구실잣밤나무는 가지가 썩고 줄기의 껍질이 벗겨져 썩 좋은 상태가 아니며, 나머지 두 그루는 아직도 풍성하게 꽃과 잎을 내고 있다. 꽃이나 나무껍질은 그물을 염색하는 염료로 썼고, 최근에는 정원수로 많이 심는다. 또 구실잣밤나무가 많은 양의 이산화탄소를 흡수한다는 연구 결과도 있어서 붉가시나무와 함께 기후변화에 대응하는 산림수종으로 손꼽히기도 한다.

줄기
높이는 15미터에 달하고, 회흑색 나무껍질은 세로로 갈라진다.

잎
어긋난 잎은 두 줄로 배열되어 있으며, 피침형 또는 긴 타원형이다. 잎끝은 뾰족하고, 윗부분에 물결 모양 톱니가 있으며, 뒷면은 연갈색 또는 흰빛이 돈다.

꽃
암수한그루로 5월에 황색 꽃이 꼬리모양꽃차례로 달리면서 아래로 처진다. 수꽃차례는 새 가지 밑부분 잎겨드랑이에 달리고, 암꽃차례는 윗부분 잎겨드랑이에 달린다.

열매
달걀 모양 긴 타원형으로 이듬해 가을에 익는다. 익으면 껍질이 세 갈래로 갈라져 속에서 단단한 열매가 나온다.

주요 특징

잎 뒷면은 연한 갈색이며, 열매는 달걀 모양 긴 타원형이다.

느티나무

Zelkova serrata (Thunb.) Makino
산지에서 자라는 낙엽성 큰키나무

과명	느릅나무과
분포	전국
제주어	굴무기낭, 느끼낭

육지의 마을 어귀에는 어김없이 느티나무가 서 있다. 키가 크고 가장 넉넉한 품을 가진 나무여서 오가는 사람들의 그늘이 되어 주기도 하고, 동네의 대소사를 의논하고 전달하는 사랑방 역할도 했다. 느티나무는 우리의 소원을 들어주는 당목이 되기도 하여 이래저래 우리 민족의 삶과 가장 연관이 깊은 나무다. 21세기를 앞둔 시점에는 우리 민족과 끈끈한 관계가 있는 나무라 하여 '밀레니엄나무'로 선정되기도 했다.

제주도에서는 느티나무가 마을의 정자목이나 당목보다 가로수로 많이 이용되었다. 봄철 파릇하게 올라오는 새싹, 여름철 그늘을 만들어 주는 풍성한 가지와 나뭇잎, 육지만큼은 못하지만 예쁘게 변하는 가을철 단풍 등 느티나무는 가로수로서 최상의 조건을 갖추고 있다. 제주도가 아열대성 기후이다 보니 대부분의 가로수는 상록성 나무이며, 낙엽성 나무 가운데서는 왕벚나무 다음으로 느티나무가 많이 이용된다. 제주시 연북로나 고마로^{위 사진}, 서귀포시 동문로터리에서 구동홍동주민센터에 이르는 도로에서 느티나무 가로수를 볼 수 있다.

느티나무는 주목, 은행나무와 함께 가장 오래 사는 나무다. 그 결과 국내에서 보호수로 지정된 노거수 1만3300여 그루 가운데 느티나무가 절반 이상을 차지한다. 서귀포시 표선면 성읍리에도 천연기념물로 지정되어 법의 보호를 받는 느티나무 노거수가 있다. 높이가 30미터, 가슴높이둘레는 5미터, 수령은 약 600~1000년 정도로 추정한다. 이곳의 느티나무는 정의현감이 정사를 보던 일관

헌 입구에 서서 슬픈 일, 기쁜 일 가리지 않고 제주도민의 대소사를 지켜봐 왔다.

느티나무의 이름은 누틔나무에서 왔다고 추정한다. 여기서 '누'는 누렇다는 뜻으로 느릅나무에 비해 꽃과 목재가 노란색이 뚜렷하여 붙여졌다. 결국 '노란색을 띠는 나무'라는 뜻이다. 제주에서도 느티나무를 생활 도구 재료로 이용했다. 곡식을 빻는 도구인 남방아를 만들기 위해서는 큰 통나무가 필요한데, 크게 자라는 느티나무는 제격이었다. 또한 초가집 마루와 큰 문짝도 느티나무로 만들었다. 그 밖에 건축재나 각종 가구재, 식기 등 작은 생활용품도 느티나무가 재료였다.

줄기
높이 35미터까지 자란다. 나무껍질은 회갈색이며 오래되면 비늘처럼 떨어진다.

잎
어긋나며 긴 타원형 또는 달걀 모양이다. 가장자리에 짧은 톱니가 있고, 가을에 붉은빛·노란빛 단풍이 든다.

꽃
암수한그루로 4~5월 잎과 함께 황록색 꽃이 달린다. 새 가지 밑에 모여 달리는 수꽃은 짧은 자루가 있고, 꽃덮개는 다섯 개에서 일곱 개 정도로 갈라지며, 수술은 네 개에서 여섯 개 정도도 있다. 암꽃은 자루 없이 새 가지 윗부분에 한 송이씩 달리며, 암술대는 두 갈래로 깊게 갈라진다.

열매
공을 손으로 누른 듯한 찌그러진 원형이며, 딱딱한 핵과로 5월에 익는다.

주요 특징
오래된 나무는 껍질이 비늘처럼 떨어진다.

다정큼나무

Rhaphiolepis indica (L.) Lindl. ex Ker var. *umbellata* (Thunb. ex Murray) H.Ohashi
바닷가나 햇빛이 잘 드는 산지에서 자라는 상록성 작은키나무

과명	장미과
분포	경남, 전남, 전북, 제주

다정큼나무는 몸체가 작고 이렇다 할 특별한 점이 없어서 꽃이 피기 전까지는 사람들의 관심을 끌지 못한다. 하지만 꽃이 피는 5월이 되면 사정이 달라진다. 따스한 봄과 어울리는 하얀 꽃은 너무나 화사하다. 달콤한 꽃향기를 따라 쉼 없이 꽃 속으로 들락거리는 벌과 나비의 행동은 생동감이 넘친다. 꽃을 좀 더 가까이서 보고 싶은 사람들은 다정큼나무를 조경수로 심는다. 최근에는 공해에 강한 나무라고 알려지면서 제주시 연삼로, 애조로, 조천리 우회도로위 사진 등 큰 도로 분리대에 어김없이 다정큼나무가 들어서고 있다.

다정큼나무는 보통 공원이나 도로변에서 볼 수 있어서 원예종으로 생각하기 쉬우나 엄연히 토종 나무다. 우리나라에서는 남부지방이나 제주도에서 자란다. 살아가는 곳은 바닷바람이 불어오고 짠물이 날아오는 바닷가 절벽이다. 그런 영향인지 잎 표면은 왁스를 칠한 듯 반질거리고 큐틴질식물 표피세포의 세포막 바깥쪽에 층을 이루며, 물에 녹지 않고 산에도 강하다이 발달해 바닷가 추위를 견딜 수 있다. 열매는 겨울까지도 남아 있다. 제주도의 겨울 바닷가는 다른 곳에 비해 파도가 더 드세고 바람도 더 강력하다. 삶터가 바닷가인 다정큼나무 입장에서는 씨앗을 퍼뜨리기에 이런 환경이 더 유리했을지도 모른다. 찔레꽃을 닮은 꽃은 줄기나 가지 끝에서 한꺼번에 모여 피며, 코를 자극하는 향기가 일품이다.

예로부터 우리 조상은 향기가 퍼지는 거리에 따라 식물에 이름을 붙였다. 다정큼나무는 칠리향, 난초는 십리향이라 불렸고, 한라산에서 자라는 백리향도 있다.

그런가 하면 동백동산이나 청수곶자왈에는 천리향이라 부르는 백서향이 자란다. 어쨌든 다정큼나무의 꽃향기가 얼마나 진했으면 향기가 나는 대표 나무라 생각하고 칠리향이라는 이름을 붙였을까.

이름은 전남 지방 방언에서 유래하며, "꽃이나 잎이 다정스럽게 모여 자라기 때문에 다정큼나무라 했다"는 이야기가 있다. 일본에서는 차륜매車輪梅라고 한다. 꽃이 매화와 비슷하고 꽃잎이 차바퀴를 닮았다는 의미다. 모두 정겨운 이야기, 정겨운 이름이 아닐 수 없다.

줄기
1년생 가지는 돌려나며, 처음에는 솜털로 덮여 있지만 곧 없어진다.

잎
어긋나지만 가지 끝에서는 모여 난다. 거꿀달걀형 또는 긴 타원형으로 뒷면에 그물맥이 뚜렷하다. 잎끝은 뾰족하거나 둥글고, 밑부분이 좁아져서 잎자루와 연결되며, 가장자리에 둔한 톱니가 있다.

꽃
5월에 가지 끝에 흰색 또는 연한 분홍색 꽃이 원뿔모양꽃차례로 달린다. 꽃대와 꽃받침통에는 갈색 털이 빽빽이 나고, 꽃잎과 꽃받침은 다섯 개다. 수술은 열다섯 개 정도이고 꽃잎보다 짧으며, 암술대는 두세 개다.

열매
둥근 이과가 10월에 검게 익는다.

주요 특징

잎의 모양과 크기의 변이가 심하며, 잎 뒷면에 그물맥이 보인다.

담팔수

Elaeocarpus sylvestris (Lour.) Poir. var. *ellipticus* (Thunb.) H. Hara
따뜻한 지역에서 자라는 상록성 큰키나무

과명	담팔수과
분포	제주
제주어	당팔수

7월 중순이면 신제주 제주도청 부근 신대로^{위 사진}는 하얀 담팔수꽃으로 뒤덮인다. 신제주를 건설할 때 심어 40여 년 이상 된 나무들이니 그 기세는 말할 필요도 없다. 신대로 말고도 서귀포시 동홍동사거리와 보목동거리에도 담팔수 가로수가 있다. 최근에는 제주시 도로에도 많아져 함덕리 신사동거리, 용문로, 삼양동에서 화북동에 이르는 우회도로 등에서도 볼 수 있다. 담팔수는 난대·아열대기후에서 자라는 상록성 나무로 제주도에서만 자란다. 긴 꽃차례에 하얀 털을 뒤집어쓴 것 같은 꽃의 모습만 보아도 따뜻한 남쪽 나라 어느 섬에서 온 나무 같다.

꽃만 특이한 게 아니라 잎도 유별나다. 길쭉한 잎은 여름철에 당연히 녹색을 띨 것 같지만, 그 가운데 하나는 붉게 단풍이 든다. 시간이 지나면 단풍이 들었던 잎은 떨어지고 그 자리에는 새로운 잎이 돋아난다. 담팔수 나름대로 터득한 잎갈이 방식이다. 이 모습 때문에 어떤 사람들은 '여덟 잎 가운데 하나가 붉은색'이라서 담팔수라는 이름이 붙었다고 주장하기도 한다. 하지만 중국에서는 쓰는 한자어 담팔수膽八樹를 그대로 한글 이름에 사용한 것으로 보인다.

국내에 자생하는 담팔수는 서귀포시 일대에서 몇 개체만 자란다. 이처럼 희귀하고 제주도를 대표할 수 있는 나무다 보니 도로뿐만 아니라, 공원이나 아파트 화단까지 들어와 있다. 담팔수는 하천 주변이 주 삶터지만 산에서도 잘 자라기 때문에 제주시 한경면 저지리 저지오름에서는 산림녹화용으로도 심었다. 또 서귀포시 강정동 냇길이소당에는 천연기념물로 지정된 500년 수령의 노거수도 있다. 이와 함께 천지연폭포의 담팔수도 천연기념물로 지정되어 있으며, 천제연폭포와 안덕계곡에서도 수령이 많은 담팔수를 볼 수 있다.

그러나 최근 기후가 따뜻해지면서 가로수로 심었던 담팔수가 사라지기도 한다. 2016년에는 신제주 신대로의 담팔수가 파이토플라스마^{phytoplasma}라는 병원균이 침투해 양분과 수분의 통로가 막혀 고사했다. 2019년에는 서귀포시 동홍사거리 담팔수도 같은 현상으로 말라 죽기도 했다. 가로수는 눈을 편안하게 해 주고 여름철에 사람들에게 그늘이 되어 주기도 한다. 오랜 세월 우리와 함께한 가로수가 관리가 되지 않아 하루아침에 사라지는 일이 너무나 아쉽다.

줄기
높이는 10~15미터에 달하고, 나무껍질은 회갈색이다. 1년생 가지는 털이 없고 껍질눈이 흩어져 있다.

잎
어긋나며 긴 타원형 또는 피침형이다. 잎 양면에 털이 없고, 뒷면은 회녹색을 띠며, 가장자리에는 물결 모양 톱니가 있다.

꽃
7월 중순에 새 가지 아랫부분 잎겨드랑이에서 흰색 꽃이 총상꽃차례로 다섯 개에서 스무 개 정도 달린다. 꽃받침조각과 꽃잎은 각 다섯 개이며, 꽃잎 끝이 실처럼 갈라진다. 수술은 열다섯 개, 암술은 한 개다.

열매
타원형 핵과가 11월 중순에 녹색에서 흑자색으로 익는다.

주요 특징

붉은 단풍잎이 생기고 가장자리에 물결 모양 톱니가 있다.

돈나무

Pittosporum tobira (Thunb.) W. T. Aiton
바닷가 또는 산지에서 자라는 상록성 작은키나무

과명	돈나무과
분포	경남, 전남, 전북, 제주
제주어	가마귀똥낭, 똥낭, 섬비樺순, 해동목

나는 바닷가에서 자랐기 때문에 어린 시절부터 돈나무를 알고 있었다. '똥낭' 또는 '똥나무'라는 이름이 특이하게 들리기도 했지만, 나무에서 풍기는 냄새 때문에 오래도록 기억했던 것 같다. 돈나무는 흔히 잎과 나무껍질에서만 좋지 않은 냄새가 난다고 생각하는데, 뿌리에서는 더 심하다. 심지어 꽃가루받이하는 잠깐의 시간을 빼면 꽃에서도 나며, 열매가 익어 갈 때는 이루 말할 수가 없다. 이것은 열매 속의 끈적끈적한 점액질 때문이다. 파리는 이 기회를 놓칠세라 열매 안으로 날아든다. 아이러니하게도 식물체 전체에서 나는 이 지독한 냄새 때문에 돈나무는 꿋꿋하게 지금까지 버틸 수 있었다.

돈나무의 지저분한 모습을 보고 제주 사람들은 똥낭똥나무이라 불렀다. 돈나무라는 이름도 제주어 '똥나무'에서 유래했다. 또 일제강점기에는 일본인들이 돈나무의 모습에 매료되어 관상수로 심었다는데, 똥낭의 '똥'을 '돈'으로 발음하여 돈나무가 되었다는 이야기도 있다.

돈나무는 제주도 바닷가 주변에서 가장 흔히 볼 수 있는 나무다. 섬음나무, 갯똥나무, 해동목 등 지역에 따라 여러 이름으로 다양하게 불린다. 키가 크지 않으면서 잎은 뒤로 조금 말린 모습이며, 줄기 위쪽 가지에 잎이 집중적으로 달려 있어 전체적인 수형은 흡사 인위적으로 가지치기를 해 놓은 느낌이다. 봄에 피는 하얀 꽃들의 독특한 꽃향기도 좋지만 가을철 구슬 같은 열매가 익어 가는 모습도 아름답다. 열매는 익으면서 세 갈래로 벌어지는데, 점액에 싸인 붉은 씨앗들은 숨겨 놓은 보석 같다.

 이런 모습 때문인지 돈나무는 제주도의 큰 도로까지 진출했다. 도로 분리대에는 보통 키가 크지 않으면서도 확실히 눈에 띄는 꽃과 좋은 수형을 가진 나무를 심는다. 이 조건에 돈나무는 안성맞춤이다. 대표적인 돈나무 가로수길은 서귀포시 대정읍 역사신화로^{왼쪽 사진}, 제주시 한경면 용수리에서 신창리에 이르는 일주서로다. 냄새가 나긴 하지만 나무 모양이 좋아 요즘은 조경수로도 많이 쓰이고, 예전에는 목재가 물기에 강해 고기잡이 도구를 만드는 재료로도 이용했다.

줄기
높이는 2~3미터에 달하고, 가지가 많이 갈라지며, 뿌리껍질에서 냄새가 난다.

잎
마주나며, 긴 타원형 또는 좁은 거꿀달걀형이다. 잎은 가지 끝에 모여 나며 두껍고 가죽질이다. 잎끝은 둥글고, 밑은 쐐기 모양이며, 가장자리는 밋밋하고 뒤로 약간 말린다. 표면은 광택이 나고 뒷면은 연한 녹색이다.

꽃
암수딴그루이며 4~5월에 새 가지 끝에 흰색 꽃이 취산꽃차례로 달린다. 꽃잎은 다섯 개이며, 수꽃은 수술이 다섯 개로 불임성 암술보다 길고 향기가 있다. 암꽃은 암술이 불임성 수술보다 길다.

열매
둥근 삭과가 10~12월에 황갈색으로 익는다. 세 갈래로 갈라지며 붉은 씨앗은 접착성이 있다.

주요 특징

잎 가장자리가 밋밋하고 뒤로 말린다. 열매는 세 갈래로 갈라지며, 종자는 붉은색으로 접착성이 있다.

동백나무

Camellia japonica L.

바닷가 가까운 산지에서 자라는
상록성 작은큰키나무 또는 큰키나무

과명	차나무과
분포	경북 울릉도, 인천 백령도, 대청도, 전남, 전북, 제주, 충남
제주어	돔박낭, 동박낭

제주도에서는 동백나무를 곶자왈뿐만 아니라 오름이나 하천에서도 어렵지 않게 볼 수 있다. 조천읍 선흘1리에는 동백나무가 많아서 '동백동산'이라 이름 붙인 곶자왈이 있고, 남원읍 신흥리는 동백나무숲이 있어서 동백마을이라 부른다. 선흘1리와 신흥리는 아예 마을 안길의 가로수까지 동백나무로 채웠다. 그런가 하면 서귀포시 성산읍 난산리 김종호 씨 집에는 제주도 보호수로 지정된 150년 된 동백나무 노거수가 세 그루나 있다.

보통 나무들은 가을이 되면 서서히 활동을 멈추지만 동백나무는 이때부터 조금씩 꽃봉오리를 만들고 꽃을 피우기 시작한다. 그리고 꽃은 봄이 끝나는 3월까지 제주도를 시작으로 남해안을 거쳐 동·서해안으로 번져 간다. 겨울에 꽃을 피우고 겨울에도 잎이 푸르른 나무여서 '동백冬柏'이라는 이름이 붙었고, 바닷가에 피는 꽃이라 하여 해홍화海紅花라 부르기도 한다.

동백나무는 화려한 붉은 꽃잎과 그 사이에서 올라오는 노란색 꽃술, 윤기가 흐르는 진초록 잎의 색 조화가 멋스럽다. 서로 겹쳐져 있는 꽃잎은 아래쪽이 붙어 있어 깊은 성벽과 같은 모습을 하고 있다. 이런 꽃 구조는 곤충보다 새에게 유리한 것으로, 동백나무는 동박새에게 꽃가루받이를 맡겼다. 이런 형태의 꽃을 '새가 꽃가루를 운반해 준다' 하여 조매화鳥媒花라 한다. 화려한 꽃이 많이 피는 따뜻한 남쪽 나라에는 조매화가 많다고 하는데, 우리나라에는 동백나무가 유일하다.

꽃가루받이가 끝난 동백꽃은 암술만 남긴 채 꽃잎을 통째로 떨어뜨린다. 이런 모습 때문에 이별이나 사랑을 노래하는 문학작품이나 민요, 심지어 대중가요에도 등장한다. 서정주의 시 '선운사 동구'가 있고, 전라도에서는 '동백타령'이 전해 내려온다. 이미자가 부른 노래 '동백아가씨'는 너무나 유명한 가요다. 그런가 하면 동백꽃은 제주의 아픈 역사인 4·3을 상징하는 꽃이기도 하다.

　동백나무 씨앗에서 뽑은 동백기름은 여자들에게 최고의 머릿기름이었다. 기름 냄새가 나지 않고 잘 마르지 않는 성질이 있어서 머리를 맵시 있게 만들어 주었기 때문이다. 기름을 식용하기도 했으며, 녹 제거에도 사용했다. 또 전기가 없던 시절에는 호롱불을 켜는 기름으로 이용하기도 했다.

줄기
높이는 10미터까지 자라며, 나무껍질은 황갈색 또는 회백색이다.

잎
어긋나며 긴 타원형 또는 달걀 모양 타원형이다. 잎끝은 뾰족하고 밑부분은 쐐기 모양이거나 둥글고, 표면은 녹색으로 광택이 난다.

꽃
11월부터 붉은색으로 피기 시작하여 이듬해 3월까지 계속된다. 꽃잎은 다섯 개에서 일곱 개로 밑에서 합쳐진다. 씨방에는 털이 없으며, 암술대 끝은 세 갈래로 갈라진다.

열매
둥근 삭과로 9~10월에 익는다.

주요 특징

꽃잎은 아래쪽이 붙어 있고 위가 반쯤 벌어진 통꽃 형태이며, 씨방에 털이 없다.

먼나무

Ilex rotunda Thunb.
산지 숲속에서 자라는 상록성 큰키나무

과명	감탕나무과
분포	전남보길도, 제주
제주어	먹낭, 먼낭

먼나무는 서귀포시 송산동·보목동위 사진거리, 제주시 한라수목원 가는 길, 별도봉 우당도서관 가는 길 등 제주도 거리에서 쉽게 볼 수 있다. 빨간 열매가 겨울까지 달려 있어 황량할 수도 있는 거리를 조금이나마 풍요롭게 해 준다. 가로수로 먼나무를 심은 이유도 빨갛게 빛나는 매력적인 열매 때문이다.

먼나무는 주로 한라산 남쪽에서 자라며, 곶자왈에서도 간간이 볼 수 있다. 사람들은 먼나무의 씨앗을 받아다 키우기 시작했고, 어느 정도 자란 나무를 거리에 심었다. 오염에도 강하고 추위도 잘 견뎌서 가로수로 이만한 나무가 없었기 때문이다. 초록의 나뭇잎 사이로 모습을 드러내는 빨갛고 풍성한 열매는 겨우내 싱싱한 상태를 유지하여 새들을 유혹한다. 물론 이것은 먼나무 입장에서는 씨앗을 퍼뜨리기 위한 전략이겠지만, 먹을 것이 부족한 계절에 먼나무는 새들에게 훌륭한 식량창고임에 틀림없다.

먼나무의 이름 유래에 관한 여러 이야기가 전해진다. 우선 지금은 쓰지 않는 말이지만 과거에는 작고 빨간 열매를 '멋'이라 했다. 겨울에도 매달려 있는 먼나무의 열매가 멋을 닮아서 '멋나무'라 하다가 먼나무로 변했다고 한다. 두 번째로 멀리서 보아야 제격인 나무여서 먼나무라 했다는 설이다. 세 번째로 먹을 만들 때 먼나무의 속껍질을 이용하여 제주도에서 '먹낭'이라 한 것이 먼나무가 되었다는 이야기다. 모두 그럴듯한 이야기다.

제주에서 오래된 먼나무를 꼽으라면 우선 서귀포자치경찰대구 서귀읍사무소 뒤뜰에서 자라는 나무를 들 수 있다. 수령 70년, 높이 6.5미터, 가슴높이둘레 1.4미터 정도 된다. 1949년 4·3 당시 무장대를 토벌한 기념으로 한라산에 자라는 나무를 군주둔지였던 이곳으로 옮겨 심었다고 전해진다. 이 나무는 제주특별자치도 기념물로 지정되기도 했지만 4·3을 재조명하기 시작하면서 제주도 정서에 맞지 않는다는 이유로 2005년 문화재 지정이 해제되었다. 대신 제주에서 가장 오래된 먼나무로 추정되는 서귀포시 서홍동 먼나무가 제주특별자치도 기념물 자리를 이어받았다. 이 나무는 수령 200년, 키 9.5미터, 가슴높이둘레 2.5미터에 이르니 제주특별자치도 기념물로 지정해도 이상하지는 않다. 하지만 한 번 지정된 기념물이 해제되는 경우가 거의 없다고 했을 때, 옳고 그름을 떠나 이런 모습에서 제주 사람들의 4·3 트라우마를 엿볼 수 있다.

꙳ 줄기
높이는 10미터에 달하고 나무껍질은 회백색, 가지는 털이 없고 암갈색이다.

🍃 잎
어긋나며, 타원형 또는 긴 타원형으로 가죽질이다. 잎끝은 둥글거나 짧게 뾰족하고 가장자리는 밋밋하다. 뒷면은 황록색이고, 마르면 갈색이 되며, 측맥은 희미하다.

✿ 꽃
암수딴그루로 6월에 새 가지 잎겨드랑이에 흰색 또는 연한 자주색 꽃이 취산꽃차례로 달린다. 수꽃에는 꽃잎보다 긴 수술이 네 개에서 여섯 개, 암꽃에는 꽃잎보다 짧은 헛수술이 네 개에서 여섯 개 있다. 암술머리는 둥글다.

⭕ 열매
둥근 핵과로 10월에 붉은색으로 익으며, 겨울에도 달려 있다.

주요 특징
잎자루가 길며, 꽃은 새 가지 잎겨드랑이에서 흰색 또는 연한 자주색으로 핀다.

배롱나무

Lagerstroemia indica L.
가로수나 정원수로 심는 낙엽성 작은큰키나무

과명	부처꽃과
분포	전국
제주어	조금낭, 조금타는낭

제주시 애월읍과 조천읍을 잇는 애조로는 제주도 간선도로치고는 꽤 길어 몇 년째 공사를 하고 있는 도로다. 하지만 일부 지역은 개통이 되어 이용하고 있으며 배롱나무, 참느릅나무, 다정큼나무, 협죽도, 백합나무 등 여러 종류의 가로수가 식재되어 있다. 그 가운데 배롱나무가 단연 돋보인다. 애조로와 5·16도로가 만나는 지점에서 서쪽으로 약 2킬로미터가 넘는 구간이 배롱나무 가로수길위사진이다. 개체 수가 많기도 하고, 오랫도록 꽃을 피우기 때문에 여름철 가로수길로 이만한 곳이 없는 것 같다.

배롱나무는 중국 원산으로 가로수에 앞서 묘지 조경수로 심었다. 부모님이 돌아가셨어도 아름다운 꽃을 오랫동안 보시라는 효孝의 뜻이 담겨 있다. 그러다 최근에는 정원수나 가로수로 심는 일이 많아지고 있다. 제주도에서 배롱나무 정원수로 유명한 곳 중 하나가 서귀포시 하원동에 있는 법화사다. 법화사는 800년이 넘는 오래된 사찰로 조선 후기 때 없어졌다가 1980년대에 다시 복원되었다. 사찰 경내에 구품지라는 연못이 있는데, 주변에 배롱나무를 심어 놓아 여름철 꽃이 필 때면 관광객들이 즐겨 찾는 명소가 되었다.

배롱나무는 오랫도록 꽃을 볼 수 있고 수형이 아름다워 관심을 많이 받는다. 꽃 색깔도 분홍색이 주를 이루지만 종종 붉은색이나 흰색도 눈에 띈다. 꽃이 피는 기간은 여름부터 가을까지 석 달이 넘는다. 이렇게 100일 동안 꽃을 피운다 하여 백일홍나무라 부르던 것이 배롱나무로 변했다. 하지만 꽃 하나가 100일 동안 피는 것이 아니라 나무 위에 모여 있는 작은 꽃들이 하나씩 피고 지고를 반복하기 때문에 오랫동안 피어 있는 것처럼 보인다. 꽃은 주걱 모양으로 넓적하고 꽃잎의 가장자리는 쭈글쭈글하다. 줄기와 가지는 V자를 그리면서 수평으로 반복하여 뻗는다. 이처럼 배롱나무는 수형이 아름답고 긴 시간 꽃을 볼 수 있어 자연스럽게 사람들의 시선을 끌 수밖에 없다.

배롱나무 줄기는 연한 홍자색이지만 얕게 벗겨지면서 흰 얼룩무늬가 만들어지며 매끈하다. 이런 줄기의 모습은 다른 나무에서 볼 수 없는 배롱나무의 또 하나의 특징이다. 배롱나무는 간지럼나무라는 별명이 있다. 줄기를 간지럽히면 나무가 부끄러워 흔들린다는 것이다. 그런 일은 없을 테고, 줄기가 매끄럽다는 것을 강조한 말일 것이다. 제주도에서도 조금낭이라 부른다. 조금은 간지럼을 뜻하는 제주어다.

줄기
높이는 3미터 정도다. 연한 홍자색으로 얕게 벗겨지며 오래되면 조각조각 떨어진다.

잎
두 장씩 어긋나며, 약간 가죽질이다. 거꿀달걀형 또는 긴 타원형으로 끝은 둔하고, 밑부분은 쐐기 모양이며, 가장자리는 밋밋하다.

꽃
7~9월에 줄기나 가지의 윗부분에서 홍색, 분홍색, 흰색 꽃이 달려 원뿔모양꽃차례를 이룬다. 꽃잎은 여섯 개로 주걱 모양이며, 수술은 많으나 여섯 개는 길다.

열매
둥근 모양 삭과가 9~11월에 흑갈색으로 익는다.

주요 특징

줄기는 얕게 벗겨지고, 잎은 두 장씩 어긋나게 달린다.

산딸나무

Cornus kousa Büerger ex Hance
산지에서 자라는 낙엽성 작은큰키나무
또는 큰키나무

과명	층층나무과
분포	경기, 충남·충북 이남 지역, 황해
제주어	틀낭

여름이 시작될 무렵인 6월의 숲은 싱그러움으로 가득하다. 이즈음 산딸나무도 꽃을 피운다. 마치 초여름에 눈이 내린 것 같은 착각이 들게 할 정도로 하얀 꽃이 숲을 덮는다. 자연스럽게 이 시기에는 산딸나무가 눈에 띌 수밖에 없다. 이런 모습 때문에 최근에는 제주에 가로수로 심는 경우가 많아지고 있다. 대표적인 산딸나무 가로수길은 제주시 조천읍 교래리 사거리^{위 사진}에서 돌문화공원을 거쳐 번영로에 이르는 남조로와 제주시 아라동 과학기술단지에 있는 첨단로다.

산딸나무는 아름다운 모습을 높이 살 만하지만 꿈을 이루기 위해 노력하는 나무의 지혜는 더 특별하다. 산딸나무의 꽃은 자세히 들여다보면 작은 꽃들의 집합체인 것을 알 수 있다. 산딸나무가 꽃을 피우는 초여름은 차츰 숲이 우거지고 있는 때여서 크기가 크지 않은 꽃은 곤충을 불러들이기가 힘들다. 이런 상황에서 산딸나무의 작은 꽃들은 뭉치기 시작했고, 꽃받침을 생략한 채 총포를 커다란 꽃잎처럼 변화시켜 곤충의 눈에 띄게 했다. 곤충이 한 번 방문할 때 많은 꽃이 꽃가루받이할 수 있도록 나무가 선택한 전략이다. 꽃받침을 없애고 꽃을 작게 하는 대신 뭉쳐서 꽃을 피워 효율적인 꽃가루받이를 하는 셈이다.

나무껍질도 특이한 모습을 보여 준다. 오래된 나무는 줄기의 껍질을 스스로 조금씩 벗겨 내다 점점 정도가 심해져 누가 일부러 뜯어낸 것처럼 비늘조각 모양으로 떨어진다. 나무속에 들어 있는 노폐물을 나무껍질에 모았다가 밖으로 내보내는 것이다. 동물들이 음식을 먹고 찌꺼기를 몸 밖으로 내보내기 위해 똥을 싸는 것과 같은 이치다. 물론 보통의 나무들도 나름의 방식으로 찌꺼기를 내보내지만 산딸나무가 껍질을 벗겨 내는 모습은 너무나 인상적이다.

열매는 10월에 산딸기처럼 붉은색으로 익는다. 산딸나무라는 이름도 산딸기를 닮은 열매가 달리는 나무라는 뜻이다. 산딸기처럼 단맛은 없지만 작은 열매들이 모여 과육을 만들기 때문에 예전 군것질거리가 많지 않았던 시절에는 산딸나무 열매도 먹을 만한 간식이었다. 산딸나무는 환경오염에도 강하고 꽃이 아름다워 공원의 조경수나 가로수로 심는다. 최근에는 산딸나무와 비슷한 서양산딸나무도 조경수로 쓰기 위해 외국에서 들여오기도 했다. 재질이 단단하고 촘촘한 나이테가 일품이어서 목관악기의 재료로 인기가 높고, 목공예에도 많이 이용한다.

줄기
가지는 층을 이룬다. 줄기는 털이 있으나 점차 없어지고 둥근 껍질눈이 있다.

잎
마주나며, 달걀 모양 잎 표면은 녹색이고 뒷면은 회녹색이다. 뒷면에는 누운 털이 빽빽하게 나 있으며, 특히 잎맥과 잎겨드랑이에 갈색 털이 빽빽하다.

꽃
6월에 스무 개에서 서른 개의 꽃이 머리모양꽃차례를 이루고, 수술은 각각 네 개다. 총포조각은 좁은 달걀 모양으로 네 개가 사방으로 퍼지고 보통 흰색이다.

열매
둥근 취과가 9월 말에서 10월 초에 붉은색으로 익는다. 종자를 싸고 있는 꽃턱속씨식물 꽃의 모든 기관이 달리는 꽃자루 맨 끝의 불룩한 부분은 다육질로 단맛이 나며 먹을 수 있다.

주요 특징
흰색 꽃이 피며, 총포조각이 발달하여 잎을 대신한다.

왕벚나무

Prunus × *yedoensis* Matsum.
제주도 산지에서 자라는 낙엽성 큰키나무

과명	장미과
분포	제주
제주어	사오기

제주도의 가로수는 왕벚나무가 단연 으뜸이며 최근에도 점점 많아지고 있다. 20여 년 전만 해도 제주도 내 유명한 왕벚나무 가로수길은 제주시 전농로나 조천읍 신촌리 일주도로 정도였다. 하지만 지금은 제주대학교로 왕벚나무길, 애월읍 광령리 가로수길위 사진도 명성이 높고, 서귀포시 녹산로 왕벚나무길은 전국의 가 볼 만한 가로수길로 뽑히기도 했다. 그 밖에도 제주시 명도암길, 서귀포시 중문동 마을길과 성산읍 신풍리길 등 왕벚나무 가로수로 유명한 곳은 셀 수 없을 정도다. 이렇게 된 데에는 왕벚나무의 고향이 제주도라는 연구 결과가 나오면서 '벚꽃은 일본인이 좋아하는 꽃'이라는 인식에서 벗어났기 때문으로 보인다.

4월의 왕벚나무꽃은 너무나도 화사하다. 나무 하나가 꽃을 피우는 날이 5일 정도밖에 되지 않는다는 사실이 너무 아쉽다. 그 때문인지 왕벚나무가 꽃을 피우기 시작하면 사람들은 왕벚나무 가로수길로 모여들고, 이에 맞추어 벚꽃축제가 열린다. 꽃은 잎이 돋기도 전에 피기 시작하여 나무 전체를 뒤덮는다. 필 때는 다섯 개의 꽃잎을 한꺼번에 열지만 질 때는 한 장씩 떨어뜨려 바람이 불면 마치 '꽃비花雨'를 연상케 한다. 예로부터 시를 지을 때 낙화落花의 아름다움은 매화에서 찾았다. 하지만 일본인들은 매화를 벚꽃으로 대신하고 꽃이 떨어지는 모습을 산화散花라 표현하기도 했다.

왕벚나무꽃은 저지대 가로수를 시작으로 빠른 속도로 중산간이나 한라산 일대를 화사한 모습으로 바꿔 놓는다. 왕벚나무는 제주도 해발 500~800미터에서 자란다. 제주시 관음사 일대를 비롯해 한라산 동쪽의 사려니숲, 서쪽의 노로오름, 남쪽의 거린악 주변에서도 발견된다. 최근 산림과학원 난대아열대연구소의 조사에 의하면 모두 230여 그루가 제주에 자생한다고 한다. 제주시 봉개동, 서귀포시 남원읍 신례리 자생지는 천연기념물로 지정되어 있다.

왕벚나무는 화려한 꽃과 6~7월에 익는 빨간 열매, 예쁜 가을 단풍 때문에 가로수뿐만 아니라 관상수로도 인기가 높다. 반면에 수명은 100년을 채 못 넘기는 경우가 많다. 특히 벚나무는 상처가 잘 아물지 않아 가지를 자주 자르면 일찍 고사하는데, 가로수로 심은 왕벚나무가 수명이 더 짧은 데에는 이런 이유가 있다고 한다. 하지만 천연기념물로 지정된 봉개동 왕벚나무는 높이 15미터, 수령은 100년이 넘었으며, 절물휴양림 안에는 높이가 17미터, 수령이 250년이 넘는 것으로 추정되는 왕벚나무 노거수도 있다.

줄기

높이는 15미터에 달하고, 1년생 가지에 잔털이 약간 있으며, 나무껍질은 회갈색이다.

잎

어긋나며 달걀 모양 타원형이다. 잎끝은 갑자기 좁아져 꼬리처럼 뾰족하고, 밑부분은 둥근 쐐기형이다. 가장자리에는 예리한 톱니가 있고, 잎자루 끝부분에 선점腺點이 있다.

꽃

4월에 잎보다 먼저 흰색 또는 붉은색으로 피고, 우산모양꽃차례에 세 개에서 다섯 개씩 달린다. 꽃자루는 길고 털이 있다. 꽃받침통에도 털이 있고 둥글게 부풀지 않는다. 암술대 아래쪽에도 털이 있다.

열매

6~7월에 둥근 핵과가 검은색으로 익는다.

주요 특징
꽃받침통이 둥글게 부풀지 않고, 암술대 아래쪽에 털이 있다.

참식나무

Neolitsea sericea (Blume) Koidz.
저지대 산지에서 자라는 상록성 큰키나무

과명	녹나무과
분포	남서해안 섬 지역, 경북울릉도, 전남, 제주
제주어	식낭, 신낭, 심낭

나무에 관심을 갖기 시작했을 때 참식나무 잎맥이 정말 신기해 보였다. 보통 나뭇잎은 잎맥을 기준으로 좌우로 나란히 팔을 벌린 모양인데, 참식나무는 서너 개의 잎맥만이 비스듬히 곡선을 그리며 위를 향하고 있기 때문이었다. 더욱이 가장자리는 누가 일부러 예쁘게 구부려 놓은 것처럼 꾸불꾸불하다. 하지만 나중에 새덕이와 생달나무도 이런 생김새를 가지고 있다는 사실을 알고 당황하기도 했다.

제주도에서 참식나무는 곶자왈이나 오름에 가면 쉽게 볼 수 있다. 제주도에서는 식낭 또는 신낭으로 부르지만 층층나뭇과 식나무와는 다르다. 새덕이나 생달나무와 같이 자라는 경우가 많아 나무에 관심 있는 사람들이 가장 먼저 이 나무들의 차이를 공부한다. 참식나무는 언뜻 크게 특징 없는 나무처럼 보이지만 그렇지 않다. 사계절 푸르고 광택이 나는 잎과 겨울로 접어들 무렵 빨갛게 익어 가는 열매가 너무나 매혹적이다. 이에 사람들은 언제부터인가 아파트 단지나 공원에도 심기 시작했다. 그런가 하면 범섬이 바로 앞에 보이는 서귀포시 월드컵경기장에서 법환동까지 이어진 월드컵로위 사진에는 참식나무가 가로수로 줄지어 서 있다.

참식나무라는 이름은 제주어 식낭에서 유래했다. '식'은 얼룩덜룩한 무늬를 뜻한다. 봄에 갈색의 새잎과 작년의 초록 잎, 붉은 열매가 대비되어 이런 이름이 붙은 것으로 추정한다. 봄이 되면 작년에 달렸던 잎은 여전히 초록을 유지한 채 아래로 늘어지지만 새로 돋아난 갈색 잎은 꼿꼿이 하늘을 향한다. 그러다 어느 정도 시간이 지나면 작년 잎은 떨어지고 새잎이 서서히 제자리를 찾는다. 때맞추어 잎은 두꺼워지고, 뒷면의 흰색은 더 도드라진다. 늦가을에는 작고 연한 노란색 꽃들이 줄기를 따라 수북이 달린다. 그리고 꽃과 함께 빨갛게 익은 열매가 자태를 뽐낸다. 작년에 피었던 꽃들이 결실을 하고 있는 모습이다. 이처럼 참식나무는 상록성 잎을 사이에 두고 꽃과 열매가 함께 달린다.

아무 곳에서나 잘 자라기 때문에 정원수나 관상수로도 심는다. 최근에는 잎에서 뽑아낸 에센셜오일이 아토피 증상을 완화시키는 화장품 원료로 활용할 수 있다는 연구 결과도 발표되었다. 목재는 재질이 단단하고 질기며 향기가 있어 좋은 건축재나 가구재로 이용된다. 열매가 노란색인 나무를 '노랑참식나무'라 부르기도 한다.

줄기
15미터 정도 높이까지 자라며, 나무껍질은 회흑색이고 작은 껍질눈이 많다.

잎
어긋나며 긴 타원형 또는 달걀 모양 피침형이다. 양 끝은 뾰족하고 가장자리는 밋밋하다. 한 점에서 세 개의 주맥이 뻗어 나간다. 표면은 녹색으로 광택이 있으며 뒷면은 흰색이다.

꽃
수꽃은 수술이 여섯 개에서 여덟 개이고 암술 흔적이 남아 있다. 암꽃은 암술이 한 개, 여섯 개의 헛수술이 있다.

열매
둥근 핵과가 이듬해 10월에 붉게 익는다.

주요 특징

꽃은 가을에 피고, 열매는 이듬해 가을에 익는다. 잎 뒷면은 흰색을 띤다.

후박나무

Machilus thunbergii Siebold & Zucc.
해안과 산기슭에서 자라는 상록성 큰키나무

과명	녹나무과
분포	경남, 경북, 전남, 전북, 제주
제주어	누룩낭토평, 반두어리, 후박낭

 몇 년 전만 해도 제주시를 벗어나면 마을 어귀의 정자나무가 여름철 더위를 피하는 장소였다. 누군가 정자나무 밑에서 쉬고 있으면 어느새 하나둘 모여들면서 이야기꽃을 피운다. 제주도의 정자나무는 팽나무가 대부분이지만 애월읍 납읍마을에는 후박나무가 그 역할을 한다.
 제주도에서는 어렵지 않게 후박나무를 만날 수 있다. 곶자왈에서 가장 흔한 나무가 바로 후박나무이며 오름에서도 심심찮게 볼 수 있다. 제주도의 식생을 대표하는 나무이니만큼 왕벚나무와 먼나무 다음으로 가로수로 많이 심는다. 생장이 빠르고 공해에 강하여 가로수로 제격이다. 제주도의 관문인 공항로, 제주시 구좌읍 비자림로위 사진, 서귀포시 대산로와 칠십리로 등 곳곳에 후박나무 가로수길이 있다. 물론 제주도 말고도 남해안 일부 섬, 울릉도 등지에서도 자란다. 이처럼 후박나무는 우리나라가 원산이어서 국내에서는 어렵지 않게 볼 수 있지만 세계적으로는 희귀한 나무로 알려져 있다.
 후박나무라는 이름은 '잎과 나무껍질이 두껍기 때문'에 붙여졌다고 하며, '인정이 두텁고 거짓이 없음'을 뜻하는 '후박하다'라는 단어에서 연유한다. 한방에서는 후박나무의 껍질을 후박피厚朴皮라 하여 설사와 이질 등 위장병을 다스리는 약재로 사용한다. 또 기관지가 좋지 않거나 소변이 시원치 않을 때도 쓴다. 이러다 보니 사람들이 껍질을 너무 많이 벗겨 내서 죽는 후박나무가 한두 그루가 아니었다. 또 자세히 관찰해 보면 여름철 후박나무 주변에 모기가 없다는 사실을 알 수 있다. 나무껍질에 모기향의 원료가 되는 성분이 있기 때문이다. 잎에도 독성이 있어 곤충이 잘 모여들지 않고, 운동신경을 마비시키는 성분도 들어 있다.

울릉도 하면 호박엿을 떠올리지만 시작은 '후박엿'이었다고 한다. 후박나무 껍질을 넣어 약용으로 후박엿을 만들어 먹었는데, 후박나무가 점점 없어지면서 호박을 넣어 호박엿을 만들었다는 것이다. 이후로 울릉도 하면 '호박엿'을 떠올리게 되었다는 이야기가 전해진다. 또 일본에서 들어온 일본목련을 우리나라 원산의 후박나무라고 생각하는 사람들이 있다. 하지만 이것은 일본목련의 한자 이름이 '후박厚朴'이라서 생긴 오해일 뿐 두 나무는 전혀 다르다.

줄기
높이는 20미터에 달하고 나무껍질은 갈색 또는 연한 갈색으로 줄무늬가 있다. 어린 가지는 녹색으로 붉은빛이 돈다.

잎
어긋나며 가지 끝에 모여 난다. 긴 타원형 또는 거꿀달걀형으로 표면은 짙은 녹색이고 뒷면은 회록색이다. 잎끝은 급격하게 좁아지고, 가장자리는 밋밋하다.

꽃
암수한그루로 5~6월에 새 가지 밑부분 잎겨드랑이에서 나온 꽃대에 황록색 꽃이 모여 원뿔모양꽃차례를 이룬다.

열매
둥근 핵과는 약간 눌린 모양이며, 7~8월에 잎겨드랑이 쪽에서 흑벽색으로 익어 간다. 열매자루는 붉은빛을 띤다.

주요 특징
가죽질 잎은 짧고 약간 넓으며, 끝이 급히 좁아져 돌출한다. 열매자루는 붉은빛을 띤다.

도로에서 만나는 나무

서귀포시 중문동 일주서로 구실잣밤나무 가로수

제주시 정실마을 구실잣밤나무 가로수

도로에서 만나는 나무

제주시 조천읍 신촌리 구실잣밤나무 가로수

제주시 조천읍 선흘1리 동백나무 가로수

서귀포시 표선면 가시리 왕벚나무 가로수

제주시 조천읍 신흥리 동백나무 가로수

도로에서 만나는 나무

제주시 교래사거리 산딸나무 가로수

서귀포시 월드컵로 참식나무 가로수

이야기로 만나는 제주의 나무

2장
한라산에 사는 나무

구상나무	산철쭉
굴거리나무	섬매발톱나무
귀룽나무	시로미
들쭉나무	주목
마가목	털진달래
백리향	함박꽃나무
분단나무	홍괴불나무
붉은병꽃나무	
사스래나무	
산개벚지나무	

구상나무

Abies koreana E.H.Wilson

높은 산에서 자라는 상록성 큰키나무

과명	소나무과
분포	덕유산, 무등산, 속리산, 지리산, 한라산
제주어	구상남, 구상낭, 쿠살낭

한국 특산식물인 구상나무는 현재 한라산을 비롯해 속리산 이남 해발 1000미터 넘는 곳에서 자라고 있다. 빙하기 때 한반도로 내려왔다가 날씨가 따뜻해지면서 기온이 낮은 아고산지대를 피난처로 삼은 유존종(지질시대에 크게 번성했고, 지금도 일부 지역에서 살아가고 있는 생물종)이다. 한라산 구상나무숲은 해발 1400미터부터 시작되어 정상까지 광활하게 펼쳐져 있다. 구상나무는 한라산을 더욱 풍성하게 한다. 추운 곳에 살면서도 씩씩하게 올라오는 부드러운 녹색 잎, 다양한 색깔로 지루함을 잊게 해주는 솔방울 닮은 꽃, 죽어서도 100년을 간다는 기묘한 형상의 줄기는 너무나 이색적이다. 또 백록담 일대에는 높이 5~8미터 정도 되는 구상나무들이 빽빽이 숲을 이루고 있고, 진달래밭 근처에는 18미터나 되는 커다란 나무들도 있다.

하지만 최근 구상나무가 급격히 사라지고 있다. 최근 연구에 따르면 강풍과 폭우, 겨울철 폭설, 가뭄 등 기후변화 때문에 고사하는 구상나무가 많아지고 있다고 한다. 날씨가 따뜻해지면서 병해충이 늘어 말라 죽는다는 소식도 들린다. 그 결과 한라산에서도 10년 전과 달리 급격히 늘어난 고사목을 쉽게 발견할 수 있다. 이런 우려 속에 2012년 제주에서 열린 세계자연보전총회[WCC]에서는 구상나무를 국제자연보전연맹[IUCN] 적색목록에 올리면서 "100년 이내에 지구상에서 자취를 감출 수 있다"고 경고했다. 국제적인 멸종위기종이 된 구상나무는 국내에서도 산림청 희귀식물, 환경부 국가기후변화 생물지표종으로 지정되기도 했다.

구상나무라는 이름은 제주어에서 유래했다는 이야기가 있다. 제주도에서는 성게를 '쿠살'이라 한다. 열매 돌기가 성게 가시처럼 생겼다 하여 쿠살낭이었다가 쿠상낭, 그리고 구상나무로 변했다는 이야기다. 한라산 구상나무는 1907년 포리 신부가 채집한 표본을 미국 하버드대학교 아놀드식물원에 보내면서 알려졌다. 이 식물원에서 일하던 영국의 식물학자 윌슨은 포리 신부가 채집한 표본을 가지고 연구하다가 구상나무가 분비나무와 다른 종이라 생각하게 되었다. 그 후 윌슨은 1917년 한라산에서 직접 나무를 채집해 신종이라는 사실을 확인한 후 논문을 발표하며 구상나무를 세계에 알렸다.

줄기
높이는 18미터까지 자란다. 나무껍질은 밝은 회색이며 오래되면 갈라진다.

잎
거꾸로 된 바늘 모양이며, 표면은 암록색, 뒷면은 흰색이다. 잎끝이 오목하고 잎 뒷면에 두 개의 흰색 기공선이 있다.

꽃
암수한그루이며, 4~6월에 솔방울 같은 꽃이 핀다. 수꽃차례는 타원형으로 암꽃차례보다 아래쪽에 달리며, 암꽃차례는 자주색·검은색·녹색 등 색깔이 다양하다.

열매
둥근 구과가 9~10월에 자갈색으로 익고, 실편 끝이 뒤로 젖혀지며, 달걀 모양 종자에는 날개가 있다.

주요 특징

실편(열매를 겉에서 싸고 있는 비늘처럼 생긴 조각) 끝이 뒤로 젖혀진다.

굴거리나무

Daphniphyllum macropodum Miq.
산지에서 자라는 상록성 큰키나무

과명	굴거리나무과
분포	경북울릉도, 전북, 제주, 충남
제주어	굴거리남, 굴거리낭, 굴계낭, 굴케낭, 피낭

보통 상록성 나무는 저지대 곶자왈이나 오름에서 보이는 것이 정상인데 굴거리나무는 고도가 높은 한라산에도 지천이다. 특히 모든 나무가 잎을 떨군 겨울철에 눈을 잔뜩 뒤집어쓴 굴거리나무의 푸른 잎은 너무나 이채롭다. 이처럼 제주도의 굴거리나무는 저지대 곶자왈부터 한라산 해발 1300미터까지 광범위하게 분포한다.

그렇다고 굴거리나무가 국내에서 제주도에만 있는 것은 아니다. 남해안의 섬지방, 전북의 내장산, 울릉도에서도 볼 수 있다. 키는 10미터까지 자란다고 되어 있지만 보통 3미터 정도가 대부분이다. 제주도에서는 주로 곶자왈, 하천 변 등 약간 습한 곳에서 자라며, 공원이나 아파트 주변에 조경수로 심어 놓은 것도 볼 수 있다. 광택이 나는 잎은 긴 타원형으로 두껍고, 표면은 짙은 녹색이나 뒷면은 흰빛이 돈다. 이에 비해 잎자루는 붉은빛을 띠어 잎의 색깔과 대조를 이룬다. 꽃은 지난해 자란 가지의 잎겨드랑이에서 꽃대가 나와 모여 달린다. 암수딴그루로 꽃잎은 없고, 암꽃의 씨방이 두 개인 것이 눈에 띈다. 열매는 달걀 모양 타원형으로 검게 익으며, 표면은 흰색 가루로 덮여 있다.

굴거리나무의 새잎은 곧추서고, 묵은 잎은 아래로 처진다. 그러다 새잎이 자리를 잡으면 묵은 잎은 일제히 떨어진다. 이 모습을 보고 사람들은 때가 되면 자리를 물려준다는 의미로 교양목交讓木이라는 한자 이름을 붙였다. 중국에도 교양목이라는 이름을 가진 나무가 있으나, 그것이 굴거리나무인지는 확실치 않다. 일본에서도 비슷한 의미로 양엽讓葉이라 하여 정월 초하룻날 새해맞이에 굴거리나무

잎을 바닥에 까는 풍속이 있다고 한다. 그 밖에 전체적인 모습과 잎 모양이 만병초를 닮아 만병초라 하기도 하고, 우이풍牛耳楓이라는 한자 이름도 가지고 있다.

굴거리나무라는 이름은 제주어에서 유래했다고 하나 그 뜻은 확실하지 않다. 일각에서는 '굿판에서 굿거리무당이 굿을 할 때에 치는 9박자의 장단에 사용한 나무'라는 뜻에서 굿거리나무가 굴거리나무가 되었다고도 한다. 제주도에서 굴거리낭이라 부르기는 하지만 굿거리에 굴거리나무를 이용했다는 이야기도 기록도 발견할 수는 없다. 종소명 *macropodum*은 '긴 자루의 굵은 줄기'라는 뜻으로 긴 잎자루의 모양 때문에 붙여진 것 같다. 서귀포 저지대 하천 변에는 굴거리나무를 닮은 좀굴거리나무가 자란다. '좀'이라는 접두어가 붙어 작은 나무라고 생각할 수도 있으나, 굴거리나무보다 잎이 작을 뿐 키는 훨씬 큰 나무다.

줄기
녹색으로 굵으며, 어릴 때는 붉은빛이 돌고 털이 없다.

잎
어긋나며 긴 타원형으로, 가지 끝에 모여난다. 표면은 녹색이고, 뒷면은 회백색 털이 없으며, 잎자루는 붉은색 또는 연한 붉은색을 띤다.

꽃
암수딴그루로 3~4월에 녹색이 도는 꽃이 핀다. 꽃잎이 없으며, 총상꽃차례로 잎겨드랑이에 달린다. 수꽃은 여덟 개에서 열 개의 수술이 있으며, 암꽃은 약간 둥근 씨방에 두 개의 암술대가 있다.

열매
긴 타원형 핵과가 9월~11월에 검은색으로 익는다.

주요 특징

긴 타원형 잎의 표면은 녹색이고, 뒷면은 흰빛이 돌며, 잎자루는 붉은색을 띤다.

귀룽나무

Prunus padus L.

산지에서 자라는 낙엽성 큰키나무

과명	장미과
분포	경남 이북, 제주 한라산

ⓒ김진

봄의 절정인 5월이 되면 육지에서는 하얀 꽃송이들을 드리우고 있는 귀룽나무를 흔하게 볼 수 있다. 귀룽나무는 큰 나무줄기에서 여러 곳으로 가지를 뻗고, 녹색 잎들을 질서정연하게 펼쳐 놓는다. 꽃대 하나에 다닥다닥 풍성하게 붙어 있는 흰색 꽃들은 멀리서 보면 마치 눈이 내려 쌓인 것 같다.

사실 귀룽나무가 벚나무 가족이라고는 하지만 아래로 이리저리 어지럽게 휘어진 가지와 매달려 있는 꽃을 보면 전혀 다른 집안처럼 보인다. 이름조차도 무슨 벚나무가 아니고 귀룽나무다. 귀룽나무는 한자로 구룡목九龍木이다. '뻗은 줄기의 모습에서 아홉 마리 용'이 연상되기 때문에 붙은 이름이다. 북한에서는 나무가 올라오는 모습이 소나기구름 같다고 해서 '구름나무'라고 한다.

제주도에도 귀룽나무가 있다. 그런데 자라는 곳이 육지처럼 마을 주변이나 하천가 등 저지대가 아니고, 해발 1700미터 정도 높이의 한라산 중턱이다. 개체 수도 많은 편이 아니어서 제주도에서는 귀하면서도 생경한 나무다. 결국 제주도에서 귀룽나무를 보려면 오랜 시간 한라산을 올라야 하는 수고가 따른다. 제주도 귀룽나무는 육지의 것과 같지만 전체적인 모습이 조금 다르다. 높게 자라면서 가지를 내는 것이 아니라 한 곳에서 많은 줄기가 나와서 퍼지는 형태다. 나무의 높이도 커 봤자 2미터 정도이며, 꽃도 아래로 드리우지 않고 위를 향한다. 제주도에서 귀룽나무가 사는 곳은 의지할 만한 큰 나무나 바위가 거의 없고 시원하게 열려 있는 땅이다. 춥고 바람이 강한 척박한 땅에서 살아가려면 몸체를 줄이지 않으면 안 되었던 모양이다. 작은 꽃들은 모여서 큰 꽃처럼 보이게 했고, 꽃대는 하늘을 향해 곧추서서 벌이나 나비를 부른다. 열매도 포도송이처럼 다발로 뭉쳐 있어서 동물들에게 쉽게 발견될 수 있다. 효율적인 꽃가루받이와 씨앗 퍼트리기를 위한 수단인 셈이다.

가지를 꺾으면 좋지 않은 냄새가 나는데, 이 냄새 때문에 웬만한 날벌레들은 접근하기 어렵다. 한방에서는 귀룽나무를 오갈피, 꾸지뽕나무, 마가목, 음나무와 함께 지리산 오약목五藥木이라 하여 관절염과 신경통에 사용하며, 열매는 설사에 쓴다고 알려져 있다.

줄기
회갈색 나무껍질은 오래되면 갈라지며, 어린 가지를 꺾으면 냄새가 난다.

잎
어긋나며 타원형 또는 거꿀달걀형이다. 잎끝은 길게 뾰족하고 밑부분은 둥글거나 넓은 쐐기 모양이며, 가장자리에 잔톱니가 있다. 앞면은 녹색, 뒷면은 회녹색이며, 잎자루에 꿀샘이 있다.

꽃
5월에 새 가지 끝에서 나온 흰색 꽃이 모여 총상꽃차례를 이룬다. 꽃받침 조각은 다섯 개이며 빨리 떨어진다. 씨방에는 털이 없다. 수술이 꽃잎보다 짧으며, 암술대의 길이는 수술의 절반 정도다.

열매
둥근 핵과가 7~9월에 검은색으로 익는다.

주요 특징
꽃은 총상꽃차례로 달리고, 수술은 꽃잎보다 짧다.

들쭉나무

Vaccinium uliginosum L.

높은 산지 바위지대에서 자라는 낙엽성 작은키나무

과명	진달래과
분포	강원설악산, 제주한라산

들쭉나무는 추운 곳에서 자라는 나무라 남한보다 백두산이나 개마고원 등 북한이 주산지다. 한강 이남에서는 한라산과 설악산에서 볼 수 있다. 빙하기 때 한반도까지 내려왔다가 날씨가 따뜻해지면서 추운 지대를 피난처로 삼고 살아가는 고립된 유존종으로 자생지 면적과 개체 수가 점점 줄어드는 추세여서 대책이 필요한 나무다. 한라산 유존종으로는 들쭉나무 외에도 암매, 시로미, 구상나무 등이 있다.

한라산의 들쭉나무는 해발 1800미터 장구목 일대에도 나타나고 있으나 대부분 백록담 안쪽 바위지대에서 자란다. 하지만 백록담은 출입이 금지된 천연보호구역이라 허가를 받지 않고는 들어갈 수 없다. 대신 정상 탐방로나 주변 바위지대에도 소수의 개체가 자라고 있으니 들쭉나무를 보려면 이곳을 잘 살펴보는 수밖에 없다. 이렇게 접근하기 어려운 곳에서 자라기 때문에 쉽게 볼 수 없고, 쓰임이 거의 없는 나무다 보니 제주도에서 따로 부르는 이름도 없다.

들쭉나무의 자생지는 바람이 드세고 바위가 발달한 곳이다. 이런 열악한 환경 속에서 자라지만 들쭉나무의 꽃을 본 사람들은 그 모습에 반할 수밖에 없다. 키는 15센티미터도 채 안 되는 대신 가지를 발달시켜 여러 갈래로 땅바닥을 기면서 영역을 넓힌다. 바람의 강도를 조금이라도 줄이려는 방편이다. 가지 끝의 잎 겨드랑이에 항아리처럼 생긴 아주 작은 앙증맞은 꽃이 달리는데 너무나 귀엽다. 꽃은 꽃잎의 끝을 살짝 위로 말아서 입구를 열어 놓아 항아리 안쪽의 꽃술을 볼 수 있다. 꽃이 피는 기간에는 곤충을 불러들이기가 힘들었는지, 꽃잎에도 연한 분홍색 물감을 칠해 놓았다.

가을에 검게 익는 열매는 조금 신맛이 있으나 과육이 풍부해 먹을 만하다. 열매로 잼을 만들기도 하고 술을 담가 먹기도 한다. 북한의 들쭉술은 외국의 귀한 손님이 올 때 대접하는 단골 메뉴로 해외에도 많이 알려져 있다. 남북정상회담이나 이산가족 상봉 때도 이 술이 등장했다. 들쭉나무라는 이름은 '들에서 자라고 씨앗이 작아 죽처럼 묽은 나무'라는 뜻으로 추정하며, 함경남도 방언에서 유래했다. 열매가 검은콩처럼 생겨서 흑두목黑豆木이라 부르기도 한다.

ꕤ 줄기
높이가 1미터에 달하지만 고산지대에서는 15센티미터 정도로 작게 자란다. 나무껍질은 흑갈색이다.

🍃 잎
어긋나며 긴 타원형 또는 넓은 거꿀달걀형이다. 잎끝은 둔하고 밑부분은 점차 좁아진다. 양면에 털이 없고 표면은 녹색, 뒷면은 흰빛이 돌며 가장자리가 밋밋하다.

ꕤ 꽃
6~7월에 새 가지 또는 2년생 가지 잎겨드랑이에 연홍색 작은 꽃이 한 개 또는 세 개씩 모여 아래로 향한다. 꽃은 항아리 모양이며, 끝이 다섯 갈래로 얕게 갈라져 뒤로 젖혀진다. 꽃자루에는 털이 없고, 꽃받침은 다섯 개로 갈라진다. 수술은 열 개이고 수술대에 잔털이 있다.

○ 열매
둥근 장과가 8~9월에 흑자색으로 익으며, 흰 가루로 덮여 있다.

주요 특징

꽃은 연홍색이며, 열매는 흑자색으로 익는다.

마가목

Sorbus commixta Hedl.
산지에서 자라는 낙엽성 작은큰키나무

과명	장미과
분포	강원 이남
제주어	마께낭

한라산 1100고지습지는 계절마다 다양한 꽃으로 가득 찬다. 봄에는 산철쭉, 분단나무, 산개벚지나무의 꽃으로 치장을 하더니, 여름이 되면 윤노리나무와 마가목이 꽃을 피우고, 가을에는 한라부추꽃이 습지를 채운다. 꽃과 함께 나무의 열매와 단풍도 색채의 향연에 한몫을 한다. 대표적인 나무가 마가목이다. 한라산 등반로에도 붉은 마가목 열매가 가을철 등반객의 시선을 멈추게 한다. 이처럼 마가목은 풍성하게 달리는 흰색 꽃과 붉은 열매, 그리고 단풍잎이 매력적이다.

마가목은 비교적 해발고도가 높은 산에서 사는 나무여서 제주도에서는 한라산으로 가야 볼 수 있는 나무였다. 하지만 저지대에서도 잘 자라기 때문에 최근에는 배양해 심은 나무를 수목원이나 생태숲 등에서도 볼 수 있다. 이렇듯 마가목은 기후와 장소를 가리지 않고 잘 자라 주는 무던한 나무다.

마가목은 키가 커 봤자 12미터 정도다. 잎은 겹잎으로 길쭉한 작은잎이 좌우로 10개 내외 홀수로 달리고, 가장자리에는 톱니가 촘촘하다. 여러 개의 작은 꽃대 위에 자잘한 꽃들이 모여 피어 전체적으로 우산 모양을 만든다. 마치 멀리서 보면 커다란 꽃 한 송이처럼 보인다. 가을이 되면 피었던 꽃의 수만큼 수많은 열매가 달린다. 콩알 크기의 둥근 열매는 초록색에서 서서히 붉은색으로 익고, 잎도 시기에 맞추어 붉게 물든다.

마가목이라는 이름의 유래에 관한 여러 가지 이야기가 있다. 마가목의 한자 표기는 馬價木, 馬可木, 馬哥木, 馬加木 등 다양하다. 그래서 정확한 의미를 알 수는 없으나, 한자 표기 그대로 이름을 빌려 썼다고 추정한다. 또 '새싹이 돋아날 때 말의 이빨처럼 힘차게 돋아난다'하여 마아목馬牙木이라 했던 것이 마가목이 되었다고 보는 견해가 있다. 어느 것이든 이름의 유래를 '말馬'에서 찾고 있는 것 같다. 종소명 *commixta*는 '혼합한'이라는 뜻이다.

마가목을 제주도에서는 '마께낭'이라 부른다. 한자 표기를 제주어 방식으로 음차한 것이 아닐까 생각된다. 한편 마께는 방망이를 뜻하는 제주어이므로 마가목을 나무 방망이 만드는 재료로 이용했던 것으로 추정해 볼 수 있으나 확실치 않다. 마가목의 자생지가 한라산 높은 곳이다 보니 목재의 이용에 한계가 있었기 때문이다. 게다가 제주 사람들이 생활 속에서 마가목을 어떻게 활용했는지 특별히 알려진 것도 없다. 하지만 한방에서는 마가목을 정공등丁公藤이라 하여 열매 등을 좋은 약재로 이용했다.

줄기
높이 6~12미터 정도 자라고, 나무껍질은 연한 갈색으로 껍질눈이 발달한다.

잎
어긋나며 깃꼴겹잎이다. 아홉 개에서 열세 개 정도 되는 작은잎은 긴 타원형 또는 피침형이다. 잎끝은 뾰족하고 밑은 둥글며 좌우비대칭이다. 가장자리에는 길고 뾰족한 겹톱니가 있다.

꽃
5~6월에 흰색 꽃이 산방꽃차례로 달린다. 꽃받침과 꽃잎이 각 다섯 개이며 수술은 스무 개, 암술대는 서너 개다.

열매
둥근 이과가 9~10월에 붉은색으로 익는다.

주요 특징
잎, 겨울눈, 꽃차례에 털이 없으며, 작은잎은 아홉 개에서 열세 개다.

백리향

Thymus quinquecostatus Čelak.
높은 산 바위지대에서 자라는 낙엽성 작은키나무

과명	꿀풀과
분포	강원, 경북, 제주

 8월의 한라산은 구름이 몰려왔다가 흘러가기를 반복한다. 구름은 조금 높은 언덕에 걸리고, 바로 아래 바위틈에서는 백리향이 자란다. 시시각각 변하는 한라산의 날씨에도 백리향은 작지만 당찬 모습이다. 향기로운 연분홍빛 꽃은 초가을 하늘색과 조화를 이룬다. 탐방을 하던 사람들도 백리향의 자태에 한 번쯤 시선을 돌린다.
 백리향은 해발 1000미터 이상 되는 한라산 중턱에서 백록담까지 볼 수 있는 키가 작은 나무다. 언뜻 보면 키가 40센티미터도 되지 않고, 줄기까지 가늘어 풀처럼 보이지만 엄연히 나무다. 진한 녹색 잎은 타원형으로 두툼하고 부드러우며, 연분홍빛 꽃은 자주색 꽃받침과 대조를 이루면서 은은한 아름다움을 뽐낸다.
 백리향꽃은 크기는 작지만 유독 벌이 많이 모여든다. 작은 몸에서 뿜어져 나오는 강력한 향기 때문이다. 한라산의 8월은 이미 여름이 끝나 가는 시기다. 이와 함께 벌과 나비의 활동도 점점 뜸해진다. 이런 환경에서 매개체를 끌어들이려면 가뜩이나 키도 작고 꽃도 작은 백리향의 입장에서는 진한 향기라도 가지고 있어야 한다. 백리향은 향기라는 무기를 이용해 꽃가루받이를 하고 씨앗을 만들고 있는 것이다.
 백리향은 '향이 백 리를 간다'고 하여 붙은 이름이다. 그만큼 향기가 진하다는 이야기다. 잎을 스치기만 해도 향기가 코끝으로 전해진다. 예로부터 사람들은 향이 독특한 식물을 생활에 이용해 왔다. 냉이는 단백질·칼슘·철분 등이 풍부한 좋

한라산에 사는 나무

은 먹을거리였다. 위장이 좋지 않아 소화가 안 되는 사람들은 씀바귀나 달래를 찾았다. 백리향도 약효가 뛰어나다고 한다. 한방에서는 지초地椒라 하여 백리향을 설사를 멈추게 하고, 가래를 삭여 주는 약재로 이용했다. 백리향은 밀원식물로도 이용되기 때문에 벌통을 준비해 두면 진귀한 백리향꿀을 얻을 수 있다.

예로부터 사람들은 꽃향기의 강도에 따라 식물에 이름을 붙였다. 정원수로 많이 심는 금목서나 은목서 등은 가장 향기가 강력해 만리향이라 했다. 두 번째로 천리향은 서향 종류를 말하며 제주에는 제주백서향이 있다. 그리고 세 번째가 백리향이고, 네 번째가 십리향이다. 십리향은 은은한 향기가 있는 난초다. 다섯 번째 칠리향은 정원수나 가로수로 심는 다정큼나무를 말한다.

🌿 **줄기**
가지가 많이 갈라지고, 땅 위를 기며, 전체에 향기가 있다.

🍃 **잎**
마주나며, 타원형 또는 넓은 타원형으로 잎끝은 뾰족하고 밑부분은 점차 좁아진다. 양면에 샘털이 있으며, 가장자리는 밋밋하거나 물결 모양 톱니가 종종 있다.

🌸 **꽃**
6~8월에 가지 끝부분 잎겨드랑이에 두 개 혹은 네 개씩 머리모양꽃차례로 달린다. 꽃은 입술 모양으로 연분홍빛 또는 흰색으로 피며, 겉에는 잔털이 있고 수술은 밖으로 길게 나온다. 꽃받침은 다섯 갈래로 갈라지며 위쪽 세 개는 삼각형, 아래쪽 두 개는 선형이다. 꽃받침조각 가장자리에 긴 털이 있다.

⚪ **열매**
둥근 분과가 9월에 암갈색으로 익는다.

주요 특징

줄기는 가지가 많이 갈라지면서 땅 위로 뻗고, 꽃받침조각 가장자리에 긴 털이 있다.

분단나무

Viburnum furcatum Blume ex Maxim.
산지에서 자라는 낙엽성 작은키나무 또는 작은큰키나무

과명	인동과
분포	강원, 경북울릉도, 제주

4월 중순이 되어야 한라산에 봄이 찾아든다. 나뭇가지에 새잎이 달리고 한라산의 사면은 녹색 빛이 완연해진다. 그중에 가장 먼저 새싹을 틔우고, 꽃을 피우는 나무가 이름도 재미있는 분단나무다. 이 시기에 제주시와 서귀포시를 가로지르는 횡단도로 변에서 하얀 꽃을 피우는 나무를 보았다면 분단나무라 생각하면 거의 맞다.

분단나무의 잎은 둥글넓적하며, 화사한 흰색 꽃은 봄을 제대로 담아낸다. 게다가 키가 작은 나무여서 꽃을 가까이에서 즐길 수 있다. 분단나무는 한라산 기슭 해발 800미터 정도는 올라가야 만날 수 있다. 약간 습한 곳을 좋아하나 장소를 가리지 않고 잘 자란다. 제주도에서는 한라산의 계곡 주변, 습지 주변에서 주로 나타난다. 그중에서 1100고지습지에는 개체 수가 꽤 된다. 게다가 탐방 덱이 만들어져 있어 분단나무를 가까운 거리에서 관찰할 수 있다.

분단나무는 겨울눈부터 남다르다. 길쭉하고 뾰족하게 생긴 잎눈 겉에는 황갈색 별 모양의 털이 가득하다. 겨울을 넘긴 잎눈은 정확히 두 갈래로 갈라지고, 그 사이로 털을 뒤집어쓴 동그란 꽃눈이 생겨난다. 마치 토끼가 두 귀를 쫑긋 세우고 봄 소리를 듣는 느낌이다. 꽃눈은 시간이 흐르면서 하얀 꽃이 되고, 잎눈은 두툼하고 둥근 녹색 잎이 된다. 꽃은 가운데에 암술과 수술이 있는 양성화, 가장자리에는 헛꽃인 무성화 몇 개가 빙 둘러서 핀다. 무성화가 양성화보다 더 큰 것으로 보아 꽃등에나 벌을 불러들이는 역할을 하는 것이 틀림없다. 두툼하고 둥근 잎은 가운데로 주맥을 길게 만들어 놓고, 다시 양쪽으로 사선을 그리면서 측맥을 펼쳐 놓는다. 늦은 봄 녹색을 띠던 타원형 열매는 서서히 붉은색으로 변하고, 여름이 한창인 8월이 되면 검게 익는다. 열매는 처음에는 많이 달리지만 다 익을 즈음에는 얼마 남지 않는다. 이런 모습으로 미루어 보면 결실 과정에서 씨앗을 제대로 만들지 못하는 듯하다.

분단나무라는 이름은 한자어 분단粉團에서 유래한다. 분단은 떡 종류로 수단水團이라고도 하며, 단옷날에 만들어 먹었던 절편을 말한다. 분단나무의 꽃이 둥그런 절편을 연상시켜 이런 이름이 붙은 듯하다.

줄기
높이는 3~6미터 정도다. 나무껍질은 회갈색이며, 어린 가지에 별 모양 털이 있다.

잎
마주나며, 넓은 달걀 모양 또는 원형이다. 꽃차례 아래에 한 쌍의 원형 잎이 있다. 잎끝은 급격히 뾰족해지고 밑부분은 심장 모양이다. 뒷면 잎맥 위와 잎자루에 별 모양의 털이 있고, 가장자리에 잔톱니가 있다.

꽃
4~5월에 가지에서 나온 취산꽃차례에 흰색 꽃이 모여 달린다. 중앙에는 양성화, 가장자리에는 무성화가 달린다. 양성화는 수술이 다섯 개, 암술이 한 개이며, 무성화는 꽃잎 끝이 다섯 갈래로 깊게 갈라지며 퇴화한 암술이 있다.

열매
타원형 핵과가 8~10월에 검은색으로 익는다.

주요 특징
잎은 원형이며, 꽃차례 가장자리에 무성화가 달린다.

붉은병꽃나무

Weigela florida (Bunge) A. DC.
고도가 높은 산지에서 자라는 낙엽성 작은키나무

과명	인동과
분포	전국

 붉은병꽃나무는 한라산 영실탐방로에서 처음 보았다. 윗세오름으로 향하다 나무계단 옆 가까운 곳에서 보고 굉장히 기뻐했던 기억이 있다. 그 후 삼각봉 동쪽 탐방로에서도 붉은병꽃나무의 변이인 흰색 꽃을 보기도 했다. 붉은병꽃나무는 고도가 조금 높은 곳에서 자라는 나무여서 제주도에서는 한라산에 가지 않으면 만날 수 없다. 자생지는 해발 800미터 이상은 되어야 하고, 개체 수도 많은 편이 아니어서 쉽게 만날 수 없다. 하지만 실망할 필요는 없다. 아쉬운 대로 제주도의 자생식물을 옮겨다 놓은 한라생태숲에서도 식재한 붉은병꽃나무를 볼 수 있다.
 식물에 문외한이었던 시절에 책에서나마 보았던 붉은병꽃나무는 특이한 꽃 모습 때문에 아주 새롭게 다가왔다. 보통 꽃이라고 하면 우선 쑥부쟁이나 구절초 같은 국화과 식물의 꽃을 떠올리기 마련인데, 이와 전혀 다른 깔때기 모양의 통꽃이었기 때문이었다. 통꽃은 나비보다는 벌이 꽃가루받이를 하기에 유리하다. 또 붉은병꽃나무는 무리 지어 꽃을 피운다. 아무래도 키가 2미터 정도밖에 되지 않는 작은키나무다 보니 매개체의 눈에 들기 위해서는 하나보다는 여러 개체가 모여 있는 것이 유리하다. 군락을 이룬 꽃을 보고 날아든 매개체가 깔때기 안쪽에 있는 꿀을 먹기 위해 들락날락하는 과정에서 꽃가루받이가 이루어진다. 가을에 익는 꼬투리 열매도 꽃처럼 길쭉한 병처럼 생겼다.
 붉은병꽃나무와 닮은 나무로는 병꽃나무와 삼색병꽃나무가 있다. 모두 꽃 모양이 병을 닮아서 병꽃나무라는 이름이 붙었다. 병꽃나무는 전국에서 볼 수 있다

겨울눈

고 식물도감에 나와 있으나 아직 제주도에서는 만나 보지 못했고, 몇 년 전 강원도 탐사를 할 때 본 적이 있다. 처음부터 붉은 꽃이 달리는 붉은병꽃나무와 달리 병꽃나무는 꽃잎 안팎으로 색깔이 달라서 처음에는 황록색을 띠다가 서서히 붉은색으로 변한다. 삼색병꽃나무는 꽃잎 색깔이 흰색에서 분홍색으로, 다시 붉은색으로 변하여 그런 이름이 붙었다. 삼색병꽃나무는 보통 원예용으로 심기 때문에 마을 길이나 공원 곳곳에서 볼 수 있다. 붉은병꽃나무도 최근에는 조경수로 공원에 심는 일이 많아지고 있다.

줄기
높이는 2미터 정도다. 나무껍질은 회갈색이며 껍질눈이 발달한다.

잎
마주나며 타원형 또는 달걀 모양 타원형으로 가장자리에 톱니가 있다. 잎끝은 뾰족하고 밑부분은 둥글거나 쐐기형이다. 잎자루가 있고, 잎 뒷면 맥 위에 구부러진 흰 털이 많다.

꽃
5~6월에 잎겨드랑이에서 붉은색 꽃이 몇 개씩 달려 취산꽃차례를 이룬다. 꽃잎 끝은 다섯 갈래이고, 꽃받침은 중앙까지 다섯 갈래로 갈라진다. 수술은 다섯 개이며 암술대는 꽃잎 밖으로 나온다.

열매
길쭉하고 둥근 삭과가 10~11월에 익는다.

주요 특징
붉은색 꽃이 피고, 꽃잎은 꽃받침이 중간까지 갈라진다.

사스래나무

Betula ermanii Cham.

높은 산지에서 자라는 낙엽성 큰키나무

과명	자작나무과
분포	지리산 이북 높은 산, 한라산

한라산은 제주 사람들에게 고향 같은 곳이지만 함부로 범접할 수 없는 신성한 곳이기도 했다. 따라서 과거에는 한라산을 오르는 일이 드물었고, 한라산의 식물을 접할 기회도 거의 없었다. 그 결과 한라산 높은 곳에서 자라는 식물에 관해서는 전문가 아니면 잘 알 수가 없었다. 이것은 식물 이름의 제주어에서도 잘 드러난다. 곶자왈 등 저지대의 식물은 많이 이용했기 때문에 제주도에서 부르는 이름이 따로 있으나, 한라산 높은 곳에 자라는 식물들은 따로 부르는 이름이 없는 경우가 많다.

사스래나무는 해발 1700미터 정도에서부터 보이기 시작하여 백록담 정상까지 발견된다. 이 지역은 구상나무가 자라고 있는 침엽수림대다. 낙엽수림대보다 높은 곳에 침엽수림대가 형성되는데, 사스래나무는 낙엽수임에도 불구하고 침엽수보다 더 높은 곳에서 자란다. 사스래나무는 한라산 곳곳에서 자라고 있어서 어떤 탐방로를 이용해도 정상 근처에서 쉽게 볼 수 있다.

사스래나무는 하얀 나무껍질이 큰 특징이다. 조금 나이가 든 나무의 껍질은 종잇장처럼 너덜너덜하게 벗겨져 지저분한 느낌을 준다. 껍질은 물에 잘 젖지도 않을 뿐만 아니라, 기름기가 있어 불에 잘 붙는다. 줄기는 곧게 자라지 못하고 꼬불꼬불 구부러져 있다. 아무래도 높은 곳의 드센 바람을 견디기 위해서는 자세를 낮추어야 했을 것이다. 추운 지역은 곤충들의 활동이 활발하지 못하기 때문에 꽃가루받이도 바람을 이용하는 것이 효과적이다. 사스래나무도 바람에 꽃가루를 멀리 날리기 위해 꼬리처럼 꽃차례를 길게 드리우고 있다.

사스래나무의 이름 유래에 대해 특별히 알려진 바는 없다. 단지 옛 문헌에는 나무껍질과 목재 이용이 비슷한 사시나무, 물박달나무, 사스래나무를 모두 사슬목沙瑟木으로 표기했다. 이처럼 사스래나무는 한자어 사슬목에서 온 것으로 추정된다.

사스래나무를 중국에서는 악화岳樺라 한다. 한자를 풀이하면 '높은 산의 자작나무'라는 뜻이다. 사스래나무가 제주도에 없는 자작나무를 닮았다는 의미다. 하얀 껍질이 자작나무와 비슷한데, 벗겨지는 모습은 자작나무가 더 깨끗하다. 이밖에 제주도에 없는 거제수나무도 사스래나무와 비슷하지만 나무껍질이 약간 붉은빛이 돈다.

줄기
높이가 7~15미터에 달한다. 나무껍질은 회백색이며 종이처럼 벗겨진다.

잎
어긋나며 약간 세모진 달걀 모양이다. 잎끝은 뾰족하고 밑부분은 둥글거나 얕은 심장 모양이다. 측맥은 여덟 쌍에서 열두 쌍이며, 가장자리에 불규칙한 겹톱니가 있다. 잎자루와 뒷면 맥 위에 털이 있다.

꽃
암수한그루로 5~6월에 잎이 날 때 같이 핀다. 수꽃차례는 아래로 드리우고 긴 타원형 암꽃차례는 위를 향해 달린다.

열매
거꿀달걀형 소견과가 9~10월에 익으며, 열매 가장자리에 날개가 있다.

주요 특징
줄기는 회백색이고, 잎 측맥은 여덟 쌍에서 열두 쌍이다.

산개벚지나무

Prunus maximowiczii Rupr.

높은 산에서 자라는 낙엽성 큰키나무

과명	장미과
분포	전남지리산, 제주한라산

한라산 1100고지습지에도 5월이 되면 분단나무에 이어 설앵초와 함께 산개벚지나무가 꽃망울을 터뜨린다. 습지에도 완연한 봄이 찾아온 것이다. 물론 산개벚지나무가 1100고지습지에만 있는 것은 아니다. 시간이 흐르면서 산개벚지나무의 꽃물결은 조금씩 높은 곳으로 번져 사라오름, 진달래밭, 선작지왓 등 해발 1000미터가 넘는 한라산 사면 곳곳에서 볼 수 있다. 이처럼 산개벚지나무는 고도가 높은 곳에서 자라는 벚나무다.

산개벚지나무의 큰 특징은 꽃차례에 있다. 대부분의 벚나무가 아래를 향하여 꽃을 피우는 것에 비해 산개벚지나무의 꽃은 위를 향한다. 꽃은 크기가 작은 대신 숫자는 많은 편이다. 이것은 꽃가루받이와 관련이 있다. 한라산 높은 곳의 5월은 아직 곤충의 활동이 활발하지 않은 시기다. 산개벚지나무는 그나마 활동하고 있는 곤충을 불러들이기 위해 위를 향해 꽃을 피우고, 작은 꽃들은 뭉쳐서 큰 꽃으로 보이게 했다.

산개벚지나무가 흰색 꽃망울을 터뜨리기 시작하면 1100고지습지는 화사한 봄기운으로 가득해진다. 습지 탐방객들은 누구나 할 것 없이 휴대폰을 꺼내 산개벚지나무가 만들어 놓은 봄을 담는다. 하지만 꽃이 피었다 싶은데 며칠 지나지 않아 꽃잎이 날린다. 다른 벚나무처럼 산개벚지나무도 꽃이 피는 기간이 짧기 때문이다. 꽃이 지고 산개벚지나무의 존재감이 사라질 즈음 빨간 열매가 눈길을 끈다. 다시 산개벚지나무에는 새들이 찾아들어 문전성시를 이룬다. 열매는 녹색에서 빨간색으로, 다시 검은색으로 익어 간다. 이런 과정 때문에 거의 익을 무렵에는 검은색·빨간색 열매가 함께 달려 색깔별로 열매를 볼 수 있는 행운도 얻을 수 있다.

산개벚지나무라는 이름은 산, 개, 벚지, 나무, 이렇게 여러 단어가 합쳐져서 만들어졌다. 여기서 '산'은 산지를 뜻하며, '개'는 깊은 산에서 자라는 식물 이름에 쓰이는 접두어다. '벚지'는 '버찌'로 벚나무 열매를 뜻한다. 여기서 산과 개는 의미가 중복되지만 개벚지나무가 따로 있기 때문에 서로 구별하기 위해 '산'을 앞에 붙인 것이 아닌가 싶다. 결국 산개벚지나무는 '깊은 산에서 자라는 벚나무'라는 뜻이 된다.

줄기
높이는 5~15미터 정도 되고 나무껍질은 암회색이다. 1년생 가지에는 털이 있다.

잎
어긋나며 거꿀달걀형 또는 타원형이다. 잎끝은 뾰족하고, 밑부분은 둥글거나 쐐기 모양이며, 가장자리에 겹톱니가 촘촘하다. 표면에 털이 드문드문 나 있고 잎 뒷면 맥 위와 잎자루에는 털이 많다.

꽃
5~6월에 잎보다 늦게 가지 끝에 흰색 꽃이 다섯 개에서 열 개씩 총상꽃차례로 달린다. 꽃차례와 꽃자루에는 털이 많으며, 밑에는 톱니가 있는 잎 모양의 포가 있다. 꽃받침통은 타원형이며 꽃받침열편은 삼각형으로 예리한 톱니가 있다. 수술은 많고 암술대에는 털이 없다.

열매
둥근 달걀 모양 핵과가 7~8월에 검은색으로 익는다.

주요 특징
꽃은 총상꽃차례로 달리며, 포는 열매가 익을 때까지 남아 있다.

산철쭉

Rhododendron yedoense Maxim. f. *poukhanense* (H.Lév.) Sugim. ex T.Yamaz.
산지의 능선과 하천 변에서 자라는 낙엽성 작은키나무

과명	진달래과
분포	평북 이남, 황해
제주어	젱기고장토평

화려한 진분홍 꽃으로 백록담 일대를 수놓던 털진달래는 6월이 되면 산철쭉에 슬며시 자리를 내준다. 영실 쪽에서 꽃을 피운 산철쭉은 따스한 봄바람을 타고 만세동산으로 번지고, 윗세오름과 선작지왓을 거쳐 백록담 남벽 일대까지 순식간에 한라산 전체를 분홍빛으로 뒤덮는다. 한라산의 봄은 산철쭉이 피고 난 후 비로소 완성되는 셈이다.

제주도에는 진달래 축제는 없어도 철쭉제는 있다. 그만큼 산철쭉에 관심이 많다. 그것은 아마도 산철쭉이 진달래와 달리 저지대부터 한라산 높은 곳까지 분포하여 꽃을 오래 볼 수 있기 때문이 아닐까 싶다. 철쭉제 기간에는 평상시보다 한라산으로 향하는 사람이 더 많아져 주차장은 자동차로 가득 차고, 탐방로는 사람들로 발 디딜 틈이 없어진다.

철쭉제의 시작은 1960년대 중반으로 거슬러 올라간다. 아름다운 산철쭉의 모습을 도민과 관광객에게 알리기 위해서 제주 산악인들이 시작한 행사였다. 1977년까지는 백록담 안에서 철쭉제가 열렸다. '철쭉 아가씨'를 뽑았고, 사람들은 산철쭉을 보며 지금은 폐쇄된 서북벽 탐방로를 따라 장구목을 거쳐 백록담에 올랐다. 그 후 철쭉제는 한라산 환경이 훼손되면서 축소되어 진행되다가 1996년부터는 제사를 지내는 장소도 백록담에서 윗세오름으로 옮겨졌고, 산행도 탐방로를 벗어나지 못하게 했다. 철쭉제가 열리는 시점도 꽃피는 시기가 변하면서 5월 말에서 6월 초로 이동했다. 1960년대 철쭉제 사진에서는 백록담 안에 사람들이 몰려 있는 모습과 녹지 않은 눈을 볼 수 있다. 당시만 해도 5월에 '백록담에 눈이 쌓였다'는 것을 의미하는 녹담만설鹿潭晚雪의 풍경을 흔히 만날 수 있었다.

제주도에서 철쭉이라고 하면 산철쭉을 의미한다. 산철쭉은 산에서 나는 철쭉이라는 뜻이다. 철쭉이라는 이름은 한자어 척촉躑躅에서 유래했다. 척촉은 '길을 가다 머뭇거리면서 서 있다'는 뜻으로, 산철쭉꽃의 아름다움을 말한다. 산철쭉은 철쭉과 달리 잎 모양도 가늘고 뾰족하며, 꽃 색이 더 진하다. 털진달래와 자생지가 겹쳐 주로 해발 1500미터 이상에서 자라지만 저지대 오름에서도 살아간다. 꽃에 들어 있는 그라야노톡신grayanotoxin이라는 독성 물질 때문에 먹을 수가 없어 개꽃이라 부르기도 한다.

✾ 줄기
높이는 1~2미터 정도이며, 갈색 털이 있다. 1년생 가지와 꽃자루에 점성이 있다.

◊ 잎
어긋나지만 가지 끝에서는 모여난다. 긴 타원형 또는 넓은 피침형으로 양 끝이 좁고 가장자리는 밋밋하다. 잎자루에 갈색 털이 많다.

✿ 꽃
4~5월에 가지 끝에 분홍색 꽃이 두세 개 모여 달린다. 꽃은 깔때기 모양이며 꽃잎은 다섯 갈래로 갈라지고 안쪽 윗부분에 진홍색 반점이 있다. 수술은 열 개이고, 수술대 아래쪽에 털이 있으며, 암술대는 수술보다 길다. 꽃자루와 꽃받침에 끈적끈적한 액이 묻어 있다.

○ 열매
달걀 모양 삭과는 겉에 긴 털이 있으며, 9월에 익는다.

주요 특징

잎이 돋고 난 후 꽃을 피우고, 잎과 줄기에 긴 갈색 털이 빽빽이 나며, 1년생 가지의 꽃자루와 꽃받침에는 점성이 있다.

섬매발톱나무

Berberis amurensis Rupr. var. *quelpaertensis* (Nakai) Nakai
높은 산지의 능선에서 자라는 낙엽성 작은키나무

과명	매자나무과
분포	제주 한라산

5월에 한라산을 오르는 사람들은 많은 봄꽃을 감상할 수 있다. 그 가운데 섬매발톱나무는 모습이 너무나 특별해 기억에 오래 남는다. 주렁주렁 매달린 꽃도 생경할 뿐만 아니라 그 위로 힘차게 뻗은 가시는 위협적이기까지 하다. 섬매발톱나무를 처음 본 사람들이 '이런 나무가 다 있을까'라고 생각하는 것도 당연하다.

섬매발톱나무는 한라산 해발 1000~1700미터 초원지대에서 자라는 제주 특산식물이다. 한라산의 모든 탐방로에서 볼 수 있음에도 불구하고 개체 수는 많지 않다. 높이는 2미터가 채 안 되고, 작은 연초록 잎들은 새 가지에서는 어긋나지만 짧은 가지에서는 뭉쳐 있어 당차게 보인다. 잎 가장자리에 털 모양의 톱니가 있는 것도 독특하다.

노란 꽃들은 잎 아래로 포도송이처럼 주렁주렁 달려 있다. 하지만 꽃이 예뻐 함부로 달려들었다가는 꽃대 위로 무섭게 세 갈래로 뻗어 나온 큰 가시에 낭패를 볼 수 있다. 섬매발톱나무라는 이름도 '세 갈래로 나온 날카로운 가시가 매의 발톱을 닮았다'해서 붙여졌다. 이처럼 섬매발톱나무는 가시를 빼놓고 이야기할 수 없다. 여기서 '섬'은 제주도를 의미한다.

섬매발톱나무는 가을에 열매가 익어 갈 무렵에 다시 한 번 탐방객의 시선을 사로잡는다. 매혹적인 열매 때문이다. 빨갛게 익은 긴 타원형 열매는 꽃이 필 때처럼 가지에 가득 달려 노랗게 물든 잎과 함께 가을의 이미지를 제대로 살려 준다. 게다가 열매에는 과육이 많아 새들에게 이보다 좋은 먹을거리가 없다.

한라산에 사는 나무

섬매발톱나무는 모종母種인 매발톱나무$^{B.\,amurensis}$보다 가시가 더 크고 잎과 꽃차례가 작아 변종으로 보기도 하지만 같은 것으로 취급하기도 한다. 섬매발톱나무의 종소명 *amurensis*는 모종인 매발톱나무가 러시아 동부 아무르 지역에서 자라는 나무여서 붙여진 듯하며, 변종소명 *quelpaertensis*는 '제주도의'라는 뜻을 가진 희랍어다. 섬매발톱나무가 제주도에서만 자라기 때문에 붙은 듯하다. 이처럼 섬매발톱나무 같은 특별한 식물들이 자라고 있는 한라산은 제주 사람들에게도 언제나 신비스러운 곳이다.

🌱 **줄기**

높이가 2미터 정도이며 나무껍질은 회색이다. 1년생 가지에 홈이 있으며 가시가 세 갈래로 갈라진다.

🍃 **잎**

거꿀달걀형 또는 타원형이다. 새 가지에서는 잎이 어긋나며, 짧은 가지에서는 모여 나는 것처럼 보인다.
잎끝은 둔하고, 밑부분은 쐐기 모양이며, 가장자리에는 털 모양 톱니가 있다.

✿ **꽃**

5월에 노란색 꽃이 피며, 짧은 가지 끝에서 여러 개의 꽃이 총상꽃차례로 모여 달린다. 꽃잎은 여섯 개이고 끝이 안쪽으로 살짝 말린다. 수술은 여섯 개, 암술은 한 개다.

⚬ **열매**

긴 타원형 장과가 9월에 붉은색으로 익는다.

주요 특징

가시가 크고, 총상꽃차례는 아래로 향한다.

시로미

Empetrum nigrum L. subsp. *asiaticum* (Nakai ex H.Itô) Kuvaev
높은 산의 바위틈이나 풀밭에서 자라는 상록성 작은키나무

과명	진달래과
분포	제주 한라산
제주어	시러미, 시로미, 시루미

한강 이남에서 시로미의 자생지는 한라산이 유일하다. 시로미속 식물로 시로미 한 종만 있으니 꽤 귀한 식물이라 할 수 있다. 빙하기에 추운 지역에서 살던 북방계 식물들이 제주도로 내려와 살다가 날씨가 따뜻해지면서 그나마 기온이 낮은 한라산 백록담 일대로 피신하여 살게 된 고립된 식물이다. 이를 유존종이라 부르는데, 한라산에 사는 식물 중에는 시로미 말고도 암매, 들쭉나무, 눈향나무 등이 이에 속한다.

제주 사람들은 시로미를 불로초라 부르기도 한다. 이것은 '진나라 시황의 명을 받은 서복 일행이 불로장생의 명약으로 생각하여 한라산에서 가져간 것이 시로미 열매'라는 전설에서 비롯된다. 그래서 제주 사람들은 시로미를 귀하게 여겨 생으로 먹거나 차나 술을 담가 먹기도 했다. 40여 년 전만 하더라도 여름이 끝나갈 무렵 선작지왓, 윗세오름, 진달래밭에서 시로미 열매를 따는 산행객의 모습을 흔하게 볼 수 있었다.

시로미는 해발 1500미터 이상 올라가야 만날 수 있다. 이곳은 기온이 낮고 드센 바람이 몰아치는, 누가 봐도 척박한 환경이다. 이렇게 지리적으로 고립된 자생지마저 최근에는 점점 좁아지고 있다. 기후변화로 기온이 따뜻해져 제주조릿대가 높은 곳까지 번지면서 시로미를 위협하고 있기 때문이다. 시로미는 추운 곳에서 살아가기 위해 자세를 낮추지 않으면 안 되었는지 위보다 옆으로 영역을 넓혀 간다. 잎은 선형으로 통통한 바늘잎처럼 생겼고, 꽃은 주로 줄기 위쪽 잎겨드랑이에

달려 있다. 꽃이 지고 한라산에 가을이 시작될 무렵인 8월 중순쯤에는 동그란 열매가 검게 익어 간다.

제주도에서 쓰는 이름인 시로미가 그대로 식물명이 되었다. 열매에서 약간 시고 달콤한 맛이 나서 시로미라 했다는 이야기가 전해진다. 시로미는 암고란岩高蘭 또는 오리烏李라고도 한다. 암고란은 '바위 위에 자라는 난초'라는 뜻이니 생태적으로 바위 위에서 자라는 시로미의 특징을 나타내는 말이다. 오리는 '까마귀의 자두'라는 뜻이다. 서양식 이름도 crowberry, 즉 까마귀 열매다. 실제로 큰부리까마귀는 시로미가 자라는 한라산에서 많이 볼 수 있으며, 특히 열매가 익어 갈 때는 수가 더 많아진다.

🌱 **줄기**
옆으로 뻗어 땅을 기며, 가지를 많이 내고 큰 포기를 이룬다.

🍃 **잎**
선형으로 광택이 있고 빽빽이 모여난다. 처음에는 사방으로 펼치다 점차 뒤로 말린다. 잎끝은 둔하거나 둥글고 가장자리는 밋밋하다.

❀ **꽃**
암수딴그루로 5월에 줄기 윗부분 잎겨드랑이에 자주색 꽃이 달린다. 수꽃의 꽃밥은 붉은색이고, 수술은 세 개이며, 수술대는 가늘고 길다. 암꽃의 암술대는 짧고, 암술머리는 여섯 갈래에서 여덟 갈래로 갈라진다.

⚪ **열매**
둥근 핵과가 8~9월에 흑자색으로 익는다.

주요 특징

암수딴그루로 잎이 좁으며, 수술대는 길고 암술대는 짧다.

주목

Taxus cuspidata Siebold & Zucc.
높은 산의 산지와 능선에서 자라는 상록성 큰키나무

과명	주목과
분포	전국
제주어	노가리, 노가리낭

제주도 동쪽 바닷가 작은 마을에 살았던 나는 1970년대 말 고등학교 시절 한라산 단체 등반 때 주목을 처음 보았다. 곰솔이나 삼나무 말고는 뾰족한 잎을 가진 나무를 본 적이 없던 터라 주목은 아주 생소했다. 그 후 주목은 한라산을 오를 때 꼭 봐야만 하는 나무가 되었다. 주목이라는 나무 자체가 저지대에서 볼 수 없는 귀한 나무이기도 했고, 가을이 시작될 무렵 빨갛게 익어 가는 열매를 보는 일은 아주 특별한 체험이었기 때문이다.

주목은 소나무 같은 뾰족한 잎으로 무장했지만 접근하지 못할 정도로 무섭지는 않다. 컵처럼 생긴 붉은 열매는 녹색 잎 사이에서 더욱 빛을 발한다. 열매의 풍부한 과육과 강렬한 색깔은 동물들을 유혹하기에 너무나 충분하다. 열매를 따 먹을 수 있을 때가 되면 "주목 열매에는 독이 있으니 많이 먹지 말라"는 경고성 이야기를 듣는다. 실제로 열매의 씨앗 속에는 탁신^{taxin}이라는 독성 물질이 들어 있다고 알려졌다. 씨앗은 붉은 열매 속에 살짝 드러나 있어 쉽게 알아차릴 수 있으니 먹을 때는 씨앗을 씹지 않도록 조심해야 한다.

주목은 3억 년 전에 지구에 출현한 나무다. 잎은 뾰족하고 표면은 진녹색을 띠어 적은 양의 숲속 햇빛을 효율적으로 받아들일 수 있도록 진화했다. 종소명 *cuspidata*도 '갑자기 뾰족해진'이라는 뜻으로 주목의 잎끝이 뾰족한 특징을 설명하고 있다. 주목^{朱木}이라는 이름은 나무껍질뿐만 아니라 속까지도 붉은색이어서 붙여졌다. 그런가 하면 '살아 천 년, 죽어 천 년'이라 할 만큼 성장이 더딜 뿐만 아니라, 향기가 좋고 재질이 단단하여 사람들은 주목을 최고 품질의 나무라고 생각했다.

주목의 수액은 임금의 곤룡포와 궁녀들의 옷을 염색하는 염료로 사용했다. 목재의 붉은 색깔은 귀신을 쫓는 색이라고 생각했기 때문에 관(棺)을 만들었다. 주목의 목질은 치밀하고 단단하여 고급 가구 재료로 사용된다. 나무껍질에는 탁솔^{taxol}이라는 항암물질이 들어 있어 세계 곳곳에서 이를 가지고 연구를 하고 있다는 소식도 들린다. 한방에서는 주목의 잎과 목질부를 독감 치료와 이뇨제로 쓴다. 그러나 독성이 있으므로 사용할 때는 반드시 전문가의 도움을 받아야 한다.

줄기
높이 17미터까지 자라고, 적갈색 나무껍질은 얇게 벗겨진다. 어린 가지는 녹색이나 서서히 갈색으로 변한다.

잎
선형 잎은 줄기에 나선으로 달리며, 잎끝은 뾰족하다. 표면은 짙은 녹색이며, 뒷면에 황색 줄이 두 개 있고, 주맥이 양쪽으로 도드라진다.

꽃
암수딴그루로 4월에 핀다. 수꽃은 둥근 모양, 암꽃은 달걀 모양으로 모두 비늘조각에 싸여 있으며 잎겨드랑이에 달린다.

열매
둥근 달걀 모양으로 8~9월에 붉은색으로 익으며, 종자는 붉은색 육질의 씨껍질 안에 들어 있다.

주요 특징

잎은 나선으로 달리고, 열매는 붉은색으로 익으며, 과육이 많다.

털진달래

Rhododendron mucronulatum Turcz. var. *ciliatum* Nakai
높은 산의 능선에서 자라는 낙엽성 작은키나무

과명	진달래과
분포	강원설악산, 경남지리산, 제주한라산
제주어	안진베기고장, 전기꼿

털진달래는 산철쭉과 더불어 한라산의 봄을 대표한다. 이른바 한라산 아고산지대라 부르는 선작지왓, 만세동산, 방애오름의 5월은 털진달래로 온통 진분홍빛이 된다. 얼마나 많은지 사라오름을 지나 대피소 근처 초지대는 지명이 아예 진달래밭이다. 조선시대 제주도에 왔던 이형상 목사는 한라산을 오르며 영산홍暎山紅이라 하여 털진달래의 아름다움을 노래하기도 했고, 한라산 북쪽 방선문 계곡은 선비들이 모여 진달래를 주제로 시를 짓던 장소였다.

털진달래는 키가 큰 나무라 해도 2미터를 조금 넘는 정도다. 겨우내 웅크리고 있던 털진달래의 꽃눈은 4월을 넘기면서 따스한 봄기운을 받아 잎이 돋아나기 전에 먼저 꽃망울을 터뜨린다. 한라산 능선을 따라 봄소식을 전하던 털진달래는 한 달쯤 꽃을 피우다 뒤이어 달려온 산철쭉에 꽃자리를 넘겨 주고 다시 내년을 준비한다. 겨울까지 오래도록 남아 있는 열매의 암술대 모습도 유별나다. 털진달래는 키가 작은 나무지만 의지할 수 있는 큰 나무들이 없고 바람이 드센 척박한 땅에서도 잘 자란다. 자세를 낮추어 바람을 피하는 나름의 방식으로 어려움을 이겨 내고 그들만의 숲을 만들었다. 털진달래꽃의 제주어인 '안진베기고장'도 키가 작은 나무의 꽃이라는 뜻이다.

털진달래와 산철쭉은 자라는 곳도 같고, 모습도 비슷하여 처음 본 사람들은 구분이 쉽지 않다. 하지만 두 나무를 쉽게 알아볼 수 있는 방법이 있다. 털진달래는 꽃을 먼저 피우고 잎이 나중에 달리지만, 산철쭉은 그 반대라는 사실을 먼저 기억하면 된다. 그리고 꽃받침을 만져 보면 털진달래와 달리 산철쭉은 끈적거림이 있다.

진달래와 달리 줄기와 잎 등에 털이 많아 이름이 털진달래다. 진달래는 '참꽃'이라고도 불리는데, '참'이라는 접두어가 붙었다면 사람들에게 많은 쓰임이 있다는 의미다. 실제로 삼월삼짇날에는 진달래 꽃잎을 떡에 붙여 화전을 만들어 먹었고, '두견주'라 하여 진달래꽃으로 술도 빚었다.

그런데 최근 연구에 의하면 해발 1700미터 이하 지역에서는 털진달래가 꽃을 잘 피우지 못하는 현상이 나타난다고 한다. 나무 한 그루당 달리는 꽃눈이 매년 줄어든다는 것이다. 이 말은 꽃이 적게 핀다는 의미이기 때문에 언젠가 털진달래가 한라산에서 사라질지도 모른다는 우려가 생길 수밖에 없다. 지속적인 모니터링과 함께 준비가 필요한 시점이다.

줄기
높이는 2~3미터 정도다. 1년생 가지는 연한 갈색이며 비늘조각과 털이 있다.

잎
어긋나며, 긴 타원형 또는 거꿀피침형으로 가장자리에는 톱니가 없다. 잎끝은 뾰족하고, 밑부분은 쐐기 모양이며, 뒷면에 비늘털이 빽빽이 난다.

꽃
4월부터 잎이 나오기 전에 먼저 피고, 가지 끝에 진분홍색 꽃이 한 개에서 다섯 개가 모여 달린다. 꽃부리는 깔때기 모양이고 겉에는 잔털이 있다. 수술은 열 개이고, 수술대 기부에 털이 있다. 암술대는 수술보다 길고 털이 없다.

열매
원통형 삭과가 9~10월에 익으며, 표면에 비늘털이 있다.

주요 특징

어린 가지, 잎 표면과 가장자리, 잎자루 등에 털이 늦게까지 남아 있고, 잎이 돋기 전에 꽃이 핀다.

함박꽃나무

Magnolia sieboldii K.Koch
높은 산의 계곡 주변에서 자라는 낙엽성 작은큰키나무

과명	목련과
분포	전국
제주어	개목련

ⓒ김진

함박꽃나무를 처음 본 것은 10여 년 전의 일이다. 봄이 끝나 갈 무렵인 5월 말, 한라산으로 매발톱꽃을 보러 가던 도중 성판악 탐방로 주변 숲속에서 만났다. 나뭇잎 사이로 내린 햇빛 한 줄기에 비친 모습은 '나무에도 이렇게 아름다운 꽃이 피는구나'라는 말이 절로 나올 정도로 환상적이었다. 집에 와서 식물도감을 찾아본 후에 그 나무가 함박꽃나무라는 사실을 알고서는 횡재했다고 가족에게 한참 자랑했던 기억이 있다. 그 후로 함박꽃나무꽃이 필 때는 한라산으로 내닫곤 한다.

제주도에서는 함박꽃나무가 어리목 계곡, 관음사 탐방로, 선작지왓 등 한라산 중턱 곳곳에서 자란다. 잎은 성인의 손바닥보다 더 크고 두툼하다. 함지박만한 꽃은 가지 위쪽의 싱그러운 잎 사이에서 한 개씩 피어난다. 큰 미소를 머금고 수줍은 듯 아래를 향한 하얀 꽃잎은 붉은 꽃밥과 수술대, 하얀 암술대 위의 노란 암술머리와 함께 멋진 색의 조화를 이룬다. 전체적으로 화사하고 단아한 느낌을 주면서 좋은 향기까지 뿜어내니 세상에 이만한 꽃이 다 있을까 싶다. 가을에 익는 열매는 꽃과는 반대로 어딘지 모르게 투박한 모습이다. 열매는 어른의 손마디보다 조금 크게 달리더니 익어 갈 즈음에는 씨앗이 들어 있는 방이 갈라지고, 그 안에서 주홍색 씨앗이 나온다.

작약을 함박꽃이라고도 한다. 함박꽃이라는 이름은 박꽃처럼 큰 꽃 또는 함지박을 닮은 꽃에서 유래한다. 그보다도 함박꽃나무의 꽃이나 잎을 보면 목련 가족이라는 것을 단박에 알 수 있다. 하지만 잎이 돋기 전에 꽃이 피는 목련과 달리 함박꽃나무는 잎이 다 자란 후에 꽃이 핀다. 함박꽃나무의 다른 이름은 산속에서 자란다 해서 산목련이다. 그런데 제주도에서는 목련을 조경수로 심는 백목련과 구분하여 깊은 산에서 자란다는 뜻으로 산목련이라 부른다.

제주도에서는 생각보다 함박꽃나무가 잘 알려지지 않았다. 한라산 높은 곳에서 자라기 때문에 쉽게 접하기 어렵고, 쓰임이 별로 없어서 그런 것이 아닐까 생각된다. 이 때문인지 제주에서는 '산속 깊은 곳에 자라는' 또는 '변변치 못한'이라는 의미의 접두어 '개'를 붙여 개목련이라고도 부른다. 북한에서는 함박꽃나무를 '나무에 피는 난초'라는 뜻으로 '목란'이라고 한다. 김일성은 함박꽃나무를 굉장히 좋아했다고 한다. 이에 나라를 상징하는 북한의 국화도 30여 년 전에 진달래에서 목란, 즉 함박꽃나무로 바뀌었다.

줄기
높이가 7미터에 달한다. 나무껍질은 회백색이며 오래되면 껍질눈이 발달한다. 어린 가지에는 누운 털이 있다.

잎
어긋나며, 넓은 거꿀달걀형 또는 타원형으로 잎끝은 뾰족하고 밑부분은 둥글다. 가장자리가 밋밋하고 뒷면은 회록색으로 맥에 털이 있으며 잎자루가 있다.

꽃
5~6월에 잎이 올라온 후 가지 끝에 흰색 양성화가 피고 향기가 있다. 꽃잎은 여섯 개이고, 꽃밥과 수술대는 붉은색이다. 여러 개의 황록색 암술이 달린다.

열매
긴 타원형 취과가 9~10월에 붉은색으로 익는다.

주요 특징

꽃은 잎이 돋은 후에 가지 끝에서 피어 아래로 향하고, 수술은 붉은색이다.

홍괴불나무

Lonicera maximowiczii (Rupr.) Regel

높은 산의 계곡 주변에서 자라는 낙엽성 작은키나무

과명	인동과
분포	전국
제주어	개불낭

    5월로 접어들면 회색빛 한라산 능선에 초록빛이 완연해진다. 저지대보다 조금 늦은 봄은 설앵초가 진분홍빛 꽃잎을 열기 시작하면서 빠른 속도로 진행된다. 흰그늘용담과 바위미나리아재비가 꽃을 피우고, 털진달래와 산철쭉이 붉은 꽃을 토해 내는 5월이 끝나 갈 무렵에야 한라산의 봄은 절정을 맞는다.

    사람들이 온통 산철쭉이 만들어 놓은 꽃 세상에 환호할 때, 선작지왓 구상나무숲 언저리에서 홍괴불나무도 살포시 얼굴을 내민다. 키도 보통 어른의 허리 높이로 크지 않을 뿐만 아니라, 꽃도 작고 잎에 가려 있어 자세히 보지 않으면 몰라볼 정도다. 고도가 높은 추운 곳에서 살아가기 위해서 홍괴불나무는 키를 낮추고 큰 나무에 의지하는 방식을 택했다.

    꽃을 보면 색깔만 다르지 꽃 모양이 인동덩굴과 비슷하여 서로 같은 가족임을 단박에 알 수 있다. 잎겨드랑이에서 올라온 꽃대에는 작은 꽃 두 개가 짝지어 있다. 아무래도 온갖 꽃이 피어나는 시기이다 보니 꽃의 크기가 작은 홍괴불나무 입장에서는 하나보다는 둘이 피는 것이 꽃가루받이에 조금이라도 더 나은 전략일 것이다.

    8월 중순이 지나면서부터 한라산은 가을빛이 역력해진다. 이때쯤 홍괴불나무 열매가 빨갛게 익어 간다. 꽃이 피었던 자리에 타원형의 열매 두 개가 올라오더니 어느 순간 둥글게 하나로 합쳐진다. 열매는 진한 색이어서 새들의 눈에 확실히 들 것 같다. 게다가 과육까지 많으니 새들에게는 이만한 식량이 없어 보인다.

홍괴불나무는 '붉은 꽃을 가진 괴불나무'라는 뜻이다. 옛날에 아이들이 차고 다니던 노리개인 괴불과 꽃 모양이 비슷하여 이런 이름이 붙었다. 제주도에서는 괴불나무를 '개불낭'이라 한다. 하지만 괴불나무가 제주도에 자생하지 않는 것을 보면 괴불나무 종류를 뭉뚱그려 '개불낭'이라 한 것 같다. 한라산에는 홍괴불나무와 비슷한 왕괴불나무와 흰괴불나무가 자란다. 왕괴불나무는 연노랑 꽃이 피고 꽃자루가 길며 샘털이 있다. 흰괴불나무는 잎 뒷면에 흰 털이 빽빽하게 자라고, 홍자색 꽃이 핀다.

줄기
높이는 1~2미터 정도이고, 가지의 골속가지나 줄기 중심부에 있는 유조직의 흔적은 차 있다.

잎
마주나며 달걀 모양 또는 달걀 모양 피침형이다. 잎끝은 뾰족하고 밑부분은 쐐기 모양이거나 둥글며, 뒷면은 연한 녹색으로 주맥을 중심으로 흰색 털이 빽빽하다.

꽃
5~6월에 새 가지 잎겨드랑이에서 나온 꽃대에 연한 홍자색 꽃이 두 개씩 달린다. 꽃은 입술 모양으로 깊게 두 갈래로 갈라지고, 위쪽은 다시 서너 갈래로 갈라지며, 아래쪽은 뒤로 젖혀진다. 수술은 다섯 개, 암술대는 한 개로 꽃 밖으로 길게 나온다.

열매
두 개의 열매가 합쳐진 달걀 모양 원형 장과로 7~8월에 황색 빛이 도는 붉은색으로 익는다.

주요 특징
잎 뒷면은 연한 녹색이며, 주맥을 중심으로 흰색 털이 빽빽하게 나고, 홍자색 꽃이 핀다.

이야기로 만나는 제주의 나무

3장
오름에서
자라는 나무

가막살나무	비목나무
개서어나무	산뽕나무
검노린재나무	예덕나무
고추나무	윤노리나무
곰의말채나무	자귀나무
국수나무	참개암나무
까마귀밥나무	참느릅나무
누리장나무	참빗살나무
덜꿩나무	팥배나무
때죽나무	황벽나무

가막살나무

Viburnum dilatatum Thunb.
산지에서 자라는 낙엽성 작은키나무

과명	인동과
분포	중부 이남
제주어	솅괴낭^{평대}, 얼루레비낭

가막살나무는 키가 작은 나무지만 잎이 둥글넓적하게 크고, 하얀 꽃이 나무 전체를 뒤덮어 쉽게 눈에 띈다. 이런 특징 때문에 나무 공부를 하는 사람들은 가막살나무를 비교적 빨리 기억할 수 있다. 게다가 덜꿩나무와 구별이 쉽지 않아 서로 비교하다 보면 가막살나무의 이미지가 더 머릿속 깊이 박힌다. 가막살나무는 덜꿩나무에 비해 줄기 색은 더 짙고, 잎은 원형에 가깝게 둥글넓적하며, 잎자루가 길다.

제주도에서 가막살나무는 햇빛이 잘 드는 오름이나 숲 가장자리에서 흔히 볼 수 있다. 겨울눈, 어린 가지, 줄기에 빽빽하게 난 황갈색 털은 추운 겨울을 날 수 있게 한다. 그러다 봄이 무르익는 4월에는 거칠거칠한 둥그런 잎을 낸다. 잎은 잎벌레의 공격으로 수난을 당하기도 하지만 금방 회복한다.

가막살나무는 5월부터는 꽃이 달리기 시작하며 6월까지도 볼 수 있다. 줄기 윗부분에서 가지가 갈라지고, 그 끝에 자잘한 흰색 꽃들이 우산 모양으로 눈꽃처럼 달린다. 가막살나무는 크게 자라는 나무가 아니어서 바로 눈앞에서 꽃을 볼 수 있다는 장점도 있다. 게다가 꽃에 향기도 있어서 관상용으로 이만한 나무가 없을 것 같다. 가을이면 풍성한 꽃만큼 가지마다 열매가 가득 달린다. 붉은 열매는 너무나 매혹적이어서 새들이 그냥 지나치는 법이 없다. 그런데 열매들 사이에서 간간이 털이 수북한 벌레집이 나타나곤 한다. 새들에게는 먹을거리를 제공하고, 벌레에게는 알이 자랄 수 있는 장소를 내어 주니 가막살나무는 아낌없이 주는 나무임에 틀림없다.

겨울눈

가막살나무라는 이름은 전라남도 방언에서 왔는데, 나무의 줄기가 검은색을 띠고 사립문을 만들 때 이용했던 것에서 유래한다. '가막'은 검은색, '살'은 사립문을 뜻한다. 제주도에서는 가막살나무의 열매를 '얼루레비'라 부르기 때문에 가막살나무를 얼루레비낭이라 한다. 종소명 *dilatatum*은 '잎이 넓은'이라는 뜻으로 넓은 잎을 가진 가막살나무의 특징을 잘 나타낸다. 꽃이 화사하고 향기가 있으며 붉은 열매도 아름다워 공원이나 길가에 조경수로 많이 심는다. 나무줄기는 지팡이 재료로 이용되기도 했다.

줄기
높이는 2~3미터에 달하고 전체에 거친 털이 있다. 겨울눈은 달걀 모양으로 긴 털이 있고 어린 가지에도 별 모양 털이 있다.

잎
마주나며 넓은 타원형 또는 원형이다. 잎끝은 뾰족하고, 밑부분은 둥글거나 심장 모양이며, 가장자리에 톱니가 있다. 양면에 별 모양 털이 있으며, 잎자루는 0.6~2센티미터 정도다.

꽃
5~6월에 새 가지 끝에 흰색 꽃이 우산모양꽃차례로 달리며, 꽃차례 바로 아래에 한 쌍의 잎이 난다.

열매
넓은 타원형 핵과가 9월에 붉은색으로 익는다.

주요 특징
잎은 넓은 타원형 또는 원형이다. 거친 느낌이며 잎자루가 비교적 길다.

개서어나무

Carpinus tschonoskii Maxim.

해발 150~1000미터 산지에서 자라는
낙엽성 큰키나무

과명	자작나무과
분포	경남, 전남, 전북, 제주
제주어	서리낭, 서으리낭, 서의낭, 초기낭

사람의 간섭이 없으면 빛이 잘 들지 않는 곳에서도 잘 자라는 나무들이 자연스럽게 숲의 주인공이 된다. 참나무류와 서어나무류가 이에 속한다. 제주도에서 자라는 서어나무류 가운데 대표적인 것이 서어나무와 개서어나무다. 자라는 곳이 서로 겹치기도 하지만 개서어나무는 해발고도가 서어나무보다 조금이라도 더 낮은 곳에 자란다. 그래서 저지대 오름이나 곶자왈에서 보이는 나무는 보통 개서어나무인 경우가 많다.

개서어나무와 서어나무는 줄기·잎·열매가 비슷하여 구분하기가 쉽지 않다. 특히 두 나무가 함께 있을 때는 더 어렵다. 잎이 돋기 전에는 두 나무의 겨울눈을 비교해 봐야 한다. 개서어나무는 겨울눈과 어린 가지에 털이 많은 데 비해 서어나무는 매끈하고 뚜렷한 껍질눈이 있다. 잎이 돋으면 구분은 조금 더 쉬워진다. 개서어나무는 잎끝이 길지 않으며, 잎 표면에 털이 있다. 이에 비해 서어나무의 잎끝은 꼬리처럼 길고 표면에도 털이 없다. 줄기는 모두 회색으로 굵기가 일정치 않아 세로로 울퉁불퉁한 느낌을 주는데 개서어나무가 서어나무에 비해 덜하다.

봄이 무르익은 5월이 되면 개서어나무는 붉은빛을 띠는 어린잎을 낸다. 잎은 시간이 흐르면서 녹색으로 변하고, 가을이 되면 다시 예쁘게 단풍이 든다. 아래로 쭉쭉 늘어진 꼬리모양꽃차례의 수꽃도 특이하다. 꽃은 나뭇가지 위쪽에 암꽃, 아래쪽에 수꽃이 따로 피며, 나뭇잎과 같은 녹색이다. 하지만 개서어나무는 큰키나무이기 때문에 꽃을 자세히 보기란 쉬운 일이 아니다. 열매도 포 조각 안에서 딱딱하게 익

겨울눈

어 가며, 가을이 되어 바람이 불면 떨어진다.

서어나무라는 이름의 유래는 확실치 않지만, '서목西木'이라 한 것을 '서나무'라고 부르다 '서어나무'가 된 것이 아닐까 추측하고 있다. 여기에 '개'를 붙여 서어나무와 구별한 것으로 추정된다. 개서어나무는 줄기가 울퉁불퉁하고 재질이 치밀한, 비교적 단단한 나무지만 일반적으로 쓰임이 많지 않았다. 제주도에서는 개서어나무를 표고버섯의 유균을 키우는 자목으로 쓰기 때문에 서어나무, 졸참나무 등과 함께 '초기낭'이라 부른다. '초기'는 버섯의 제주어다.

줄기
높이는 15미터에 달하고 나무껍질은 회색이다. 약간 울퉁불퉁하며 어린 가지는 물론 어린잎과 잎자루에도 털이 있다.

잎
어긋나며, 타원형 잎 가장자리에는 가늘고 뾰족한 겹톱니가 있다. 잎끝은 점차 뾰족해지고 밑부분은 둥글거나 뾰족하다. 측맥은 12~15쌍으로 표면과 뒷면 맥 위에 누운 털이 있다.

수꽃

암꽃

꽃
4~5월에 꼬리모양꽃차례로 달린다. 수꽃 이삭은 대가 없고 포비늘에 한 송이씩 달린다. 암꽃은 자루가 있으며 각 포비늘 안에 두 송이씩 달린다.

열매
넓적한 달걀 모양 견과가 10월에 익는다. 열매의 포비늘은 달걀 모양으로 한쪽에 톱니가 있다.

주요 특징
어린 가지에 털이 있고, 잎끝은 점차 뾰족해지며, 포비늘 한쪽에 톱니가 있다.

검노린재나무

Symplocos tanakana Nakai
산지에서 자라는 낙엽성 작은키나무 또는 작은큰키나무

과명	노린재나무과
분포	경남부산, 전남, 제주
제주어	제낭

봄이 끝나 갈 무렵 빛이 잘 드는 다랑쉬오름 사면에서는 화사하게 핀 검노린재나무의 하얀 꽃을 볼 수 있다. 물론 검노린재나무는 오름에서만 자라지 않는다. 밭담을 의지해 줄기를 올리기도 하고 빛이 잘 들지 않는 곶자왈 숲에서도 잘 자랄 만큼 무던한 나무다.

잎은 긴 타원형으로 양 끝이 뾰족하고, 가장자리에는 자잘하고 뾰족한 톱니가 있으며, 안으로 잎이 살짝 말린다. 꽃은 다섯 장의 하얀 꽃잎 위로 노란 꽃밥이 달린 긴 수술이 수십 개씩 뻗어 나와 나무 위에 흰 눈이 내린 것처럼 수북하게 피어난다. 게다가 꽃에는 향기가 있어 벌과 나비의 방문이 끊이지 않는다. 열매는 가을이 시작되는 시기에 맞추어 검게 익는다.

노린재나무라는 이름은 나뭇가지나 단풍이 든 잎을 태우고 남은 재가 누런빛이 나서 붙었다. 제주어인 '제낭'도 재를 강조한 이름이다. 천연염색을 할 때 쓰는 매염제를 과거에는 나무를 태워서 얻기도 했다. 노린재나무를 태운 재를 황회黃灰라 하는데 가장 널리 쓰던 매염제의 하나였다. 예로부터 검노린재나무는 옷감이나 천에 물을 들일 때 꼭 필요한 귀중한 자원식물이었던 셈이다.

제주도에는 검노린재나무만 있는 것은 아니다. 한라산 1100고지습지나 구상나무숲에는 노린재나무가 지천이다. 여름이 시작될 무렵 피어나는 화사한 꽃도 그렇지만, 가을에 익는 노린재나무의 푸른색 열매도 장관이다. 그런가 하면 섬노린재나무도 있다. 주로 노린재나무보다 해발고도가 조금이라도 낮고, 검노린재나무보다는 높은 한라산 남쪽에서 자란다.

검노린재나무, 노린재나무, 섬노린재나무는 꽃과 잎이 비슷하게 생겨서 열매가 달리기 전에는 구분하기 쉽지 않다. 열매가 검게 익으면 검노린재나무, 푸르게 익으면 노린재나무, 검푸른색으로 익으면 섬노린재나무다. 그밖에 검노린재나무는 잎이 긴 타원형으로 안으로 살짝 말리는 느낌이 있으며, 노린재나무는 잎이 거꿀달걀형으로 끝이 조금 뾰족하다. 이에 비해 섬노린재나무는 잎끝이 길게 뾰족하고 날카로운 톱니가 있다. 특히 섬노린재나무는 어린 가지에 털이 없다는 것이 큰 특징이다.

줄기
어린 가지에 잔털이 있다. 2년 된 가지는 회갈색이며, 가로 껍질눈이 뚜렷하다.

잎
어긋나며 긴 타원형 잎은 양 끝이 뾰족하고 가장자리에 톱니가 있다. 가장자리가 안으로 살짝 말려 있고, 잎자루와 표면의 맥 위에 털이 있으며, 뒷면은 다소 분백색이다.

꽃
5월에 새 가지 끝에서 흰색 꽃이 원뿔모양꽃차례로 모여 달린다. 꽃받침잎은 달걀 모양이고 뒷면에 털이 있다. 꽃잎은 깊게 갈라지며, 수술은 많고 암술대에는 털이 없다.

열매
둥그런 달걀 모양 핵과가 9월에 검은색으로 익는다.

주요 특징
열매는 검게 익고, 잎은 긴 타원형 또는 타원형이다.

고추나무

Staphylea bumalda DC.
산지에서 자라는 낙엽성 작은키나무

과명	고추나무과
분포	전국
제주어	쐐배낭

봄이 절정인 5월에 오름을 오르다 보면 하얀 꽃을 피우는 고추나무를 만난다. 고추나무는 오름뿐만 아니라 곶자왈과 숲길 등 햇빛이 조금이라도 드는 곳에서는 어디에서나 볼 수 있을 만큼 제주도에서는 흔한 나무다. 하지만 크게 자라는 나무가 아니어서 눈앞에서 바로 화사한 꽃을 감상할 수 있고, 향기까지 진하기 때문에 사람들은 고추나무 앞에서 걸음을 멈출 수밖에 없다.

고추나무는 이름 때문에 우리가 즐겨 먹는 매운 고추를 연상하게 된다. 하지만 고추와는 전혀 상관이 없다. 단지 나뭇잎이 고춧잎과 비슷하여 그런 이름이 붙었다. 조금 더 자세하게 살펴보면 전체적인 잎의 모습만 비슷하지 고춧잎보다 더 두껍고 광택이 있어 서로 차이가 있음을 알 수 있다. 지방에 따라서 개절초나무·매대나무·쇠열나무 등 다양한 이름을 가지고 있고, 제주도에서는 '쐐배낭'이라 불린다.

화사하고 향기 좋은 고추나무의 꽃은 봄과 너무나 잘 어울린다. 잎은 세 장으로 이루어져 있고, 하얀 꽃은 꽃대에 층을 이루며 나무 전체에 수북이 달린다. 작지만 도드라져 보이는 꽃망울은 물론 적당히 꽃잎을 열고 있는 모습도 너무나 귀엽다. 꽃잎 가운데서 솟아난 다섯 개의 꽃밥은 마치 하얀 종이 위에 까만 점을 찍어 놓은 것 같다. 가끔 꽃잎 끝은 분홍색 물감을 살짝 칠한 듯한 색을 머금어 벌들을 유혹하기도 한다. 꽃이 피는 기간도 길어 여름이 시작되기 전까지 한 달 정도나 볼 수 있다. 독특한 모습으로는 열매도 꽃에 못지않다.

열매는 윗부분이 양쪽으로 갈라져 마치 다리를 벌린 모양을 하고 있으며, 끝은 바

늘처럼 뾰족하다. 처음에는 납작하고 녹색을 띠지만 서서히 갈색으로 익어 가면서 풍선처럼 부풀어 올라 바람을 타고 잘 날아갈 수 있을 것 같다. 그리고 열매 속에는 한두 개의 씨앗이 들어 있다. 이처럼 꽃이 아름답고 열매도 독특해 관상용으로도 훌륭한데, 아직 본격적으로 이용되는 것 같지는 않다. 어린잎은 부드럽고 향기가 있어 나물로 무쳐 먹을 수 있다. 줄기는 단단하여 나무젓가락이나 이쑤시개, 나무못을 만드는 재료로도 이용된다.

줄기
높이는 2~3미터 정도에 달하고, 나무껍질은 회갈색으로 세로로 얕게 갈라진다.

잎
마주나며 세 개의 작은잎으로 이루어진 겹잎이다. 작은잎은 달걀 모양 타원형으로 잎끝은 꼬리처럼 나오고, 가장자리에 바늘 모양 잔톱니가 있으며, 뒷면 맥 위에는 털이 있다.

꽃
5월에 새 가지 끝에 흰색 꽃이 피며, 꽃받침은 밝은 황색이다. 수술은 다섯 개이며, 윗부분이 두 개로 갈라진 한 개의 암술대가 있다.

열매
납작한 풍선 모양 삭과가 두 개로 갈라지며 양 끝이 뾰족하다. 9~10월에 갈색으로 익는다.

주요 특징
잎은 세 개의 작은잎으로 이루어진 겹잎이고, 열매는 납작한 풍선 모양이다.

곰의말채나무

Cornus macrophylla Wall.

산지의 숲이나 골짜기에서 자라는 낙엽성 큰키나무

과명	층층나무과
분포	경북울릉도, 제주, 충남 이남
제주어	막게낭, 몰막께낭

층층나무과인 곰의말채나무는 오름이나 곶자왈에서 가장 많이 볼 수 있는 나무 중 하나다. 말채나무라는 이름도 생경한데 곰의말채나무라니. 처음에 이름을 들었을 때는 곰하고 관련이 있을 것 같기도 하고, '곰'은 '검다'라는 뜻도 있으니 검은색을 띠는 부분이 나무 어디엔가 있지 않을까 하는 생각을 누구나 할 수 있다.

곰의말채나무라는 이름은 말채나무를 기본으로 하여 산지를 뜻하는 '곰의'가 붙은 형태로, 곰이 살 수 있을 정도로 깊은 산속에 자라는 말채나무라는 뜻이라 추정한다. 또 하나는 곰의말채나무가 일본에서 쓰는 이름인 웅수목熊水木에서 유래했다는 말이 있는데, 곰의말채나무가 많은 구마노시熊野市의 영향이라고 말하기도 한다.

곰의말채나무를 제주도에서는 몰막께낭, 막게낭이라 한다. 제주어로 '막게' 또는 '막께'는 방망이를 뜻한다. 몰막께낭, 막게낭으로 부르는 곰의말채나무는 재질이 희고 가벼워 빨랫방망이로 사용되기 때문에 붙은 이름이다. 요즘에는 꽃이 아름답고 잎이 무성하여 정원수나 가로수로 이용되기도 한다.

곰의말채나무는 꽤 크게 자라는 나무임에도 위로 뻗은 줄기에 층층으로 달리는 나뭇가지 때문에 전체적으로 균형감이 있어 보인다. 잎도 꽃도 풍성하게 달려 녹음 짙은 여름에도 쉽게 눈에 들어온다. 하지만 잎이 넓은데 가지까지 옆으로 층을 이루면서 뻗기 때문에 햇빛을 혼자 독차지하여 키가 작은 나무들에게 피해를 주기도 한다. 나무의 특징을 설명해 주는 종소명 *macrophylla*도 '잎이 큰'이라는

오름에서 자라는 나무

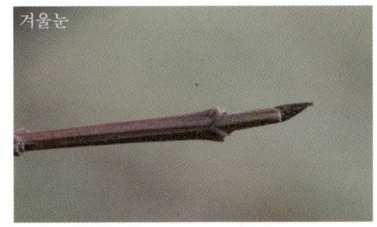
겨울눈

뜻이 있다.

  곰의말채나무는 봄이 끝나 갈 무렵에 한 달 정도 흰 꽃을 화사하게 피운다. 꽃이 피는 기간에는 날아드는 벌 소리가 끊일 날이 없다. 꽃도 많이 피는데, 달콤한 향기까지 풍기니 곤충이 외면하기가 쉽지 않다. 곰의말채나무는 층층나무와 꽃이 비슷하여 헷갈리기 쉽다. 하지만 곰의말채나무가 층층나무보다 시기적으로 일찍 꽃을 피운다. 또 자세히 살펴보면 층층나무는 잎이 어긋나지만 곰의말채나무는 잎이 마주나고 꽃자루가 짧아 구분할 수 있다.

✿ 줄기

높이는 10~15미터 정도이며, 회갈색 나무껍질은 세로로 얕게 갈라진다. 겨울눈은 긴 타원형으로 비늘조각이 없고 표면에 회갈색 털이 모여난다.

🍃 잎

마주나며 타원형 또는 넓은 타원형이다. 잎끝은 뾰족하고 밑부분은 둥글거나 넓은 쐐기 모양이다. 잎 양면에 짧은 누운 털이 있으나, 잎자루에는 털이 없으며 가장자리는 밋밋하다.

❀ 꽃

6~7월에 새 가지 끝에서 황백색 꽃이 산방꽃차례를 이룬다. 꽃잎은 네 개로 긴 타원형이며 수술대는 꽃잎과 길이가 같다.

⚪ 열매

둥근 핵과가 8~9월에 흑자색으로 익는다.

주요 특징

잎이 마주나고, 꽃자루가 짧다.

국수나무

Stephanandra incisa (Thunb.) Zabel
산지에서 자라는 낙엽성 작은키나무

과명	장미과
분포	전국
제주어	솅이독가리, 솅이독꾸리토평, 솅이폭낭

보통 결혼이 늦어지는 사람에게 "언제 국수 먹여 줄 거냐"라고 말한다. 큰 잔치가 있을 때 국수를 먹었다는 이야기다. 생활 수준이 높아지면서 별의별 먹을거리에 밀려난 느낌이지만 옛날에는 국수가 큰일이 있을 때나 먹는 귀한 음식이었다. 서귀포시에는 아직도 상사喪事에 국수를 대접하는 풍속이 남아 있다.

국수나무는 전국에서 볼 수 있는 작은키나무로, 제주도에서는 주로 큰 나무가 없는 풀밭 오름에서 주로 보이고, 곶자왈 숲 가장자리에서 쉽게 만날 수 있다. 하지만 키도 작고 꽃도 도드라지지 않아 사람들의 눈길을 끌지는 못한다. 국수나무는 오름에 초록빛이 번지는 무렵인 4월에 잎을 내기 시작하여 5월에 꽃을 피운다. 그리고 큰 나무가 자라기 전에 꽃가루받이를 끝낸다. 보통의 나무들이 여름에 꽃을 피우는 것에 비하면 빠른 편이다. 큰키나무가 잎을 내면 햇빛을 받을 수 없는 환경이 되기 때문에 그 전에 양분을 만들고 결실을 해야 하는 키 작은 나무의 운명 같은 것으로, 국수나무도 예외가 아니다.

여러 갈래로 뻗은 가느다란 줄기가 포기를 이루며 자라고, 잎은 겹톱니가 있어 다소 날카로운 느낌을 준다. 종소명 *incisa*는 '예리하게 갈라진'이라는 뜻으로 뾰족하고 갈라진 잎의 모습에서 유래한다. 황백색 꽃은 잎에 비해 작고 귀엽다. 하지만 많은 수가 모여 큰 꽃처럼 보이게 하는 전략을 취해 벌이나 나비의 눈에 띄게 했다. 곤충의 한 번 방문으로 많은 꽃에 꽃가루받이가 이루어질 수 있게 하는 효율적인 전략이다.

오름에서 자라는 나무

겨울눈

국수나무는 줄기를 자르면 국수 가락이 연상되는 하얀 속을 빼낼 수 있다. 예전에는 줄기의 속을 뽑아 아이들이 소꿉놀이할 때 국수라고 하며 놀았다. 국수나무라는 이름도 여기에서 유래했다. 제주에서는 솅이독꾸리, 솅이폭낭 등으로 불린다. 솅이는 새, 독꾸리는 새 둥지, 퐁낭은 팽나무를 말한다. 제주도에서는 새가 참새를 뜻하는 경우가 많으며, 팽나무는 쉼터를 상징하는 나무다. 이름 모두 참새들이 앉아서 쉴 수 있는 나무로 풀이하면 맞을 것 같다.

❦ 줄기
높이는 1~2미터 정도이며, 겨울눈은 적갈색이다. 가지는 옆으로 처진다.

❦ 잎
어긋나며, 전체적으로 역삼각형이다. 잎끝은 길게 뾰족하고, 밑부분은 쐐기 모양 또는 심장 모양이며, 가장자리에 겹톱니가 있다.

❦ 꽃
5~6월에 새 가지 끝에 황백색 꽃이 모여 원뿔모양꽃차례를 이룬다. 꽃차례의 축과 꽃자루에 잔털이 있다. 꽃잎은 다섯 장이며, 수술은 열 개로 꽃잎보다 짧다.

❦ 열매
원형 또는 거꿀달걀형 골돌과로 9~10월에 익는다.

주요 특징

꽃은 원뿔모양꽃차례로 달리며, 꽃차례에 털이 있다.

까마귀밥나무

Ribes fasciculatum Siebold & Zucc. var. *chinense* Maxim.
저지대 산지에서 자라는 낙엽성 작은키나무

과명	까치밥나무과
분포	중부 이남

20여 년 전 오름 오르기를 시작했을 당시에 가장 기억에 남는 나무가 까마귀밥나무였다. 아마 이름이 너무 독특해서 그랬을 것이다. 당시 누군가 나에게 까마귀밥여름나무라고 알려 주었다. 몇 년이 지나 나무 공부를 할 때 까마귀밥나무라 불러야 한다는 사실을 알았다. 물론 까마귀밥나무든 까마귀밥여름나무든 어떤 이름으로 불러도 문제는 없다.

까마귀밥나무는 오름 자락이나 산지의 길가, 곶자왈 등 어디서나 흔히 볼 수 있는 나무다. 키가 작아서 크다 해도 성인의 허리 정도밖에 되지 않고, 봄이 되면 손바닥처럼 생긴 짙은 초록 잎이 돋는다. 꽃은 크기가 작고, 색깔도 노란색으로 진하지 않은 대신 여러 개가 모여서 크기에 비해 도드라져 보인다. 종소명 *fasciculatum*은 '이어서 나는'이라는 뜻으로 땅에서 줄기가 다발로 올라오는 나무의 특징을 설명하고 있다. 까마귀밥나무는 키가 작은 처지라 꽃을 일찍 피우고 꽃가루받이를 끝내야 한다. 그렇다 보니 제주도에서는 비교적 이른 시기인 4월 초순부터 꽃을 피우기 시작한다.

사실 까마귀밥나무의 방점은 꽃보다 열매에 있다. 오죽했으면 이름에 '까마귀의 밥' 또는 열매라는 의미의 '여름'을 붙여 까마귀밥여름나무라고 했을까. 잎겨드랑이에 조롱조롱 달린 열매는 처음에는 초록색으로 올라와서 가을이 되면 붉은색으로 익고 이듬해까지 볼 수 있다. 색깔이 너무 매혹적이어서 달려들어 보지만 사람들이 먹기에는 쓴맛이 강해 결국 열매는 새들의 차지가 된다. 가뜩이나 겨

오름에서 자라는 나무

울철은 새들이 식량을 구하기 어려운 계절이라 까마귀밥나무는 새들에게는 너무나 고마운 존재다.

까마귀밥나무는 까마귀가 좋아하는 열매라는 뜻이다. 까마귀밥나무의 열매를 까마귀만 먹는 것은 아니지만 사람들은 굳이 동물을 배려하는 뜻이 담긴 나무 이름을 짓기도 했다. 어린잎은 나물로 먹으며, 꽃과 열매가 아름다워 정원수로 쓰기도 한다. 민간에서는 칠해목 漆解木이라 하여 옻독을 풀기 위해 잎과 줄기를 달여서 차로 마시기도 했다.

줄기
높이는 1~1.5미터 정도다. 가지가 갈라지고 나무껍질은 자갈색이다.

잎
어긋나며 넓은 달걀 모양으로 얕게 세 갈래에서 다섯 갈래로 갈라진다. 잎끝은 둥글고 밑부분은 평평하거나 심장 모양이다. 양면 맥 위와 잎자루에 부드러운 털이 있다.

꽃
암수딴그루 또는 암수한그루로 4월에 2년생 가지 잎겨드랑이에 황색 꽃이 모여 핀다. 꽃잎은 거꿀달걀형이며 꽃받침조각은 꽃이 필 때 뒤로 젖혀진다.

열매
둥근 장과가 10~11월에 붉은색으로 익는다.

주요 특징

꽃은 2년이 지난 가지의 잎겨드랑이에 짧게 모여 달린다.

누리장나무

Clerodendrum trichotomum Thunb.

산지·길가·계곡에서 자라는 낙엽성 작은키나무
또는 작은큰키나무

과명	마편초과
분포	중부 이남
제주어	개낭, 개똥낭

8월로 접어들면서 제주의 오름이나 산지의 길가에서는 꽃을 피우는 누리장나무를 많이 볼 수 있다. 진분홍색 꽃받침 위에 솟아오른 하얀 꽃잎과, 파란 하늘을 가리키는 길쭉한 꽃술의 모습이 너무나 독특하다. 꽃 주위에서는 꽃가루를 얻기 위해 아침부터 꽃 주변을 분주히 들락거리는 제비나비를 발견할 수 있다.

누리장나무의 '누리'는 누린내, '장'은 작대기를 말한다. 역겨운 누린내가 나고, 작은키나무로 작대기 같은 모양으로 자란다 해서 이름이 누리장나무다. 구린내가 나서 구릿내나무, 냄새나는 오동나무라는 뜻으로 취오동나무라는 이름도 가지고 있다. 또한 개犬에서 나는 냄새와 비슷하다 하여 개나무라고도 부르며, 제주에서도 이와 비슷한 의미로 개낭 또는 개똥낭이라 부른다. 하지만 식물체 전체에서 냄새가 나는 것은 아니다. 양분을 만들어야 하는 잎은 조금만 건드려도 역한 냄새를 느낄 수 있지만, 꽃에서는 향긋한 냄새가 난다. 누리장나무는 이렇게 잎에서 나는 냄새로 동물들로부터 자신을 보호하고, 꽃에서 나는 향기로는 나비를 불러 꽃가루받이를 한다.

누리장나무의 키는 보통 5미터를 넘지 않고, 가지는 사방으로 뻗는다. 종소명 *trichotomum*은 '세 갈래 가지의'라는 뜻으로 가지가 세 가닥씩 갈라지는 특징을 설명한다. 꽃도 너무나 독특하다. 여름이 절정에 이르면 먼저 암술이 아래를 향해 길게 뻗어 나오고, 뒤를 이어 수술 네 개가 하늘을 향해 나온다. 곤충의 몸에는 꽃가루를 묻게 하지만 자신의 암술머리에는 꽃가루가 묻는 것을 피하기 위해서

다. 게다가 수꽃이 필 때는 암술머리를 닫아 버리고 수꽃이 지고 난 다음에야 열어서 다른 나무의 꽃가루를 받아들인다. 건강한 후손을 이어 가려는 누리장나무의 지혜다.

가을에 열리는 열매도 특별하다. 붉은 불가사리 모양으로 펼친 열매받침 가운데에 남색 사파이어 보석 같은 열매가 달린다. 파란색 가을 하늘, 붉은색 꽃받침, 화려한 느낌의 남색 열매는 이 나무에서 역한 냄새가 났다는 사실을 잊게 한다.

누리장나무는 어린순은 먹기도 하고 가지는 약으로 쓰는 등 쓰임이 많았던 나무다. 최근에는 꽃을 피우고 열매를 맺을 때까지 오랜 시간 아름다움을 감상할 수 있어 관상용으로 심는다. 열매는 남색 물감의 재료로 쓰기도 하고, 열매의 색소는 천연염색에 이용하기도 한다.

❦ **줄기**
높이는 2~5미터 정도이며, 나무껍질은 회백색이다. 가지에는 털이 없지만 겨울눈에는 부드러운 자갈색 털이 있다.

🍃 **잎**
마주나고 넓은 달걀 모양이다. 잎끝은 뾰족하고 밑부분은 넓은 쐐기 모양이다. 가장자리는 밋밋하거나 얕은 톱니가 있고 잎자루에는 털이 있다.

❀ **꽃**
7~9월에 새 가지 끝이나 윗부분 잎겨드랑이에 흰색 꽃이 취산꽃차례로 모여 달린다. 꽃받침은 홍색을 띠며 깊게 다섯 갈래로 갈라진다. 수술과 암술은 꽃잎 밖으로 나오며 수술이 더 길다.

○ **열매**
둥근 핵과가 10월에 짙은 남색으로 익고 광택이 난다.

주요 특징

수술에 꽃밥이 달릴 때에는 암술대가 아래로 처지고 시들면 위로 들린다.

덜꿩나무

Viburnum erosum Thunb.
낮은 산지에서 자라는 낙엽성 작은키나무

과명	인동과
분포	전국
제주어	셍괴낭동부, 얼루레비낭

여름의 느낌이 남아 있는 초가을 제주도의 오름이나 곶자왈에서는 덜꿩나무와 가막살나무의 붉은 열매가 시선을 사로잡는다. 두 종은 거의 같은 시기에 비슷한 모양의 꽃과 열매를 달고 있어 구분하기가 쉽지 않다. 그래도 자세히 살펴보면 덜꿩나무가 가막살나무에 비해 나무껍질의 색깔도 연하고, 잎은 타원형이며, 잎자루가 짧다는 사실을 것을 알 수 있다. 그리고 덜꿩나무는 피침형 턱잎이 오래도록 남아 있다.

덜꿩나무는 제주도 어느 숲에서나 흔히 만날 수 있는 나무다. 봄꽃이 지고 여름이 시작될 즈음 꽃을 피운다. 이 시기는 큰 나무들이 넓은 잎을 펼쳐 놓아 키가 작은 나무들의 꽃이 가려지는 때다. 하지만 덜꿩나무는 키가 채 2미터를 넘지 않은 작은 나무임에도 화사한 하얀 꽃 때문에 쉽게 눈에 띈다.

잎 표면은 털이 있어 만지면 부드러우며, 가장자리의 톱니는 약간 뾰족하면서도 파도처럼 꾸불거린다. 종소명 *erosum*도 '불규칙한 톱니의'라는 뜻으로, 잎의 특징을 잘 나타내고 있다. 작은 꽃들은 꽃대에 모여 우산 모양으로 수북이 피어나며, 꽃은 흰색이나 약간 분홍빛을 띠기도 한다.

가을에 달리는 콩알만 한 열매는 너무나 매혹적이다. 녹색으로 올라온 열매는 서서히 붉은색으로 익어 간다. 하나씩 달리는 것이 아니라 수북이 달리기 때문에 멀리서 보면 마치 붉은 꽃이 핀 것 같다. 열매는 사람이 먹기에는 작고 신맛이 있어서 맛이 없지만 새들의 먹이로는 그만이다. 더욱이 오래도록 달려 있고 붉은색을 띠고 있으니 새들의 눈에 들어오는 것은 당연하다.

겨울눈

특히 이름에서도 유추할 수 있듯이 꿩이 좋아하는 나무다. 들野에 사는 꿩이 좋아한다고 해서 이름이 '들꿩나무'로 불리다가 덜꿩나무가 되었다는 말도 있으나 유래는 정확하지 않다. 제주도에서는 덜꿩나무를 가막살나무와 같은 얼레루비낭 또는 셍괴낭으로 불렀던 것으로 보아 두 나무를 구분했던 것 같지는 않다. 목재로 사용할 만큼 굵게 자라는 나무도 아니어서 특별히 쓰임이 많지 않았던 것으로 보인다. 하지만 화사한 꽃과 매혹적인 열매가 있어 정원이나 공원에 조경수로 사용하면 좋을 것 같다.

줄기
높이는 2~3미터 정도까지 자라며, 나무껍질은 회갈색이다. 어린 가지는 붉은빛이 돌며, 별 모양 털이 빽빽이 난다.

잎
마주나며, 달걀 모양 긴 타원형 잎은 잎끝이 길고 뾰족하다. 밑부분은 쐐기 모양이며, 가장자리에 뾰족한 톱니가 있다. 턱잎은 선형으로 두 개가 달리며 오랫동안 남아 있다.

꽃
5월에 새 가지 끝에서 흰색으로 피어 우산모양꽃차례를 이룬다.

열매
둥근 달걀 모양의 핵과가 9월에 붉은색으로 익고, 종자는 양쪽에 홈이 있다.

주요 특징
잎자루가 짧고, 턱잎이 오래 남아 있으며, 어린 가지나 꽃차례에 짧은 털이 있다.

때죽나무

Styrax japonicus Siebold & Zucc.
산지에서 자라는 낙엽성 작은큰키나무

과명	때죽나무과
분포	중부 이남
제주어	족낭, 종낭

5월로 접어들면서 제주도의 오름이나 곶자왈에는 때죽나무가 꽃을 피우기 시작한다. 한두 송이가 아니라 나무 전체를 뒤덮는다. 잎겨드랑이에서 나온 꽃대 위에 두 송이, 다섯 송이씩 아래를 향해 촘촘히 달린 모습은 말 그대로 장관이다. 발에 밟힐 정도로 땅에 떨어진 꽃송이도 때죽나무가 만들어 놓은 아름다운 풍경 중 하나다. 게다가 은은하게 퍼지는 꽃향기는 숲길을 더욱 활기차게 한다.

　때죽나무라는 이름은 전라남도 방언에서 유래했다고 추정한다. 전라남도 방언으로 '때'는 몸이나 물건에 묻은 먼지 따위, '죽'은 줄기를 뜻한다. 즉, 1년생 때죽나무 나무껍질이 실처럼 벗겨지는 모습이 줄기에서 때가 많이 나오는 것처럼 보인다고 해서 붙은 이름이라는 것이다. 제주도에서는 꽃이 피면 종이 달려 있는 것 같다 하여 '종낭'이라 부른다. 서양에서도 '눈'과 '종'이라는 단어가 합쳐진 'snowbell'로 부르는 것을 보면 때죽나무에서 받는 느낌은 서로 비슷한 듯하다. 열매껍질에는 물고기의 호흡을 일시적으로 마비시키는 독성 물질이 들어 있는데, 때죽나무의 일본 이름인 '에고노키'를 따서 에고사포닌이라 한다. 일본의 일부 지방에서는 물고기를 잡을 때 때죽나무 열매를 이용했다고 전해진다.

　과거 수도가 없었던 시절 용천수가 거의 나지 않는 제주도의 중산간 마을에서는 빗물을 받아서 식수로 쓸 수밖에 없었다. 지붕에서 떨어지는 물을 받아 놓은 것을 '지산물'이라 하고, 나무에서 흘러내리는 물을 띠를 엮어 항아리에 연결하여 받는 것을 '춤받음물'이라 했다. 적극적으로 빗물을 받아 식수로 활용하려고 했던 제주 사람들의 애환이 느껴진다. 그런데 여러 책자에서 '참받음물'을 때죽나무에서 받았다고 소개하고 있다. 그러나 이와 관련한 내용에는 의문이 생긴다. 제주도는 바람이 많은 곳이기 때문에 집뜰에 방풍수로 동백나무, 후박나무, 참식나무 등 잎이 넓은 상록성 나무를 주로 심었다. 참받음물은 집에 심은 나무로부터 받아 이용했는데, 낙엽이 지는 때죽나무는 이와 거리가 멀기 때문이다.

제주도에서는 때죽나무를 농기구 재료로 쓰기도 했다. 콩 등 곡식을 타작할 때 쓰는 도깨는 질긴 나무로 자루를 만들었는데, 참나무 종류와 함께 때죽나무가 제격이었다. 또 밭의 흙덩이를 깨뜨리는 데 사용했던 '곰배', 농작물을 운반할 때 쓰는 '골채'도 때죽나무로 만들었다.

줄기
높이는 7~8미터에 달하고 나무껍질은 갈색이다. 어린 가지에는 별 모양 털이 많다.

잎
어긋나며 달걀 모양 또는 긴 타원형이다. 잎끝은 뾰족하고 밑부분은 쐐기 모양이다. 가장자리에는 물결 모양 얕은 톱니가 있다.

꽃
5~6월에 새 가지 끝에 한 개에서 네 개 정도 흰색 꽃이 총상꽃차례로 달리며, 아래를 향한다.

열매
달걀 모양의 회백색 삭과가 9월에 익는다. 표면에 별 모양 털이 빽빽이 난다.

주요 특징

잎은 달걀 모양이고, 꽃은 몇 송이씩 아래를 향해 달리며, 꽃자루는 길다.

비목나무

Lindera erythrocarpa Makino
산지에서 나는 낙엽성 큰키나무

과명	녹나무과
분포	중부 이남
제주어	베염부기, 베염페기, 베염푸기, 벤페기

 비목나무를 처음 듣는 사람들은 누구나 고등학교 시절에 불렀던 가곡 '비목'을 떠올린다. 비목碑木은 초라한 무덤에 세운 나무로 만든 묘비를 말한다. 하지만 비목을 비목나무로 만들었는지는 모르겠으나 사용한 예는 알려진 바가 없으니 가곡과는 관련이 없어 보인다.
 이름의 유래는 정확히 알려진 바 없다. 그렇다 보니 유래에 관한 이런저런 이야기가 있다. 먼저 비석을 대신할 만큼 단단한 나무여서 이런 이름이 붙었다는 말이 있다. 또 줄기가 비교적 밝은색이어서 보얀폭이 또는 백목白木이라 부르다가 비목으로 바뀌었다는 이야기도 있다. 나무껍질이 황백색을 띠어 붙은 이름인 듯하다. 제주도에서는 베염페기, 베염부기라 하는데 보얀폭이의 변형인지, 아니면 베염은 뱀을 뜻하는 제주어이므로 뱀이 자주 출몰하는 곳에서 자라는 나무라는 뜻인지 확실치 않다.
 제주도에서 자라는 녹나무과 나무들은 상록성 나무가 대부분이지만 비목나무는 낙엽이 진다. 비목나무는 빛이 잘 드는 오름이나 곶자왈 등 산지에서 비교적 흔히 볼 수 있다. 비목나무는 겨울눈부터 특이하다. 나무들의 겨울눈은 보통 잎눈과 꽃눈이 구별되지 않는다. 이에 비해 비목나무는 잎눈은 타원형, 꽃눈은 둥근 모양으로 확연히 다르다. 어린나무에는 잎눈만 있지만 크게 자란 나무는 모두 달려 있다.
 오래된 나무는 줄기의 껍질이 불규칙하게 갈라지면서 조각조각 떨어져 이 모

습만 봐도 비목나무라는 것을 알 수 있다. 봄에 피는 꽃은 잎에 가려 있고 색깔도 노란색으로 도드라지지 않는다. 하지만 가을에는 노란 단풍잎과 붉은 열매 때문에 자연스럽게 사람들의 눈에 들어온다. 열매는 콩알 정도로 크지 않으나 여러 개가 뭉쳐 있어 너무나 강렬하다. 종소명인 *erythrocarpa*도 '붉은 열매의'라는 뜻으로 비목나무의 가장 큰 특징이 열매라는 점을 말해 준다. 비목나무는 열매가 아름다워 관상수로 심는다.

줄기
높이는 6~15미터 정도 자라고, 나무껍질은 황백색이며, 오래되면 불규칙하게 비늘조각으로 떨어진다. 잎눈은 긴 타원형으로 적갈색이며, 꽃눈은 둥글고 자루가 있다.

잎
어긋나며, 잎은 긴 타원형 또는 거꿀피침형으로 잎끝이 뾰족하고 밑부분은 차츰 좁아져 날개 모양으로 잎자루에 흐른다. 뒷면은 녹백색이며 맥 위와 맥겨드랑이에 긴 털이 있다.

꽃
암수딴그루로 4~5월에 새 가지 밑 잎겨드랑이에 노란색 꽃이 잎과 함께 우산모양꽃차례로 달린다. 꽃자루에는 긴 털이 빽빽이 난다.

열매
둥근 핵과가 9~10월에 붉은색으로 익는다.

주요 특징
낙엽성 나무로 오래된 줄기는 불규칙하게 비늘조각으로 떨어지고, 겨울눈은 꽃눈과 잎눈의 구분이 뚜렷하다.

산뽕나무

Morus bombycis Koidz.

산지에서 자라는 낙엽성 작은키나무 또는 작은큰키나무

과명	뽕나무과
분포	전국
제주어	개뽕낭, 드릇뽕낭

제주도에서는 산뽕나무를 오름이나 곶자왈, 하천 변에서 흔히 볼 수 있다. 15미터까지 자란다고 하지만 제주도에서 볼 수 있는 것들은 보통 키가 4~5미터 정도다. 넓적한 달걀 모양 잎은 결각을 이룬 것도 있다. 산뽕나무가 사람들의 눈에 들어오는 이유는 꽃보다 열매 때문이다. 암술대가 남아 있는 열매는 녹색으로 올라와서 서서히 붉은색을 거쳐 검은색으로 익는다. 사람들은 이것을 '오디'라 한다.

지금도 오름을 오르는 사람들은 여름이 절정인 7월이면 이 오디를 따 먹는다. 성질 급한 사람은 나무 위로 올라가기도 하지만 과거에는 나무 아래에 큰 천을 깔고 가지를 흔들어 떨어지는 열매를 줍곤 했다. 보통 1970~80년대에 어린 시절을 보낸 사람들은 입술이 까매지도록 오디를 따 먹었던 추억이 있다.

뽕나무 하면 누에치기가 연결된다. 누에의 먹이가 뽕나무잎이기 때문이다. 예로부터 우리 민족은 뽕나무를 심어 누에를 기르고, 비단을 짜서 옷을 해 입었다. 전국 곳곳에 누에를 치는 마을이 생겨났고, 조선시대에는 이를 전문적으로 관리하는 잠실蠶室이라는 공공기관을 설치했다. 제주도에도 '양잠단지'라는 마을이 남아 있어서 지금도 그 흔적을 볼 수 있다.

산뽕나무를 누에의 먹이가 되는 뽕나무와 같은 것으로 생각할 수 있지만 서로 다른 나무다. 잎도 열매도 비슷하니 그럴 만도 하다. 산뽕나무의 암술대는 뽕나무보다 길고, 열매가 익을 때까지 떨어지지 않는다. 또 뽕나무와 달리 산뽕나무 잎 끝은 꼬리처럼 길게 나와 있다. 기본적으로 산뽕나무는 우리 땅에 자생하는 나무이며, 뽕나무는 그리스 원산으로 누에를 키우기 위해 심은 것이라 보면 된다. 잎에 깊은 결각이 생기는 나무를 가새잎뽕나무라 부르기도 하지만 산뽕나무와 큰 차이가 없다.

산에서 나는 야생 뽕나무라 해서 산뽕나무라는 이름이 붙었다. 한자로는 산상山桑이라 한다. 제주도에서는 드릇뽕낭 또는 개뽕낭이라 부른다. 드릇은 '산지'의 제주어로, '산'과 같은 의미다. '개'는 깊은 산속에서 자라거나 쓰임이 없을 때 붙이는 접두어이므로 야생 뽕나무라는 뜻과 통한다. 옛날에는 뽕나무로 만든 활은 매우 질이 좋다고 생각했다. 봄에 나는 어린잎은 말려서 차로 끓여 마시기도 했고 나물로 해 먹기도 했다. 또 잘 익은 오디를 따서 술을 만들기도 했다.

✿ 줄기
높이는 6~15미터 정도로 자라고, 나무껍질은 회갈색이다.

✿ 잎
어긋나며 달걀 모양 또는 넓은 달걀 모양이다. 잎끝은 꼬리처럼 뾰족하고, 밑부분은 심장 모양이며, 가장자리에는 톱니가 있다. 세 개에서 다섯 개 정도 결각이 생기기도 한다.

✿ 꽃
암수딴그루로 새 가지 밑에서 수꽃은 아래로 드리우고, 암꽃은 둥글거나 원통형으로 흰색 털이 빽빽이 난다. 수꽃의 꽃밥은 황색이며 암술대는 두 갈래로 갈라진다.

✿ 열매
타원형 상과가 6월에 붉은색에서 흑자색으로 익는다.

주요 특징

암술대가 씨방보다 길고 열매가 익을 때까지 떨어지지 않으며, 잎끝은 꼬리처럼 뾰족하다.

예덕나무

Mallotus japonicus (L.f.) Müll.Arg.
산지에서 자라는 낙엽성 작은키나무
또는 작은큰키나무

과명	대극과
분포	남서해안 섬 지역, 제주
제주어	다간죽낭, 다근죽낭, 복닥낭, 뽁닥낭

예덕나무는 빛이 잘 드는 곳이면 어디든지 먼저 터를 잡는 나무여서 산속뿐만 아니라 바닷가, 도로, 인가 주변에서도 흔히 관찰된다. 그래서 예덕나무는 '선구식물(맨땅에 들어가 정착하고 천이를 시작하는 식물)'이라 부른다. 결과적으로 예덕나무 군락지가 보이면 어느 곳이든 숲이 오래되지 않았다고 생각하면 된다.

예덕나무는 이른 봄에 나오는 붉은빛 어린잎부터 인상적이다. 붉은 털 때문에 그렇게 보이는 것이지만 한동안 그런 상태로 있다가 서서히 털이 없어지고 녹색 잎이 나타난다. 다 자란 잎에는 잎자루와 주맥이 만나는 지점에 꿀샘 두 개가 있어서 개미들이 드나들기도 한다.

예덕나무는 간혹 10미터 이상 되는 것도 있지만, 일반적으로 크게 자라지는 않는다. 줄기도 어릴 때는 붉은 털 때문에 붉은빛을 띠고, 자라면서 회백색으로 변한다. 넓적한 잎은 오동나무 잎을 닮았는데, 세 갈래로 얕게 갈라지기도 하고 둥글넓적한 모양을 이루기도 한다. 잎을 보고 중국 사람들은 오동나무라는 뜻이 포함된 야동野桐이라 했다. 꽃은 암수딴그루여서 암꽃과 수꽃이 다르다. 수꽃의 수술은 많이 달리고, 암꽃은 포에서 하나가 올라오며, 암술머리는 세 갈래로 갈라진다. 꽃잎은 퇴화하여 없어졌고, 암술머리에는 털이 많다. 꽃이 피었던 자리에는 기다란 가시 같은 돌기가 있는 둥그스름한 열매가 열리고, 다 익으면 껍질이 갈라지면서 콩알만 한 씨앗이 조롱조롱 달린다. 까맣고 광택이 있는 씨앗은 환경이 좋지 않을 때도 잘 견딜 수 있어 싹을 잘 틔운다.

오름에서 자라는 나무

어린잎

 예덕나무라는 이름은 닥나무와 잎 모양이 비슷하여 작은 닥나무라는 뜻에서 유래한 것으로 추정한다. 전남 지방에서는 비닥나무라고 하며, 경남지방에서도 예닥나무라 불렀다. 제주도에서도 복닥나무의 제주어 표기인 복닥낭이라 하며, 다간죽낭이라 하는 곳도 있다. 한방에서는 예덕나무의 나무껍질을 위를 튼튼하게 하는 약재로 사용한다. 또 열매와 나무껍질을 염료로 이용하기도 하며, 잎이 넓고 새잎이 아름다워 조경수로 쓰기도 한다.

줄기
높이는 8미터 정도 자라고 나무껍질은 회백색이다. 어린 가지는 붉은빛이 돌며 별 모양 털이 빽빽이 난다.

잎
어긋나며 넓은 달걀 모양 또는 둥근 거꿀달걀형이다. 잎끝은 뾰족하고 밑부분은 쐐기 모양 또는 평평한 심장 모양으로 가장자리는 밋밋하며 세 갈래로 갈라지기도 한다. 표면에는 별 모양 털이 있고, 밑부분에는 꿀샘 두 개가 있다.

수꽃

암꽃

꽃
암수딴그루이며 6~7월에 새 가지 끝에서 나온 연한 황색 꽃이 원뿔모양꽃차례로 모여 달린다. 수술은 많고, 꽃밥은 긴 타원형이며, 암꽃은 각 포에 한 개씩 달린다.

열매
찌그러진 둥근 모양 삭과가 8~9월에 갈색으로 익는다. 겉에는 가시 같은 돌기가 빽빽이 난다.

주요 특징

꽃잎이 없고, 수술이 많으며, 잎과 어린 가지에 별 모양의 갈색 털이 빽빽이 난다.

윤노리나무

Pourthiaea villosa (Thunb.) Decne.
산지에서 자라는 낙엽성 작은키나무

과명	장미과
분포	중부 이남
제주어	윤낭, 윤누리낭, 윤유리낭, 임노리낭

1960~1970년대 학창 시절을 보낸 사람은 선생님이 가지고 다니던 윤노리나무로 만든 '사랑의 봉'을 떠올린다. 윤노리나무는 탄력이 좋아 한 대만 맞아도 손바닥이 끊어질 것 같았다. 그렇다고 당시에는 그런 일이 특별하지도 않았다. 지금은 생각할 수도 없는 일이지만 과거 권위주의적인 시대를 살았던 사람에게는 가끔 떠오르는 추억이라면 추억이다.

윤노리나무는 제주도 저지대 오름이나 곶자왈, 한라산 중턱에서도 흔히 볼 수 있는 나무다. 여러 갈래로 올라오는 줄기는 탄력이 있어서 각각의 방향으로 휘어지기도 한다. 잎을 만지면 약간 거칠거칠하고, 봄철 수북하게 피어나는 꽃은 너무나 화사하다. 하얀 꽃잎은 뒤로 살짝 말리고, 붉은색 꽃밥은 유독 도드라져 벌과 나비가 찾아오지 않을 수 없을 것만 같다. 가을에 줄기 전체에 달리는 붉은 열매도 너무나 매혹적이다. 열매는 녹색으로 올라와 노란색으로 변했다가 붉게 익어 가는데, 파란색 하늘과 어우러지며 가을의 모습을 제대로 보여 준다.

윷놀이의 윷을 만들 때 썼다 하여 윷노리나무라고 부르던 것이 윤노리나무가 되었으며, 황해도 방언에서 유래한다. 또 소코뚜레를 만들었다 하여 '소코뚜레나무'라는 이름도 있으며, 한자로 우비목牛鼻木이라 한다. 종소명 *villosa*는 '부드러운 털이 있는'이라는 뜻으로, 어린 가지나 잎 양면에 털이 있는 특징을 설명한다. 제주도에서 부르는 윤누리낭, 윤유리낭이라는 이름은 모두 윤노리나무에서 온 것으로 보인다.

가지가 곧게 자랄 뿐만 아니라 단단하고 탄력이 좋아서 제주도에서는 윤노리나무로 여러 가지 농기구를 만들었다. 쟁기 부속물 가운데 멍에와 연결되는 접게는 가벼우면서 부드러운 윤노리나무가 제격이었다. 윤노리나무 줄기는 한번 휘어지면 고정되는 성질도 있어 말이나 소의 방향을 지시하는 가린석의 재료였으며, 도깨의 톨레를 만드는 데도 사용했다.

자라는 곳도 모습도 굉장히 닮았지만 조금 더 크게 자라는 떡윤노리나무라는 나무가 있다. 윤노리나무에 비해 잎이 두껍고 주걱 모양이다. 제주도에서 떡윤노리나무를 쓰임이 많음을 뜻하는 접두어 '참'을 덧붙여 참윤유리낭이라 부른 것을 보면 윤노리나무보다 활용이 많았던 것으로 보인다.

🌱 **줄기**
높이는 2~5미터 정도이며 줄기는 여러 갈래로 갈라진다. 어린 가지에는 흰색 털이 있다.

🍃 **잎**
어긋나며, 잎은 거꿀달걀형 또는 긴 타원형으로 잎끝은 길게 뾰족하고, 밑부분은 쐐기 모양이다. 잎 가장자리에는 톱니가 촘촘히 나 있다. 양면에 털이 있으며 특히 뒷면 맥 위에 빽빽이 난다.

❀ **꽃**
암수한그루로 4~5월에 가지 끝에 흰색 꽃이 산방꽃차례로 모여 달린다. 꽃대와 작은 꽃자루에 털이 빽빽이 난다.

⭕ **열매**
달걀 모양 또는 타원형 이과가 9~10월에 붉은색으로 익는다.

주요 특징

잎은 거꿀달걀형 또는 긴 타원형으로 얇으며, 끝은 길게 뾰족하다.

자귀나무

Albizzia julibrissin Durazz.
빛이 잘 드는 산지에서 자라는
낙엽성 작은큰키나무 또는 큰키나무

과명	콩과
분포	강원 이남
제주어	자구낭, 자굴낭, 자귀낭

여름이 시작될 무렵 저지대 오름에서 한라산 기슭까지 제주도의 들판은 온통 자귀나무꽃으로 뒤덮인다. 잎은 아까시나무를 닮았고, 꽃은 멀리서 보면 화려한데 실처럼 갈라져 있어 일반적인 꽃의 모습이 아니다. 이런 특이한 모습 때문에 자귀나무는 한번 눈길을 주면 잊을 수가 없다.

자귀나무잎은 여러 개의 작은잎으로 이루어진 겹잎이다. 낮에는 잎을 활짝 펼쳐 놓지만 밤이나 흐린 날에는 접어 버리는 수면운동을 한다. 잎자루 아래에 빛을 감지하는 엽침葉枕이라는 기관이 있어 이런 현상이 생긴다고 한다. 꼭 식물의 기관을 이야기하지 않더라도 빛이 없는 밤에 굳이 잎을 넓게 펼쳐 놓아 에너지를 소모할 필요가 없는 것이다. 이렇게 잎을 접는 모습 때문에 사람들은 자귀나무를 부부 금실을 상징하는 합환수合歡樹라 했다.

꽃잎은 퇴화하여 없어졌고, 대신 가늘고 기다란 수술이 긴 털처럼 모여 있다. 마치 부챗살처럼 아름답게 펼쳐진 수술의 모습이 너무나 화려하다. 수술 위쪽은 분홍색, 아래쪽은 흰색이지만 전체적으로 붉은색으로 보이기 때문에 멀리서도 벌이나 나비의 눈에 쉽게 띌 것 같다.

자귀나무라는 이름은 한자어 좌귀목佐歸木에서 유래하지만 정확한 뜻은 알 수 없다. 갈색으로 익은 꼬투리콩과 식물의 씨앗을 감싸고 있는 껍질 열매는 이듬해 봄까지도 매달려 있다. 타원형 열매는 겨울 바람에 서로 부딪치며 사각거린다. 이 작은 소리가 시끄럽다고 여자들의 수다에 빗대어 자귀나무를 '여설수女舌樹'라 부르기도 했다.

밤에 접힌 잎

척박한 땅을 개간하며 살아야 했던 제주 사람들에게 무겁고 재질이 단단한 나무는 굉장히 고마운 존재였다. 자귀나무는 그런 성질을 가지고 있는 나무였다. 제주 사람들은 자귀나무를 재료로 많은 농기구를 제작했다. 토지를 개간할 때 쓰는 벤줄레와 따비를 비롯해 나무로 만든 삽을 뜻하는 낭갈래죽, 쟁기를 만들 때 힘을 많이 받는 부분인 무클몽클에 자귀나무를 썼다. 또 곡식의 도정 도구인 방애의 상장틀, 곡식을 운반할 때 쓰는 마차 앞쪽 양옆에 길게 대는 나무인 채경을 만들 때도 재료로 이용했다.

줄기
높이 4~10미터 정도로 자란다. 나무껍질은 회흑색이며, 세로로 껍질눈이 발달한다.

잎
어긋나며 2회깃꼴겹잎으로 일곱 쌍에서 열두 쌍 정도 작은잎이 달린다. 긴 타원형이며 좌우비대칭인 작은잎은 밤에 잎을 접는 수면운동을 한다.

꽃
6~7월에 열 개에서 스무 개의 분홍색 꽃이 모여 우산모양꽃차례를 이룬다. 수술 윗부분은 홍색, 아랫부분은 흰색이다.

열매
긴 타원형 협과가 10~12월에 갈색으로 익는다.

주요 특징

줄기에 세로로 껍질눈이 있고, 잎은 2회깃꼴겹잎이며 밤에는 잎을 접는 수면운동을 한다.

참개암나무

Corylus sieboldiana Blume
햇빛이 잘 드는 산지에서 자라는 낙엽성 작은키나무

과명	자작나무과
분포	경남, 전남 이남, 제주
제주어	깨금낭

 혹 떼러 갔다가 혹을 붙이고 돌아오는 욕심쟁이 혹부리영감 이야기를 모르는 사람은 없다. 사실 이 이야기는 일본에서 내려오는 민담이며, 우리나라 설화는 초등학교 시절 누구나 한 번쯤 읽어 보았던 마음씨 착한 나무꾼과 도깨비의 이야기다. 이 설화에 등장하는 나무가 바로 개암나무다. 헤르메스의 지팡이 이야기인 그리스신화, 번개의 신 토르와 관련한 북유럽의 켈트신화에도 개암나무가 등장한다.
 제주도에는 참개암나무가 자란다. 제주도의 참개암나무는 해발 1200미터 이하의 오름이나 한라산 숲속에서 자라며, 키가 4미터밖에 되지 않는 낙엽성 작은키나무다. 잎 가장자리에는 겹톱니잎몸 가장자리 톱니에 다시 잔 톱니가 이중으로 나 있는 톱니가 있으며, 어린잎에는 붉은색 무늬가 선명하다. 암수한그루지만 암꽃과 수꽃이 다르다. 수꽃은 가지 끝에 두 개에서 네 개가 길게 아래를 향해 드리우고, 암꽃은 수꽃 위쪽에 붉은 꽃잎과 함께 나무의 겨울눈처럼 달린다.
 마치 동물의 꼬리처럼 수꽃을 길게 늘어뜨리는 이유는 바람을 이용해 꽃가루받이하려는 것으로, 꼬리꽃차례 식물은 대부분 잎이 달리기 전에 꽃을 피운다. 나무에 잎이 돋아나기 시작하면 꽃가루를 옮겨 주는 바람을 막아 꽃가루받이에 방해가 될 수 있기 때문이다. 참개암나무도 잎이 나오기 전에 이른 봄부터 꽃을 피운다. 아마 잎을 제대로 보려면 꽃가루받이가 끝나야 할지도 모른다. 가을의 절정인 10월이 되면 둥글고 딱딱한 열매가 달린다. 열매를 싸고 있는 총포는 뿔 모양을 하고 있고, 표면에는 털이 빽빽하다. 열매에서 향긋한 냄새가 나며 고소한 맛이 있어 정월 대보름날 부럼으로 쓴다.

참개암나무는 참개금, 뿔개암나무, 좀물개암나무 등 다른 이름을 많이 가지고 있다. 개암은 개암나무의 열매를 말하는 것으로 영어로는 헤이즐넛hazelnut이라 불린다. 지방명인 '개금 또는 깨금'도 같은 뜻이다. 식물 이름에 붙는 '참'은 '진짜' 곧 '사람들에게 쓰임이 많은'이라는 뜻이다. 참개암나무는 '진짜 개암나무'라는 뜻이 된다. 속명 *Corylus*는 투구를 뜻하는 라틴어로 개암나무 종류의 총포의 모양에서 비롯되었다.

줄기
높이가 3미터 정도이며, 나무껍질은 회갈색이다. 1년생 가지에는 잔털이 있다.

잎
어긋나며 넓은 거꿀달걀형이다. 잎끝은 급히 뾰족해지고, 밑부분은 둥글며, 가장자리에는 불규칙한 겹톱니가 있다. 표면의 맥 사이, 뒷면의 맥 위에 털이 있으며, 어린잎의 표면에 자주색 무늬가 있다.

꽃
암수한그루로 3~4월에 잎이 나기 전에 꽃이 핀다. 수꽃차례는 전년도 가지에 생겨 아래로 향하고, 암꽃은 여러 개가 모여 달리며, 적색의 암술대가 겨울눈 밖으로 나온다.

열매
원뿔 모양의 견과堅果가 9월에 익는다. 표면에는 딱딱한 털이 빽빽이 난다.

주요 특징
열매 총포의 결각이 얕게 갈라지며, 끝으로 갈수록 좁아진다.

참느릅나무

Ulmus parvifolia Jacq.
산기슭에서 자라는 낙엽성 큰키나무

과명	느릅나무과
분포	경기, 전남, 전북, 제주, 충남
제주어	누룩낭

서귀포시 대정읍에 있는 송악산은 관광객들에게 '핫 플레이스'다. 바다와 맞닿은 깎아지른 절벽, 바다 가운데 서 있는 고즈넉한 형제섬, 책 속에서나 보았던 국토 최남단 가파도와 마라도. 둘레길을 따라 펼쳐진 송악산 주변 등 어느 한곳에서도 눈을 뗄 수가 없다. 이곳이 아름답다고 소문이 나면서 관광객이 넘쳐나고, 송악산은 몸살을 앓고 있다. 그래서 한동안 정상 오르기가 금지되기도 했다. 송악산 정상에는 키 작은 참느릅나무가 군락을 이루고 있다. 드센 바닷바람을 견뎌 내려면 키를 낮출 수 밖에 없었다. 그렇다고 참느릅나무가 작은키나무는 아니다. 하천 변이나 곶자왈에서 자라는 참느릅나무는 키가 꽤 크다.

참느릅나무는 덩치와 달리 잎도 꽃도 열매도 작다. 잎은 약간 두꺼우며 표면에 광택이 있고, 가장자리에 둔한 톱니가 있다. 꽃은 특이하게 가을에 핀다. 수꽃이 먼저 피고, 꽃가루받이가 끝나면 암꽃이 올라온다. 자기꽃가루받이를 피하려 암꽃과 수꽃이 피는 시기를 다르게 하는 것이다. 열매도 작은 편이며 납작하다. 가운데에 씨앗이 들어 있고, 씨앗을 빙 둘러 날개가 붙어 있다. 열매는 날개를 펴고 바람에 의지하여 다른 곳으로 이동하다 어느 한 곳에 정착하여 싹을 낸다. 오래된 줄기는 작은 조각으로 떨어져 그다지 깨끗한 느낌을 주지 않는다.

제주도에서는 참느릅나무를 느릅나무라고 하는데, 이를 보면 두 나무를 다르게 구별한 것 같지는 않다. 하지만 느릅나무의 줄기 껍질이 검고 세로로 길게 갈라지는 것에 비해 참느릅나무는 비늘처럼 떨어져 나간다. 또 느릅나무의 잎은 겹톱니, 참느릅나무는 규칙적인 톱니인 점도 다르다. 무엇보다 두 나무의 큰 차이는 느릅나무가 봄에 꽃을 피우는 것에 비해 참느릅나무는 이보다 훨씬 늦은 시기인 초가을에 꽃을 피우고 열매를 맺는다. 여기서 '느릅'은 '느림' 또는 '늦음'이라는 뜻이다. 게다가 접두어 '참'이 붙었으니 느림의 의미를 참느릅나무가 '제대로' 보여 주고 있는 셈이다.

참느릅나무는 보통 습기가 많고 비옥한 곳에서 잘 자라는 나무지만 건조한 곳이나 반음지에서도 잘 견딘다. 생육 조건만 보자면 오름이나 습도가 유지되는 제주도의 곶자왈은 참느릅나무가 자랄 수 있는 알맞은 장소다. 덧붙여 느릅나무는 물에서도 잘 썩지 않는다. 이탈리아의 수상 도시 베네치아의 건물들을 지탱해 주는 나무가 느릅나무라고 알려져 있다.

줄기
높이는 15미터 정도다. 나무껍질은 회갈색이고, 오래되면 작은 조각으로 떨어진다.

잎
어긋나며 타원형 또는 긴 타원형이다. 끝은 둔하고, 밑부분은 비대칭이며, 가장자리에 둔한 톱니가 있다. 표면은 광택이 있고, 뒷면 맥겨드랑이에 연갈색 털이 있다.

꽃
암수한그루로 9~10월에 새 가지의 잎겨드랑이에서 황갈색 꽃이 세 개에서 여섯 개씩 모여서 핀다. 수꽃이 암꽃보다 먼저 핀다.

열매
넓은 타원형 시과로 털이 없고 날개가 있으며, 10월에 익는다.

주요 특징
가을에 새 가지에서 꽃이 피고, 열매에 뚜렷한 자루가 있다.

참빗살나무

Euonymus hamiltonianus Wall.
산지의 숲 가장자리나 능선에서 자라는 낙엽성 작은큰키나무

과명	노박덩굴과
분포	중부 이남

제주도의 대표적인 숲길인 사려니숲길과 이웃한 붉은오름 정상에는 참빗살나무가 서 있다. 이 밖에도 한라산 북쪽의 열안지오름, 천아오름, 산새미오름에서도 관찰된다. 더 쉽게 볼 수 있는 곳은 1100고지습지 탐방로 변이다. 이처럼 제주도에서는 참빗살나무가 해발 500미터 전후한 중산간지대 오름부터 해발 1400미터 이하 한라산 중턱까지 분포한다.

참빗살나무와 비슷한 좁은잎참빗살나무는 조금 더 낮은 저지대 곶자왈이나 빛이 잘 드는 산지에서 만날 수 있다. 참빗살나무에 비해 잎이 긴 타원형으로 더 좁고, 꽃밥은 자주색, 열매는 아래쪽이 약간 둥근 모양이어서 차이가 있다. 이처럼 서로 다른 나무지만 과거에는 굳이 구분하지 않고 생활에 이용했던 것 같다.

참빗살나무는 명성과 달리 꽃이 잘 드러나지 않는다. 꽃이 작을 뿐만 아니라 색깔도 연한 녹백색이어서 강렬하지 않다. 하지만 네 개의 꽃잎으로 올망졸망 피어 있는 모습은 너무나 독특하다. 매개체를 유혹하기 위함인지 꽃잎 안쪽에 붉은색 무늬를 만들어 놓았다. 꽃술을 조금 더 자세히 관찰해 보면 암술대가 수술보다 긴 꽃과 작은 꽃 두 가지 형태가 있음을 알 수 있다.

참빗살나무는 꽃보다 열매가 더 시선을 끈다. 열매는 마치 보자기로 네 귀퉁이를 모아 묶은 것 같은 네모진 둥근 모양이다. 처음에는 녹색이었다가 서서히 연홍색으로 변하며, 많은 수가 달려 장관을 연출한다. 다 익으면 네 개의 능선이 갈라지면서 붉은색 씨앗을 감싸는 종의種衣가 나온다. 연홍색 열매껍질과 붉은색 씨앗

좁은잎참빗살나무

이 만들어 놓은 색깔의 조화가 너무나 아름답다.

참빗살나무의 이름은 과거에 목재로 참빗의 살을 만들었던 것에서 유래한다. 줄기나 가지가 부드럽고 잘 휘는 성질이 있어 휜나무라 부르기도 하며, 과거에는 활을 만드는 재료로 이용되어 화살나무라는 이름도 가지고 있다. 일본에서도 참빗살나무를 활을 뜻하는 진궁眞弓이라 부른다. 최근에는 가을에 곱게 물든 단풍과 붉은 열매가 아름다워 관상수로 심는 곳이 많아지고 있으며, 재질이 부드럽고 세공하기 쉬워 도장, 장기 알, 지팡이 만드는 재료로 쓰기도 한다.

줄기
높이는 8미터 정도다. 나무껍질은 회백색이며 오래되면 세로로 불규칙하게 갈라진다.

잎
마주나며 긴 타원형 또는 달걀 모양 긴 타원형이다. 잎끝은 뾰족하고 밑부분은 좁아져 잎자루로 연결된다.
잎 가장자리에 둔한 잔톱니가 있으며 잎자루는 짧다.

꽃
5~6월에 새 가지 아랫부분에 연한 녹백색 꽃이 취산꽃차례로 모여 달리며, 긴 타원형 꽃잎은 네 개다. 꽃밥은 붉은색이고 암술대는 두 개로 갈라진다.

열매
능선열매의 면과 면이 만나서 이루어지는 모서리이 있는 삭과로 네 갈래로 갈라진다. 10월에 연홍색으로 익으며, 종자는 주황색 종의에 싸여 있다.

주요 특징
잎이 크고 두툼하며 표면은 짙은 녹색이다.

팥배나무

Aria alnifolia (Siebold & Zucc.) Decne.
산지에서 자라는 낙엽성 큰키나무

과명	장미과
분포	전국
제주어	목세낭애월, 쇠개낭

팥배나무를 처음 보면 위로 쭉 뻗은 모습에 놀란다. 일반적으로 나무들은 가지를 옆으로 뻗어 햇빛을 많이 차지하려고 하지만 팥배나무는 전체적으로 하늘을 향해 있다. 햇빛이 많이 들어오는 곳을 좋아하며 척박한 땅에서도 잘 적응한다. 제주도에서는 대부분 오름이나 곶자왈에서 자라며, 한라산 낮은 곳에서도 볼 수 있는 비교적 흔한 나무다.

팥배나무는 20미터 정도까지 높게 자란다. 가지는 하늘을 향하고 넓적한 초록색 잎에는 불규칙한 톱니가 있어 조금 날카로운 느낌을 준다. 보통 키가 큰 나무들은 꽃이 많이 달리지 않아도 꽃가루받이에 큰 지장이 없다. 그러나 팥배나무는 키도 큰데 배꽃 같은 화사한 흰 꽃을 수북이 피운다. 게다가 꽃에 꿀이 많아 벌과 나비가 끊임없이 들락거린다.

팥배나무의 존재감은 낙엽이 진 가을에 더욱 빛을 발한다. 꽃이 많이 달렸던 만큼 열매도 나무 전체를 가득 채운다. 열매는 서서히 붉은색으로 익어 가고, 나뭇가지에서는 새들의 울음소리가 끊이질 않는다. 이때가 되면 붉은색 열매, 황색 단풍, 파란색 가을 하늘의 색 조화가 너무나 아름답다.

팥배나무라는 이름은 강원도 방언에서 유래하며 '열매가 팥처럼 작은 배나무'라는 뜻이다. 실제로 배나무의 꽃을 닮았고, 열매는 배의 모습이지만 팥처럼 작다. 하지만 배나무는 배나무속*Pyrus*, 팥배나무는 팥배나무속*Aria*으로 전혀 다른 집안이다. 종소명 *alnifolia*는 '오리나무속의 잎 같은'이라는 뜻이 있다. 팥배나무 잎

겨울눈

이 오리나무속 잎과 비슷해서 붙여진 듯하다.

  봄에 피는 꽃이 아름다워서 조경용이나 관상용으로도 심고, 꽃 속에 꿀이 많이 들어 있어 밀원식물로도 이용된다. 목재는 단단하여 마룻바닥을 까는 재료로 쓰며, 나무껍질과 잎에서는 붉은색 천연염료를 얻을 수 있다. 또 공해에 약한 나무이기 때문에 도심 공원에 심어서 대기오염 정도를 알아보는 지표식물로 활용하기도 한다.

⚘ 줄기
높이 20미터 정도로 자란다. 나무껍질은 회색이나 흑갈색을 띠고 오래되면 세로로 얇게 갈라진다. 어린가지에는 흰색 껍질눈이 발달한다.

🍃 잎
어긋나고 거꿀달걀형으로, 잎끝은 급히 뾰족해지고 밑부분은 둥글다. 잎 가장자리에는 불규칙한 겹톱니가 있다.

❀ 꽃
4~5월에 흰색으로 피고 가지 끝에 산방꽃차례로 모여 핀다. 수술은 많고 암술대는 두세 갈래이며 수술보다 짧다.

○ 열매
반점이 있는 타원형 이과가 9~10월에 붉게 익는다.

주요 특징

꽃이 진 뒤 꽃받침은 떨어지고, 암술대는 두세 갈래로 갈라진다.

황벽나무

Phellodendron amurense Rupr.

산지에서 자라는 낙엽성 작은큰키나무
또는 큰키나무

과명	운향과
분포	전국
제주어	황겡피낭, 황벡비낭, 황벡피낭, 휀벳낭

비자림 매표소를 지나 숲으로 들어가기 직전에 황벽나무 한 그루가 서 있다. 식물도감을 보면서 미리 두꺼운 코르크질의 황벽나무 줄기를 익혀 두었기 때문에 처음 보았을 때도 쉽게 알아볼 수는 있었다. 두 번째로 황벽나무를 본 것은 한라생태숲에서였다. 한라생태숲은 제주의 유전자원 보존을 목적으로 조성한 숲이어서 다양한 제주의 나무를 볼 수 있는 공간이다.

자생하는 황벽나무를 본 곳은 동부 지역 따라비오름과 거문오름 주변이었다. 그 밖에 동백동산이 있는 선흘곶자왈에서도 여러 그루를 본 적이 있다. 어떤 식물도감에는 황벽나무가 제주도에 자생하지 않는다고 적혀 있다. 황벽나무가 북방계나무라 제주도에서 쉽게 발견되지 않아 착오가 있었던 것 같다. 제주방언을 연구했던 나비박사 석주명은 《제주도방언집》에서 "황벽나무를 제주에서는 황벡비낭, 황벡피낭이라 한다"라고 기록하고 있다. 제주도에서 자생하지 않는 나무인데 제주어가 있을 수는 없다.

황벽나무라는 이름은 줄기의 속껍질이 노랗고, 쓴맛이 나는 열매를 뜻하는 한자어 황벽黃蘗에서 유래한다. 하지만 황벽나무의 큰 특징은 코르크질 나무껍질이다. 손가락으로도 누를 수 있을 정도로 탄력이 좋아 처음 본 사람들은 신기해한다. 코르크가 발달한 나무 하면 굴참나무를 먼저 떠올리게 되지만 황벽나무 코르크야말로 다른 어떤 나무보다 품질이 뛰어나다고 한다. 황벽나무속을 뜻하는 속명 *Phellodendron*도 '코르크나무'라는 뜻이 있다. 나무껍질 안에는 노란색 속껍질이 있다. 여기 함유되어 있는 베르베린berberine이라는 성분은 항균작용을 하며 착색제로도 이용된다.

암수딴그루로 키가 보통 10미터 정도 된다고 하나 제주도에서 발견되는 황벽나무는 키가 4미터를 넘지 않는 것 같다. 잎은 다섯 장에서 열세 장 정도 되는 작은잎으로 이루어진 겹잎이다. 작은 꽃들이 모여 크게 보이도록 했다지만 너무 다닥다닥 뭉쳐 있어 약간 지저분해 보인다. 하지만 열매가 달릴 때는 한 번쯤 자연스럽게 시선이 갈 수밖에 없다. 익어 가는 열매에서 강한 냄새가 나기 때문이다. 열매는 처음에 녹색을 띠다가 시간의 흐름에 따라 서서히 갈색으로 변하고 다시 새까맣게 익어 겨울까지도 볼 수 있다.

줄기
높이는 10미터 정도다. 연한 회색 나무껍질은 코르크질이 잘 발달되어 있고 깊이 갈라지며, 내피는 황색이다.

잎
마주나며 홀수깃꼴겹잎이다. 작은잎은 다섯 장에서 열세 장 정도 달리며 길쭉한 타원형이다. 잎끝으로 갈수록 뾰족해지며 밑부분은 둥글거나 쐐기 모양이다. 표면에는 광택이 있으며 뒷면은 흰색으로 맥 아랫부분에 털이 약간 있다.

꽃
암수딴그루로 6월에 원뿔모양꽃차례로 황록색 꽃이 핀다. 꽃대는 짧고 꽃덮이는 다섯 개다. 수꽃은 암술이 퇴화되었고, 꽃잎보다 긴 다섯 개의 수술이 있다. 암꽃의 씨방은 녹색이며, 암술대는 짧고 암술머리는 반원형이다.

열매
둥근 핵과가 7~10월에 검은색으로 익어 겨우내 그대로 달려 있다. 종자는 다섯 개씩 들어 있다.

주요 특징

줄기는 코르크질이고, 열매에서 강한 냄새가 나며, 겨울까지 달린다.

이야기로 만나는 제주의 나무

4장
곶자왈을 지키는 나무

감탕나무	새비나무
광나무	생달나무
길마가지나무	송악
까마귀베개	육박나무
된장풀	자금우
붉나무	작살나무
빌레나무	합다리나무
사스레피나무	화살나무
산검양옻나무	후피향나무
새덕이	

감탕나무

Ilex integra Thunb.

산지에서 자라는 상록성 작은큰키나무 또는 큰키나무

과명	감탕나무과
분포	경남, 전남, 제주
제주어	개먹낭, 먹낭, 멋낭

동백동산 탐방로에는 상돌언덕이라는 곳이 있다. 지질학적으로 '튜물러스tumulus, 용암류가 지표면을 들어 올려 작은 언덕 형태를 이룬 것'라 부르는 큰 바위로 높이가 약 10미터 정도 되며, 동백동산에서 가장 높은 곳이다. 이 상돌언덕 위에 감탕나무 한 그루가 자란다. 물론 감탕나무는 동백동산 같은 곶자왈에만 자라는 것이 아니라 제주도 남쪽 하천 변에서도 관찰된다. 이런 것으로 미루어 볼 때 감탕나무는 어느 정도 습도가 유지되는 곳을 좋아하는 것 같다.

감탕나무의 잎은 두툼하며 가장자리에 톱니가 없어 밋밋하다. 표면은 짙은 녹색으로 광택이 있다. 황록색 꽃은 암수딴그루로, 늦은 봄에 작년에 나온 잎겨드랑이에서 모여 달린다. 꽃은 크기도 작고 색깔도 연할 뿐만 아니라 녹색 잎에 가려 있어 빨리 눈에 띄지 않는다. 수꽃에 있는 네 개의 수술은 기다랗고, 암꽃에도 암술대 옆에 수술이 있으나 퇴화가 되어 제 역할을 하지 못한다. 감탕나무가 사람들의 이목을 집중시키는 이유는 열매 때문이다. 가지마다 뭉텅이로 잔뜩 달리는 빨간 열매는 녹색 잎과 훌륭한 색 조화를 이룬다.

감탕은 과거에 아교와 송진을 끓여서 만든 끈끈이를 말한다. 감탕나무의 줄기 껍질을 물속에서 썩히면 고무질 같은 끈적끈적한 물질인 감탕을 얻을 수 있다. 감탕나무라는 이름도 여기서 비롯되었다. 한자로는 '끈끈이 나무'라는 뜻의 '점목黏木'이라 표기했다. 이름에서도 감탕나무가 옛날부터 접착제의 원료로 쓰인 자원 식물이었다는 사실을 짐작할 수 있다.

감탕나무와 먼나무는 감탕나무과의 한 식구로 잎·꽃·열매가 서로 비슷하다. 감탕나무의 제주어도 먼나무를 뜻하는 '먹낭'이라 하기도 하고, 서로 구분하여 '개먹낭'이라 부르기도 했다. 접두어 '개'를 붙인 것으로 봐서 아마 먼나무보다 개체 수가 많지 않아 쓰임이 덜했던 것 같다. 종소명 *integra*는 잎 가장자리가 갈라지지 않고 톱니 또는 가시가 없이 '매끄러운 모양'이라는 뜻으로 감탕나무 잎의 특징을 잘 설명해 준다. 이렇게 개성 있게 생긴 잎과 풍성하게 달리는 붉은 열매가 아름다워 조경수로 이용되기도 한다.

줄기
높이는 10미터 정도다.

잎
어긋나고, 긴 타원형 또는 거꿀달걀형으로 가죽질이며, 표면은 짙은 녹색이다. 잎끝은 둥글거나 뾰족하고, 밑부분은 쐐기 모양이며, 가장자리는 밋밋하다.

꽃
암수딴그루로 4~5월에 작년에 나온 잎겨드랑이에 황록색 꽃이 모여 달린다. 수꽃은 많은 수가 모여 나며 수술은 네 개다. 암꽃에도 짧은 헛수술이 있으며, 암술머리는 두툼하고 둥글다.

열매
둥근 핵과가 8~9월에 붉게 익는다.

주요 특징
잎은 긴 타원형 또는 거꿀달걀형이고, 황록색 꽃이 핀다. 붉은색 열매가 풍성하게 달린다.

광나무

Ligustrum japonicum Thunb.
저지대 산지에서 자라는 상록성 작은큰키나무

과명	물푸레나무과
분포	경남, 전남, 제주
제주어	간남, 개먹풀낭, 꽝낭

제주도에서는 광나무를 곶자왈에서 주로 볼 수 있고, 하천 변에서도 관찰할 수 있다. 키가 커서 중요한 목재로 이용하는 것도 아니고, 그렇다고 키가 작아서 관상용으로 많이 심는 나무도 아니다. 마치 그 사이에 끼어서 기를 펴지 못하는 나무다. 그렇다고 약한 나무는 아니다. 큰 나무 사이에서 꿋꿋하게 자라나 풍성하게 꽃을 피우고 열매를 맺는다.

상록성 나무가 잎을 풍성하게 내는 6월이면 곶자왈은 온통 초록 세상이다. 광나무도 한자리를 차지한다. 가죽질의 잎 표면은 광택이 있어 반들거리고, 줄기 끝에는 초록 잎과 대비되는 하얀 꽃으로 뒤덮인다. 꽃대에는 자그마한 꽃들이 오밀조밀 뭉쳐서 피어나 풍성한 느낌을 주며, 향기까지 진하다. 이렇게 무장한 광나무는 작은키나무지만 벌이나 나비를 불러들이는 일에 결코 키 큰 나무에 뒤지지 않는다. 꽃이 지고 나면 달리는 열매도 풍성하다. 작은 열매는 초록색이었다가 가을이 되면서 서서히 검은색으로 익는다.

광나무라는 이름에 대해 《한국 식물 이름의 유래》에서는 "백랍白蠟, 벌꿀을 뜨거운 물에 녹여서 얻은 황랍으로 만든 흰색의 물질이 만들어질 때 흰 점액이 나뭇가지를 감싸는 모습이 뼈를 연상시키는 데서 유래한 것으로 추정한다"고 쓰고 있다. 제주도에서는 광나무를 '꽝낭'이라 부르는데 '꽝'은 제주어로 뼈를 뜻한다. 또 잎에서 광택이 나는 나무라 해서 광나무라 부른다는 이야기도 있다. 겨울 추위에도 푸름을 잃지 않는 모습이 정절을 지키는 여인처럼 고고한 자태를 가졌다 하여 '여정목女貞木'이라는 이름으로도 불린다. 또 열매를 여정실女貞實이라고 하여 민간에서는 간과 신장 기능을 좋게 한다고 알려져 있다. 한자 이름만 보면 열매가 특히 여성에게 좋다는 이야기지만 근거 있는 말은 아닌 듯하다.

광나무를 닮은 쥐똥나무가 있다. 두 나무는 꽃과 열매가 비슷하다. 그러나 잎을 자세히 보면 상록성 나무인 광나무는 잎이 더 크고 길고 넓적한 타원형으로 겨울에도 지지 않는다. 하지만 쥐똥나무는 잎이 타원형이며 가을에 낙엽이 진다는 차이가 있다. 제주도에는 광나무와 아주 닮은 당광나무제주광나무도 있다. 광나무보다 훨씬 크고, 꽃은 더 풍성하게 달리며, 잎과 열매도 더 둥글다.

⚘ 줄기
높이는 5미터 정도 자란다. 가지는 회색이고 껍질눈이 뚜렷하다.

🍃 잎
마주나고 가죽질이며, 타원형 또는 넓은 타원형이다. 잎끝은 뾰족하고, 밑부분은 거의 잎끝과 같은 폭으로 좁아지고 가장자리는 밋밋하다. 잎자루는 잎맥과 함께 적갈색이 돈다.

❁ 꽃
6월에 새 가지 끝에 흰색 통꽃이 원뿔모양꽃차례로 모여 달리고, 꽃받침잎은 가장자리가 밋밋하다. 꽃은 네 갈래로 갈라지며 갈래 조각은 옆으로 퍼진다. 수술은 두 개로 꽃 밖으로 길게 나오고, 암술은 꽃 속에 있다.

⬤ 열매
타원형 핵과가 10~11월에 검게 익는다.

주요 특징

잎 양 끝이 거의 같은 폭으로 좁아지고 열매는 타원형이다.

길마가지나무

Lonicera harae Makino

산지에서 자라는 낙엽성 작은키나무

과명	인동과
분포	전국
제주어	괴불낭

2월이 되면 제주도의 서쪽 곶자왈에는 향기 좋은 제주백서향과 함께 길마가지나무가 꽃을 피운다. 들꽃 애호가들은 이때부터 들꽃 눈맞춤을 시작한다. 보통 복수초가 가장 먼저 꽃을 피운다고 하지만 제주도에서는 제주백서향과 길마가지나무가 먼저다. 길마가지나무는 우리나라 특산종으로 빛이 잘 드는 곳이면 돌무더기가 있는 척박한 땅에도 뿌리내리는 작은키나무다. 제주도에서는 주로 서쪽 곶자왈에서 자라고, 동쪽의 일부 곶자왈에서도 볼 수 있다.

길마가지나무라는 이름은 '길마'라는 농기구에서 유래한다고 전해진다. 길마는 과거에 소나 말이 짐을 실어 나를 때 무게의 균형을 맞추기 위해 등에 얹었던 일종의 안장이다. 길마를 만드는 구부러진 모양의 나뭇가지가 '길맞가지'다. 나무의 열매가 길맞가지를 닮아서 길맞가지나무로 부르다가 길마가지나무로 변했다는 이야기다.

어린 가지와 잎맥, 잎자루에 굳센 털이 있는 것도 독특하다. 잎은 꽃과 함께 달리지만 빨리 자라지 않아 꽃이 먼저 피는 것처럼 보인다. 하지만 며칠 지나지 않아 꽃과 잎을 한꺼번에 사진에 담을 수 있다. 꽃은 새로 나온 가지 잎겨드랑이에서 사이좋게 두 송이씩 아래를 향해 달리긴 하지만 꽃받침은 하나다. 꽃에는 향기도 있다. 키가 작은 나무여서 큰 나무가 잎을 달기 전에 꽃가루받이를 끝내야 하기 때문에 곤충을 끌어들이기 위해 진한 향기가 필요한 것이다.

꽃가루받이를 마치면 열매는 녹색에서 주황색으로, 다시 붉은색으로 익어 간

곶자왈을 지키는 나무

다. 1970년대만 하더라도 아이들은 이 나무의 열매를 따서 먹곤 했다. 약간 쓴맛이 나지만 워낙 간식거리가 부족했던 시절이라 한 움큼 따서 입에 털어 넣으면 그런대로 먹을 만했다. 열매는 두 개가 아래쪽에서 합쳐져 절반 이상 하트 모양을 하고 있고, 위쪽은 '길맞가지'처럼 약간 벌어져 있다. 길마가지나무는 추위에 강하며, 토양을 가리지 않고 어디에서든 잘 자란다. 게다가 향기가 좋고 일찍 꽃을 피우기 때문에 조경수로 많이 이용된다. 어린잎과 꽃을 말려서 차를 만들어 마시기도 한다.

✿ **줄기**
높이는 1~2미터 정도 되고 가지를 많이 낸다. 나무껍질은 회갈색으로 어린 가지에는 굳센 털이 있다.

🍃 **잎**
마주나며 타원형 또는 달걀 모양 타원형이다. 가장자리는 밋밋하고, 양면 맥 위에 털이 있으며, 뒷면은 녹색이다. 잎자루에도 굳센 털이 있다.

✿ **꽃**
2~4월에 새 가지 밑에서 나온 짧은 꽃자루에 흰색이나 연한 황색 또는 연홍색 깔때기 모양의 꽃이 두 개씩 아래를 향해 잎과 함께 달린다. 꽃잎은 입술처럼 깊게 양 갈래로 갈라진다. 수술은 다섯 개, 암술은 한 개다.

○ **열매**
두 개가 절반 또는 완전히 붙어 심장 모양을 한 장과가 5~6월에 붉게 익는다.

주요 특징
잎자루와 꽃자루의 길이가 비슷하고 굳센 털이 있다.

까마귀베개

Rhamnella frangulioides (Maxim.) Weberb.
숲 가장자리에서 자라는 낙엽성 작은큰키나무

과명	갈매나무과
분포	전남, 전북, 제주, 충남(안면도)
제주어	가마귀오동낭, 가메기낭, 까마귀마께, 마께유룸

까마귀가 풀밭에서 날개를 펴고 드러누워 쉬는 모습을 본 적이 있다. 이런 자세를 유지하려면 사람들이 말하는 것처럼 베개가 분명 필요해 보인다. 그런데 나무 공부를 하다 보니 진짜 까마귀베개라는 나무가 있는 것이 아닌가. 그런 이름을 지을 수 있는 사람들의 위트에 놀라지 않을 수 없다. 사실 이 나무의 열매는 까마귀의 베개가 될 정도로 크지 않다. 오히려 작은 대추처럼 생겼다는 뜻의 '푸대추'라는 다른 이름을 가지고 있다.

까마귀베개라는 이름은 제주어에서 유래한다고 하지만 의미가 특별히 알려진 바는 없다. 그렇다 보니 몇 가지 이야기가 사람들의 입에 오르내린다. 까마귀베개라는 이름은 다 익은 열매가 까마귀처럼 까맣고 베개 모양으로 생겼다 해서 유래한다고 추정한다. 또 '까마귀'는 '하찮다'라는 의미로도 종종 쓰이는데, 목재가 별 쓰임이 없고 열매도 사람들이 잘 먹지 않아서 붙여진 이름이라고 말하는 이도 있다. 제주도에서 부르는 이름도 가메기낭, 까마귀마께 등 까마귀와 관련이 있고, 마께유룸이라고도 한다. '마께'는 망치, '유룸'은 열매를 뜻하는 제주어다. 아마도 열매의 모습이 망치와 비슷해서 이런 이름이 생긴 듯하다.

까마귀베개는 빛이 잘 드는 곳은 물론 비교적 그늘이 있고, 배수가 잘되고, 부식질이 풍부한 비옥한 토양에서 잘 자란다. 또 적당한 습기를 좋아하기 때문에 제주도 곶자왈은 까마귀베개가 잘 자랄 수 있는 최적의 장소다. 하지만 까마귀베개는 곶자왈 말고도 저지대 오름에서도 자란다. 키는 크다 해도 8미터 정도이니 그렇게 큰 나무라고는 할 수 없다. 꽃은 잎겨드랑이에 달리는데 크기가 작은 데다가 풍성하게 펼쳐 놓은 잎에 가려져 있어 존재감이 크지 않다. 까마귀베개가 사람들의 눈에 들어올 때는 가을에 열매가 익어 갈 때다. 손톱 정도 길이의 원통형 열매는 모양이 앙증맞다. 색깔도 하나가 아니라 연한 녹색에서 노란색으로, 다시 붉은색으로, 다시 검은색으로 익어 간다. 이런 독특하고 아름다운 모습에 시선을 빼앗기는 것은 너무나 자연스럽다. 약간 달콤한 맛이 나기 때문에 먹을 수도 있지만, 과육이 너무 적어 사람들이 잘 따 먹지는 않는다. 수형이 예쁘고 풍성한 잎과 아름다운 열매가 있어 관상수로 이용되기는 하지만, 땔감 말고는 크게 쓰임이 많지 않은 나무다.

줄기
높이 5~8미터 정도다. 나무껍질은 회갈색이며 껍질눈이 발달하고, 어린 가지에 퍼진 털이 약간 있다.

잎
어긋나며 달걀 모양 긴 타원형이다. 잎끝은 길게 뾰족하고 밑부분은 둥글거나 쐐기 모양이다. 가장자리에 잔톱니가 있고, 잎자루는 짧으며 퍼진 털이 있다. 표면은 털이 없고 광택이 나며, 뒷면은 연한 회녹색으로 잎맥 위에 잔털이 있다.

꽃
6월에 황록색 양성화가 잎겨드랑이에 두 송이에서 열다섯 송이씩 취산꽃차례로 달린다. 꽃자루는 짧고, 꽃받침은 삼각형이며, 가장자리에 잔털이 약간 있다.

열매
타원형 핵과가 9~10월에 노란색에서 빨간색을 거쳐 검은색으로 익는다.

주요 특징
꽃은 양성화이고 열매에는 한 개의 핵이 들어 있다.

된장풀

Desmodium caudatum (Thunb.) DC.
숲 가장자리에서 자라는 낙엽성 작은키나무

| 과명 | 콩과 |
| 분포 | 제주 |

된장풀은 제주도의 곶자왈 숲 가장자리나 빛이 잘 드는 숲속에서 간간이 볼 수 있다. 키가 작고 잎은 풀처럼 약하지만 한데 숲에서 나와서 보면 벌레처럼 생긴 열매가 옷에 꽉 달라붙어 있어 떼어 내느라 고생을 한다. 이렇게 된장풀은 보통 가을에 열매를 떼어 내면서 그 존재를 확실하게 알게 된다.

된장풀은 이름에 '풀'이 붙어 있지만 엄연히 나무다. 키는 보통 1미터 정도이고 잎은 세 개씩 난다. 여름이 절정인 7월에 황백색 꽃이 피지만 색깔이 진하지 않아 눈에 띄지 않는다. 하지만 사람들은 열매가 익어 갈 때가 되면 된장풀을 인지한다. 열매 표면에 빽빽이 난 갈고리 같은 털은 접착력이 얼마나 강한지 살갗에 붙을 정도다. 어딘가에 붙어 다른 곳으로 이동하려는, 된장풀이 가지고 있는 열매 퍼뜨리기 방식이다.

된장풀이라는 이름은 '된장을 숙성시킬 때 넣으면 구더기가 생기지 않는다' 해서 비롯되었다는 이야기가 있다. 된장풀이 살균이나 방부제 역할을 한다는 의미다. 된장풀이 제주도에서 자라는 식물이다 보니 제주의 풍속이라 말하는 사람도 있으나 사실이 아니다. 제주도를 포함해서 우리나라에서는 된장을 담글 때 된장풀이 아니라 고추나 숯을 넣는다. 이를 두고 제주의 어르신들은 '방법한다'고 말한다. 된장의 부패를 막는 과학적인 방법이 될 수도 있고, 맛있게 숙성되기를 바라는 기원의 의미도 있다. 숙성되어 간장과 된장을 분리하고 나면 제주도의 동부 지역에서는 환삼덩굴_{제주도에서는 삼수세기라 부른다}을 장독 위에 올려놓기도 했다. 이렇게

하면 강력한 햇빛을 차단해 주기도 하고, 파리 등 해충의 침입으로 구더기가 생기는 것을 방비하는 효과도 있다. 이처럼 된장을 만들 때 된장풀을 넣은 것은 일본이지 우리의 풍속과는 관계가 없다.

일본에서는 된장풀을 미증초味噌草, ミソクサ, 미소쿠사라 부른다. 여기서 '미증'은 된장, '초'는 풀을 뜻한다. 결국 일본 이름인 미증초를 우리말로 번역하여 국명을 만든 셈이다. 종소명인 *caudatum*은 '꼬리모양의'라는 뜻이 있다. 꼬리처럼 생긴 열매의 모습 때문에 붙은 듯하다.

⚘ 줄기
높이 1~2미터 정도 되고, 밑부분에서 가지를 내며 전체에 털이 있다.

🍃 잎
어긋나며 삼출엽이다. 작은 가죽질 잎은 긴 타원형으로 양 끝이 뾰족하다. 위쪽 잎이 더 길고, 양 끝의 잎은 좁으며, 잎자루에 좁은 날개가 있다.

❀ 꽃
7월에 황백색의 나비 모양 꽃이 줄기 끝이나 잎겨드랑이에 총상꽃차례로 달린다. 꽃받침은 다섯 개로 갈라지며 누운 털이 빽빽이 나 있다.

◯ 열매
납작하고 가는 원통 모양 삭과가 9~10월에 익는다. 네 개에서 여덟 개 정도의 마디로 이루어지며 쉽게 분리된다. 겉에는 갈고리 같은 털이 빽빽이 나 있다.

주요 특징

잎자루에 날개가 있고, 열매에는 녹빛 갈고리 같은 털이 있다.

붉나무

Rhus chinensis Mill.
저지대 산지에서 자라는 낙엽성 작은큰키나무

과명	옻나무과
분포	전국
제주어	동녕바치낭, 북낭, 북칠낭

곶자왈에서 자라는 나무들은 단풍이 그다지 아름답지 않다. 엽록소가 빠지면서 붉은색, 노란색으로 물들지 못하고 낙엽이 되어 떨어져 버리기 때문이다. 단풍은 밤낮의 기온 차가 커야 예쁘다고 하는데 제주도가 따뜻한 곳이다 보니 그럴 수밖에 없을 것 같다. 그러나 고도가 높은 한라산에 오르면 아름답게 물든 단풍을 볼 수 있다.

붉나무는 곶자왈에서도 그런대로 단풍이 예쁘게 드는 나무다. 이름도 가을 단풍이 마치 불이 난 것처럼 붉게 든다고 해서 붉나무다. 단풍 든 모습이 불이 타는 것 같다 해서 '불나무'라 부르기도 한다. 뿐만 아니라 벌레집인 오배자五倍子가 많이 달려 오배자나무라 하기도 한다. 이처럼 붉나무는 별명이 많다.

키는 10미터까지 자란다고 하지만 바람이 많아서인지 제주도에서 만나는 붉나무는 5미터를 넘지 않는 것 같다. 두툼한 새잎은 붉은빛을 띠다 서서히 녹색으로 변한다. 잎줄기 좌우에는 넓은 날개가 발달했다. 붉나무가 보여 주는 독특한 모습이다. 이 때문에 잎줄기의 날개만 봐도 멀리서도 쉽게 붉나무라는 사실을 알 수 있다. 8월이 되어야 피어나는 작은 꽃들은 다닥다닥 모여 큰 원뿔 모양을 만들어 곤충의 눈에 들게 했다.

열매는 꽃대를 따라 주렁주렁 달리고, 표면에는 짠맛이 나는 가루가 달라붙어 있다. 다 익은 열매가 갈라지면 과육 부분에도 하얀 가루가 생긴다. 가루는 짠맛을 내기 때문에 과거에는 소금 대신 생활에 이용했다. 그래서 붉나무는 소금나

곶자왈을 지키는 나무

벌레집

무를 뜻하는 염부목鹽膚木이라는 한자 이름을 가지고 있다. 특히 산골에 사는 서민들은 붉나무에서 소금을 얻었다. 생활필수품이었지만 구하기 힘든 소금을 주변에서 자라는 나무에서 얻을 수 있다는 것 자체가 다행스러운 일이었다.

붉나무에는 열매처럼 생긴 오배자라는 벌레집이 달린다. 민간에서는 오배자 안의 벌레를 털어 내어 잘 씻고 물에 끓여서 피부병·치통·부인병·설사 등을 치료했다. 최근에는 단풍이 아름다워 공원에 관상수로 심기도 한다.

🌱 **줄기**
높이는 5~10미터 정도 된다. 작은 가지는 황색이며 어린 가지에 갈색 털이 빽빽이 난다.

🍃 **잎**
어긋나며 일곱 개에서 열세 개 정도 되는 작은잎으로 이루어진 깃꼴겹잎이다. 잎줄기에 날개가 발달한다. 작은잎은 긴 타원형 또는 달걀 모양으로 잎끝은 뾰족하고 밑부분은 둥글며 가장자리에 톱니가 있다.

🌸 **꽃**
암수딴그루이며 8~9월에 새 가지 끝에 흰색 꽃이 모여 원뿔모양꽃차례를 이룬다. 수술은 다섯 개이고 암술대는 세 갈래로 갈라진다.

🍒 **열매**
치우친 둥근 모양 핵과가 10~11월에 자줏빛을 띤 노란색으로 익는다.

주요 특징

꽃은 양성화이고 열매에는 한 개의 핵이 들어 있다.

빌레나무

Maesa japonica (Thunb.) Moritzi & Zoll.
산지에서 자라는 상록성 작은키나무

과명	자금우과
분포	제주
제주어	빌레낭

제주도는 화산활동으로 이루어진 화산섬이다. 그렇다 보니 섬 전체는 용암이 흘러서 굳은 현무암이라는 돌멩이나 바위로 덮여 있다. 농사라는 측면에서 보면 그만큼 제주도가 척박한 환경이라는 의미다. 제주 사람들은 넓은 바위 지대를 빌레라 부른다. 빌레는 용암의 점성이 낮아서 멀리 흘러가면서 서서히 굳어서 만들어진다. 주로 곶자왈에서 볼 수 있으며, 마을 주변에도 남아 있다.

빌레나무는 국내 자생지로서는 제주도가 유일하며, 주로 서쪽 지역의 저지곶자왈, 청수곶자왈, 산양곶자왈에서 나타난다. 빌레나무라는 이름도 자생지가 곶자왈 화산 지형이라 붙은 것으로 보인다. 최근에는 곶자왈뿐만 아니라 오름 사면의 그늘진 곳에서도 발견되기도 하지만 개체수가 많은 편은 아니다.

빌레나무는 지난 2003년 제주도의 대표적인 환경보호단체인 '곶자왈사람들'이 제주도 서쪽 곶자왈에서 발견했다. 처음에는 같은 자금우과 식물인 백량금과 구분하려는 의도로 천량금이라는 이름을 붙였으나, 기존의 원예식물인 천량금과 혼동될 수 있어 발표할 때는 빌레나무로 이름을 바꾸었다는 이야기가 있다. 이 때문에 지금도 빌레나무를 천량금이라 부르는 사람도 있다.

빌레나무는 아열대성 남방계 식물로 작은키나무다. 키는 커 봤자 보통 성인의 가슴 높이이며, 아래에서 가지가 갈라진다. 잎 표면에는 광택이 있으며, 뒷면은 회색빛이 돈다. 꽃은 꽃망울 상태로 겨울을 넘기고 봄이 절정인 4월 말 즈음에야 꽃잎을 열기 시작한다. 꽃잎은 약간 노란 빛을 띠는 흰색으로 작은 편이고, 잎겨드랑이에서 여러 송이가 피며, 한 달쯤 지나면 흰색의 둥근 열매가 달린다. 열매는 크지 않지만 둥글고 흰색을 띠어서 쉽게 눈에 띈다. 그러나 꽃이 달린 것만큼 열매의 수가 많지는 않아 씨앗으로 새로운 싹을 내는 데는 한계가 있다. 그래서인지 빌레나무는 줄기가 땅에 닿기라도 하면 뿌리를 내어 세를 넓혀 간다.

빌레나무는 크게 자라지는 않으면서 꽃이 예쁜 상록성 나무라는 장점이 있고, 실내의 미세먼지를 잘 흡수해 관상용으로 알맞은 나무다. 여기에 착안하여 여러 지방자치단체가 노인들을 고용해 빌레나무를 재배하여 노인 일자리 창출에도 도움을 주고 있다는 소식도 들린다. 이래저래 빌레나무의 가치는 점점 올라가는 중이다.

줄기
높이는 1.5미터 정도 자라며, 많은 줄기를 내고 땅에 닿으면 뿌리가 난다.

잎
어긋나며, 타원형 또는 장타원형이고, 가죽질이다. 잎끝은 서서히 좁아지고, 가장자리 중간 윗부분에 톱니가 있다. 표면은 진녹색을 띠며, 광택이 있고, 뒷면은 회록색을 띤다.

꽃
암수딴그루 또는 암수한그루로 4~5월에 잎겨드랑이에 항아리 모양의 흰색 또는 연한 황색 꽃이 총상꽃차례로 달린다. 꽃잎에는 담갈색 줄무늬가 있고, 윗부분은 얕게 다섯 갈래로 갈라진다. 작은 꽃자루가 있으며, 둔한 삼각형 꽃받침이 있다. 수술은 다섯 개이며 암술은 한 개다.

열매
둥근 장과가 11월부터 다음 해 3월까지 흰색으로 익는다.

주요 특징
줄기가 많이 갈라지고, 땅에 닿은 곳에서는 뿌리가 나온다.

사스레피나무

Eurya japonica Thunb.
산지에서 자라는 상록성 작은키나무
또는 작은큰키나무

과명	차나무과
분포	경남, 전남, 전북, 제주
제주어	가스레기낭, 고스레기낭, 고시락낭, 잉끼낭

사스레피나무는 제주도에서 가장 흔한 나무다. 어느 정도 햇빛이 들어오는 곳을 좋아하고, 곶자왈, 오름, 한라산 낮은 곳까지 어디서든 잘 자란다. 심지어 빛이 잘 들지 않는 곶자왈 깊은 숲속에서도 잘 적응하면서 살아간다. 하지만 추위에는 약해서 국내 분포지는 제주도를 포함한 경남, 전남, 전북 등 따뜻한 남부지역이다.

높이는 보통 2미터 정도 되고, 4미터까지도 자란다. 도톰한 잎은 크지 않은 대신 풍성하게 달린다. 그러다 가을이 되어 잎에 단풍이 들면서 하나씩 떨어지며, 잎겨드랑이에 숨어 있던 잎눈에서 금방 다시 싹을 낸다. 이른 봄에 피는 손톱만한 꽃은 다닥다닥 줄지어 달린 채, 아주 특이한 냄새를 피운다. 냄새는 사람에 따라 향기롭게 느껴지기도 하고, 역하기도 해서 평가가 제각각이다. 꽃은 약간 노란빛이 도는 흰색으로 암꽃과 수꽃이 다르다. 열매는 녹색에서 서서히 진보라색으로 변하고, 가을이 되면 다시 까맣게 익어 이듬해까지 달려 있다.

사스레피나무는 꽃이나 열매가 떨어지고 나면 땅 위가 그 흔적으로 너저분해진다. '사스레피'라는 이름도 '지저분하고 어수선하다'는 뜻의 제주어에서 왔다고 추정한다. 제주도에서는 사스레피나무를 가스레기낭 또는 고시락낭이라 부른다. 가스레기와 고시락은 부스러기 또는 까끄라기를 뜻한다. 그러나 이름대로라면 가시 같은 것이 있어야 하는데 어디를 봐도 찾을 수가 없다. 단지 열매에 암술대가 남아 있어 만지면 까끌까끌해 가시레기낭이라 부른 것이 아닐까 싶다. 열매에는 과육이 많아 만지면 금방 터질 것 같다. 제주도 일부 지역에서는 잉끼낭이라 하기도 한다. '잉끼'는 전라도 지방 방언으로 잉크를 뜻한다. 검은색을 띠는 열매의 과육이 마치 잉크 같아서 이런 이름으로 불린 것 같다.

가지와 잎을 태운 재나 열매는 염색할 때 염료로 쓰인다. 매염제에 따라 다양한 빛깔을 낸다고 하니 염색을 하는 사람들은 참고할 만하다. 윤기가 나는 두꺼운 잎과 작은 줄기 때문에 학교 졸업식 화환으로 이용되기도 한다. 하지만 크게 자라는 나무가 아니어서 재목이 크지 않고, 꽃에서 나는 냄새 때문에 많이 활용하지 않는 듯하다. 척박한 곳에서도 잘 자라는 강인한 나무라 간간이 절개지의 울타리용 나무로 심기도 한다.

사스레피나무와 꽃과 열매가 닮은 우묵사스레피나무는 주로 바닷가에서 자라며, 사스레피나무보다 잎이 작고, 잎끝이 우묵하게 들어가 있다. 제주도 해안 곳곳에서 군락을 이룬 것을 볼 수 있으며, 바닷바람의 영향으로 한 방향으로 휘어 있는 모습이 장관이다.

줄기
높이는 2~4미터 정도 된다. 나무껍질은 회갈색이며, 잎눈은 가지 끝에 달리고, 꽃눈은 잎겨드랑이에 모여 난다.

잎
어긋나며 가죽질이고 긴 타원형이다. 표면은 광택이 나며, 잎끝은 뾰족하고, 밑부분은 서서히 좁아진다. 가장자리에는 둔한 톱니가 있다.

꽃
암수딴그루이며 3~4월에 잎겨드랑이에 황백색 꽃이 한 개에서 세 개씩 모여 난다. 꽃잎은 다섯 개, 수술은 열두 개에서 열다섯 개이고, 암술대는 세 갈래로 깊게 갈라진다.

열매
둥근 장과가 10~11월에 흑자색으로 익는다.

주요 특징

꽃에서 냄새가 나며, 잎 가장자리에 톱니가 있고, 뒤로 말리지 않는다.

산검양옻나무

Toxicodendron sylvestre (Siebold & Zucc.) Kuntze
산지에서 자라는 낙엽성 작은큰키나무

과명	옻나무과
분포	전남, 제주
제주어	개옻낭, 개칠낭

제주도에서 자라는 옻나무 종류로는 검양옻나무와 산검양옻나무가 있다. 검양옻나무의 경우 제주도에서는 흔한 나무가 아니며, 주로 한라산 남쪽 하천 변에서 간간이 관찰된다. 이에 비해 산검양옻나무는 자생지가 곶자왈이나 오름이기 때문에 쉽게 볼 수 있는 편이다. 결과적으로 한라산 북쪽에서 보이는 옻나무는 산검양옻나무라 해도 거의 틀리지 않는다.

산검양옻나무는 검양옻나무와 달리 어린 가지, 겨울눈, 잎, 꽃대에 털이 많아서 쉽게 구별할 수가 있다. 잎은 일곱 개에서 열다섯 개의 작은잎으로 이루어진 겹잎이며, 어린잎은 붉은색을 띠다 자라면서 서서히 녹색으로 변하고, 가을이 되면 다시 붉게 물들어 아름답다. 꽃은 황록색으로 봄의 절정인 5월부터 피기 시작하여 6월까지 많은 수가 모여 달린다. 암수딴그루여서 암·수꽃이 서로 다른 나무에 달리며, 암나무의 암꽃에도 퇴화한 수술이 있다. 가을에 열리는 열매는 꽃이 많이 핀 만큼 수북이 달려 아래를 향한다.

'옻칠 100년 황칠 1000년'이라는 말이 있듯이 옻나무 하면 우선 옻칠을 떠올린다. 정제하지 않은 생칠, 철가루를 넣어 만든 흑칠 등 여러 가지 방법으로 옻나무에서 다양한 칠을 만들어 오랫동안 각종 공예품의 도료로 써 왔다. 옻칠을 해서 만든 제품을 칠기漆器라고 하며, 고려시대 나전칠기가 대표적이다. 이처럼 옻나무는 생활에 유용하게 이용했던 나무다. 하지만 옻나무와 달리 산검양옻나무에는 옻나무 생칠의 주성분인 우루시올이 있기는 하지만 채취할 만큼 양도 적고 품질도 낮아서 가치가 별로 없다. 제주도에서 부르는 개옷낭 또는 개칠낭은 서로 비슷한 의미다. 별로 쓸모가 없을 때 붙이는 접두어 '개'를 이름에 사용한 것으로 보아 산검양옻나무에서는 옻을 뽑지 않았다는 사실을 짐작할 수 있다.

산검양옻나무는 가을에 드는 노란빛이 도는 붉은색 단풍이 아름다워 공원의 조경수로 심기도 하고, 분재의 소재로 이용되기도 한다. 검양옻나무의 '검양'도 '검붉은빛'이라는 뜻이다. 결국 산검양옻나무라는 이름은 '산에서 자라는 검붉은 단풍이 드는 나무'라는 의미가 된다. 종소명 *sylvestre*도 '숲에서 자라는'이라는 뜻으로 산검양옻나무가 다른 옻나무보다 깊은 산속에서 자라는 나무라는 것을 나타낸다.

줄기
높이는 8미터 정도 되고, 나무껍질은 진갈색이며, 어린 가지에는 갈색 털이 빽빽이 나 있다.

잎
어긋나며 일곱 개에서 열다섯 개의 작은잎으로 이루어진 깃꼴겹잎이다. 잎줄기에는 부드러운 갈색 털이 빽빽이 나고, 작은잎은 긴 타원형이다. 잎끝은 뾰족하고, 밑부분은 둥글며, 가장자리는 밋밋하다. 뒷면 맥 위에는 털이 빽빽하다.

꽃
암수딴그루로 5~6월에 줄기 끝의 잎겨드랑이에서 나온 꽃대 위에 황록색 꽃들이 모여 원뿔모양꽃차례를 이룬다. 수꽃은 수술이 다섯 개, 암꽃의 암술머리는 세 갈래로 갈라지며, 퇴화된 수술이 있다.

열매
둥글납작한 핵과가 10~11월에 황록색에서 갈색으로 익는다.

주요 특징

겨울눈·어린 가지·꽃차례에 털이 있고, 잎은 긴 타원형이다.

새덕이

Neolitsea aciculata (Blume) Koidz.
산지에서 자라는 상록성 큰키나무

과명	녹나무과
분포	남서해안 섬 지역, 전남, 제주
제주어	사데기, 신사데기

새덕이는 제주도의 오름 자락에서 간간이 나타나며 주로 곶자왈을 삶터로 살아가는 녹나무과 나무다. 큰키나무치고는 큰 나무를 잘 볼 수가 없으나 1년 내내 녹색 잎이 풍성하게 달려 곶자왈의 푸름을 한층 짙게 한다. 하지만 새덕이는 처음부터 녹색의 잎을 달고 나오지 않는다. 여리고 여린 새잎은 붉은빛을 띤 채 아래로 힘없이 처져 있다가 서서히 몸을 일으키며 녹색으로 변한다.

새덕이는 이른 봄인 3월에 꽃을 피운다. 상록성 나무 중에서는 꽤 빠른 편이다. 잎은 세 갈래 맥이 뚜렷하고, 잎겨드랑이에는 자잘한 꽃들이 가득 모여 있다. 수꽃의 수술이 붉은색인 것에 비해 암꽃의 암술머리는 흰색이다. 그래서 새덕이의 암나무를 '흰새덕이'라 부르기도 한다. 열매는 이른 봄에 꽃이 피는 것을 생각하면 조금 늦은 편이다. 늦가을에 꽃이 진 자리에 조롱조롱 달리는 콩알 크기의 열매는 점점 윤기가 흐르면서 검푸른빛으로 익어 간다.

새덕이라는 이름은 제주어인 신사데기에서 유래했다. 하지만 그 뜻은 특별히 알려진 바가 없다. 제주도에서는 생달나무를 '사데기낭'이라 부르는데 이와 구별하기 위해 새덕이에 '신'이라는 접두어를 붙여 '신사데기'라 한 듯하다. 제주어 '신'은 '흰'이므로, 흰새더기라 부르다 다시 새덕이가 되었다. 일각에서는 새덕이는 몸체가 납작한 가자미류 물고기인 서대기라는 주장도 있다. 종소명 *aciculata*는 '바늘 모양의'라는 뜻으로 잎끝이 뾰족한 것과 관련이 있다.

새덕이는 참식나무나 생달나무와 잎과 줄기가 비슷하다. 모두 녹나무과 녹나무속 나무로 서로 사촌쯤 되는 관계이니 그럴 만도 하다. 하지만 자세히 관찰해 보면 차이가 있다. 참식나무가 새덕이보다 잎 표면의 광택이 더 있고, 뒷면의 흰빛도 더 강하며, 가장자리의 물결 모양도 더 뚜렷하다. 또 새덕이는 참식나무 같이 잎이 어긋나지만 가지 끝이나 갈라지는 부분에서는 모여 나기 때문에 돌려나는 것처럼 보인다. 꽃은 가을에 노란 꽃을 피우는 참식나무와 달리 이른 봄에 붉은 꽃을 피운다. 생달나무는 잎이 어긋나지만 가지 끝에서는 서로 맞대어 자라기 때문에 마주나는 것처럼 보이고, 새 가지나 잎자루가 연노란 빛을 띠어 구분된다. 새덕이는 연중 푸른 잎을 달고 있어 최근에는 정원수로 심기도 하고, 과거에는 배의 돛대를 만드는 데 재료로 쓰기도 했다.

줄기
높이는 10미터 정도 자란다. 나무껍질은 회색 또는 회갈색이고, 작은 껍질눈이 발달한다.

잎
어긋나지만 가지 끝에서는 모여 나기 때문에 돌려나는 것처럼 보인다. 긴 타원형 또는 달걀 모양으로 양 끝이 뾰족하다. 표면은 녹색으로 광택이 조금 있고, 뒷면은 흰빛이 돈다.

꽃
암수딴그루로 3~4월에 잎겨드랑이에서 자루가 없는 붉은색 꽃이 모여 피어 우산모양꽃차례를 이룬다. 수꽃은 수술이 여섯 개이며 암술이 한 개 있으나 열매를 맺지 않는다. 암꽃은 한 개의 암술과 여섯 개의 헛수술이 있다.

열매
넓은 타원형 핵과가 10월에 흑자색으로 익는다.

주요 특징
꽃은 봄에 붉은색으로 피며, 잎은 어긋나지만 가지 끝에서는 모여 나기 때문에 돌려나는 것처럼 보인다.

새비나무

Callicarpa mollis Siebold & Zucc.
산지에서 자라는 낙엽성 작은키나무

과명	마편초과
분포	전남, 전북, 제주
제주어	굣사비낭, 새보리낭

나무 열매는 검은색이나 붉은색으로 익는 것이 보통이나 새비나무는 보라색이다. 마치 보라색 물감으로 예쁘게 칠해 놓은 것 같다. 열매뿐만 아니라 꽃도 보라색이다. 이와 함께 줄기와 잎에 북슬북슬하게 난 털을 만졌을 때 느껴지는 부드러움도 새비나무를 더욱 특별히 기억하게 한다.

새비나무는 저지대 곶자왈에서 주로 자라며 오름에서도 볼 수 있다. 크게 자라는 나무가 아니며, 사는 곳도 빛이 잘 들지 않는 숲속으로, 주변에는 키가 큰 나무들이 즐비하다. 이런 환경을 버텨 내기 위해 새비나무는 줄기를 여러 갈래로 만들었다. 줄기를 따라 여러 곳에 잎을 다는 것이 광합성에 유리하기 때문이다. 또 새비나무는 털복숭이라 할 만큼 털이 많다. 잎에도, 꽃에도, 꽃받침에도 매끈한 털을 잔뜩 달고 있다. 그러나 새비나무는 크게 주목받지 못한다. 꽃도 작아 잎에 가려지고, 색깔도 연보라색이어서 도드라지지 않는다.

새비나무가 각광을 받는 시기는 열매가 달리는 가을이다. 어두운 숲속에서도 보랏빛 열매가 보석처럼 빛이 난다. 게다가 한두 개로는 성이 차지 않았는지 수십 개씩 모았다. 꽃과 같은 보랏빛이지만 열매의 색깔이 조금 더 진하다. 가을에서 겨울로 접어드는 시기는 나무들이 대부분 잎과 열매를 떨어뜨리는 때여서 새비나무의 보라색 열매는 새들의 눈에 들어올 수밖에 없다. 새비나무는 새들의 훌륭한 식량창고를 자처하면서 이들을 이용해 씨앗을 퍼뜨리려 하는 것이다.

새비나무라는 이름은 열매가 새의 먹이가 되는 나무라 뜻의 제주어 '새보리낭'에서 유래한다. 새보리낭의 새는 새, 보리는 사람에게도 중요한 식량으로 먹이를 뜻하며, 낭은 나무다. 곧 새비낭은 새보리낭을 줄여서 쓴 말로 추정한다. 또 새비나무의 또 다른 제주어인 곶사비낭의 곶은 곶자왈을 뜻하므로 숲에서 자라는 새비나무라는 뜻이다. 종소명 *mollis*는 '부드러운 털이 있는'이라는 뜻으로 나무 전체에 연한 털이 많아 이런 이름이 붙은 듯하다. 열매가 달릴 때까지도 꽃받침은 그대로 남아 있다. 이것은 꽃과 열매가 비슷한 작살나무와 구별되는 특징이기도 하다. 키가 작은 나무지만 수형이 좋고 열매가 아름다워 공원이나 정원에 관상용으로 심기도 한다.

줄기
높이는 1~3미터 정도이며, 어린 가지에는 별 모양 털이 빽빽이 난다.

잎
마주나고 타원형 또는 넓은 달걀 모양이다. 잎끝은 뾰족하고, 밑부분은 둥글며, 가장자리에는 뾰족한 톱니가 있다. 표면에는 짧은 털이 있으며, 뒷면에는 별 모양 털이 빽빽하다.

꽃
6~7월에 잎겨드랑이에서 연보라색의 꽃이 모여 취산꽃차례를 이룬다. 꽃받침은 네 개로 갈라지고, 별 모양 털이 촘촘하게 나 있다. 수술은 네 개, 암술은 한 개다.

열매
둥근 핵과가 9~10월에 보라색으로 익으며, 꽃받침이 그대로 남는다.

주요 특징

줄기, 잎 뒷면, 꽃받침 뒷면에 별 모양의 털이 빽빽이 난다.

생달나무

Cinnamomum yabunikkei H.Ohba

저지대 산지에서 자라는 상록성 큰키나무

과명	녹나무과
분포	남서해안 섬 지역, 제주
제주어	사다기낭, 사당낭, 사데기

생달나무는 제주에서 굉장히 흔한 나무다. 자라는 곳은 주로 곶자왈이며, 난대성 나무들이 숲을 이루고 있는 오름이나 하천 변에서도 볼 수 있다. 하지만 자생지가 제주도 외에 남부지역 일부 섬 정도이니 나무를 잘 안다고 하는 사람도 생달나무는 생경할 수밖에 없다.

제주도에서는 생달나무를 새덕이와 마찬가지로 사다기낭 또는 사데기라 부른다. 서로 다른 나무인데 한 이름으로 부르는 것을 보면 쓰임이 비슷하여 굳이 구별할 필요를 느끼지 못했던 것 같다. 그도 그럴 것이 생달나무나 새덕이는 잎이나 나무껍질 등 모습이 비슷하다. 생달나무는 새덕이에 비해 잎자루나 어린 가지가 노란빛을 띠며 잎에 광택이 더 있다. 생달나무라는 이름은 잎이 좁고 박달나무를 닮았다는 뜻으로 한자로 생달^{牲橽}이라 쓴다.

생달나무의 나무껍질은 검은빛이 강하며, 오래되면 벗겨지기도 한다. 새잎은 새덕이처럼 붉게 올라와 자라면서 서서히 연한 녹색으로 변한다. 잎은 어긋나지만 가지 끝에서는 마주나는 것처럼 보이며, 어린 가지나 잎자루는 연한 노란빛을 띤다. 이렇게 잎이 나는 모습과 가지의 색깔은 생달나무를 알아볼 수 있게 해 주는 특징 중에 하나다. 잎을 비벼서 냄새를 맡아 보면 계피향 같은 향긋한 냄새가 난다. 5~6월이 되면 연한 노란색 꽃이 우산 모양으로 달린다. 꽃은 크기가 크지 않고 색깔도 연하여 눈에 띄지 않으나 가을에 자주색이 섞인 검은색으로 익는 열매는 표면에 광택이 있어 매끈한 것이 마치 빛나는 사파이어 보석 같아 관심을 받

곶자왈을 지키는 나무

을 수밖에 없다.

한방에서는 생달나무를 천축계天竺桂라고 하여 약재로 쓴다. 최근에는 수증기 증류법으로 잎의 정유에센셜오일를 추출해 인체에 해가 없고 친환경적인 천연향을 개발해서 향수를 만드는 연구가 진행되고 있다는 소식도 있다. 또 비교적 공해에 강해 정원수나 조경수로 심고, 재질이 단단하여 가구를 만들 때도 사용한다. 잎은 차의 재료로 쓰기도 하고, 향료의 원료로 사용하며, 종자에서 기름을 얻기도 한다.

❧ **줄기**
높이는 15미터 정도에 달하고, 나무껍질은 흑갈색이다. 겨울눈은 달걀 모양으로 적갈색이다.

🍃 **잎**
어긋나며 긴 타원형이다. 표면은 광택이 나며 뒷면은 분백색이다. 양 끝은 뾰족하고, 가장자리는 밋밋하며, 자르면 향기가 난다.

❀ **꽃**
5~6월에 잎겨드랑이에 연한 황색 꽃이 모여 우산모양꽃차례를 이룬다. 꽃자루는 길고 씨방은 달걀 모양이며 털이 조금 있다.

○ **열매**
원형 또는 타원형 핵과가 10~12월에 흑자색으로 익는다.

주요 특징

꽃이 우산 모양으로 달리고 잎맥의 겨드랑이에 선점이 없다.

송악

Hedera rhombea (Miq.) Siebold & Zucc. ex Bean
산지에서 자라는 상록성 덩굴나무

과명	두릅나무과
분포	경남, 경북, 전남, 전북, 제주, 충남
제주어	소왁낭, 송낙, 송왁

송악은 겨울에도 푸른 잎을 달고 있는 덩굴성 나무다. 한자로는 상춘등常春藤이다. 상춘은 '항상 봄'이라는 뜻으로 풀이할 수 있으니 '늘 푸른 등나무'가 된다. 중부 지방에서도 볼 수는 있으나 날씨가 따뜻한 제주도가 계절과 관계없이 잘 자랄 수 있는 환경이다.

송악이 자랄 때는 사방으로 줄기를 내어 바위 절벽이나 나무를 삽시간에 초록 색으로 덮어 버린다. 위로 오르기가 힘들 것 같지만 송악은 공기뿌리의 한 종류인 부착근附着根을 내어 햇빛이 있는 곳까지 올라간다. 송악은 사람들에 의해 쉽게 잘려 나가기도 한다. 이른바 '숲 가꾸기' 중에 벌어지는 일이다. 사람들은 송악이 덩굴성이다 보니 목재 가치가 떨어지고, 줄기를 타고 올라 큰 나무를 죽게 하는 원흉이라고 여긴다. 하지만 송악은 생각만큼 다른 나무에 큰 피해를 주지 않는다. 녹색의 잎을 달고 있어 양분을 스스로 만들 수가 있고, 다른 나무줄기 속으로 뿌리를 내리지도 않는다. 다만 기댈 수 있는 터전이 필요한 것뿐이다. 잎은 두 가지 모양이어서 언뜻 보면 서로 다른 나무처럼 보인다. 어릴 때는 갈라져 별 모양을 하다 자라면서 둥그런 달걀 모양으로 변신하기 때문이다.

송악은 다른 나무들이 열매를 떨어뜨리고 겨울을 준비하는 늦가을에 꽃을 피운다. 이 시기에 꽃을 볼 수 있다는 것만으로도 송악은 가치가 있다. 꽃도 작고 색도 진하지 않지만, 모여서 둥그렇게 우산 모양을 만들어 큰 꽃처럼 보이게 했다. 또 송악은 키가 큰 다른 나무들과 경쟁을 피하려 꽃 피는 시기를 달리했다. 열매도 다른 나무와 달리 이듬해 봄에 익는다. 먹이를 구하기 어려운 시기에 열매를 만들어 새들에게 도움을 주고, 자신은 효율적으로 씨앗을 퍼뜨리는 전략이다.

남부지방에서는 송악을 소가 잘 먹는다 해서 '소밥나무'라고 부르며, 제주도에서는 '소왁낭'이라 부른다. 제주어로 '소왁소왁'은 물건을 거칠게 자르는 모양을 일컫는다. 열매의 윗부분이 소왁소왁 거칠게 잘린 모양에서 송악이라는 이름이 유래한 것으로 추정하기도 한다. 예전 제주도의 민간에서는 관절이나 허리 통증이 있을 때 송악 열매를 끓인 수증기를 아픈 부위에 쐬기도 했다.

⚘ 줄기
길이는 10미터 이상 자라고 줄기에서 공기뿌리가 나와 바위나 나무를 타고 올라간다.

🍃 잎
어긋나며 마름모 또는 마름모꼴 달걀 모양이다. 잎끝은 뾰족하고 밑은 넓은 쐐기 모양 또는 심장 모양으로 가장자리는 밋밋하다. 어린 가지의 잎은 삼각형 또는 오각형이며 보통 얕게 세 갈래에서 다섯 갈래로 갈라진다. 표면은 광택이 있는 녹색이고 뒷면은 연한 녹색이다.

❀ 꽃
9~11월에 가지 끝에서 나온 우산모양꽃차례에 황록색 양성화가 모여 달린다. 꽃잎은 뒤로 젖혀지고 꽃잎·수술·암술대는 다섯 개다.

○ 열매
둥근 핵과가 이듬해 3~6월에 흑자색으로 익는다. 열매 끝에는 암술대의 흔적이 남는다.

주요 특징

늦가을에 꽃을 피우고, 이듬해 봄에 열매를 맺는다.

육박나무

Actinodaphne lancifolia (Blume) Meisn.
산기슭에 자라는 상록성 큰키나무

과명	녹나무과
분포	경남, 전남, 제주

"나무도 똥을 쌉니다." 제주도의 숲해설가들이 육박나무의 줄기에서 껍질이 떨어지는 것을 보고 아이들에게 하는 말이다. '식물도 똥을 싸다니. 동물만 그런 줄 알았는데!' 이 말을 들으면 아이들은 마냥 신기해한다. 사실 양분을 만들면 찌꺼기가 당연히 생기는 법이니 이상할 것도 없다. 나무는 보통 찌꺼기를 낙엽으로 배출한다. 더러는 육박나무처럼 껍질에 모아 놓았다가 떨어뜨리기도 한다.

육박나무의 얼룩무늬 나무껍질은 나무 공부를 하는 사람들에게 더없이 좋은 기준점이다. 상록성 나무로 가득한 곶자왈에서도 줄기만 보고도 육박나무를 알아볼 수 있기 때문이다. 육박六駁나무라는 이름도 나무껍질이 육각형으로 벗겨진다고 해서 붙여졌다. 물론 반드시 육각형만 있는 것은 아니어서 다각형이라 해야 맞을 것 같다. 다른 이름으로 줄기의 껍질이 벗겨진 모습이 군복 무늬와 닮았다 하여 국방부나무 또는 해병대나무라 부르기도 한다. 하지만 이것도 옛날이야기다. 요즘은 군복의 얼룩무늬가 예전처럼 뚜렷하지도 않을뿐더러 무늬의 크기도 조금 작아져 굉장히 세련된 모습이다.

육박나무는 습한 곳을 좋아하기 때문에 일정한 습도가 유지되는 제주도의 곶자왈은 살아가기에 적당한 장소. 그래서인지 제주도 내 곶자왈 곳곳에 육박나무가 분포한다. 키는 20미터까지 자라는 큰키나무이며, 어릴 때는 줄기의 껍질이 벗겨지지 않지만 자라면서 비늘조각처럼 떨어져 나간다. 잎은 일반적인 상록성 녹나무과 나무에 비해 광택이 없는 편이다. 꽃은 여름에 노란색으로 피지만 녹색

의 잎에 가려 잘 보이지 않는다. 열매는 이듬해 여름에 붉은색으로 익어 간다. 꽃가루받이를 마치고 결실을 하기까지 1년이 걸린 셈이다. 열매가 달리는 시기가 꽃이 피는 시점보다 약간 빠른 느낌은 있으나 서로 중복되어 운이 좋으면 한 나무에서 꽃과 열매를 함께 볼 수도 있다. 최근에는 독특한 나무줄기의 모습과 상록성 나무라는 장점을 살려 관상수로 심기도 한다.

🌱 줄기

높이는 20미터 정도다. 회흑색 나무껍질은 불규칙하게 비늘조각으로 떨어지는데, 흰색과 회갈색이 이어져 얼룩무늬로 남는다.

🍃 잎

어긋나며 긴 타원형 또는 거꿀달걀형이다. 표면은 녹색이고, 광택이 나며, 뒷면은 흰빛이 돈다.

🌸 꽃

암수딴그루로 8~10월에 연한 황색 꽃이 서너 개씩 모여 우산모양꽃차례를 이룬다. 수꽃은 수술이 아홉 개이고, 수술대에 털이 있다. 암꽃은 암술이 한 개, 퇴화된 아홉 개의 헛수술이 있다.

🫐 열매

둥근 모양 핵과가 이듬해 7~9월에 붉은색으로 익는다.

주요 특징

줄기는 오래되면 불규칙하게 비늘조각으로 벗겨지고, 잎 표면은 다른 상록성 녹나무과 나무에 비해 광택이 덜하다.

자금우

Ardisia japonica (Thunb.) Blume
산지의 숲속에서 자라는 상록성 작은키나무

과명	자금우과
분포	경남, 경북울릉도, 전남, 제주
제주어	꿩탈

키가 큰 상록성 나무로 가득한 곶자왈 숲속에서 겨울철 가장 빛나는 식물이 자금우紫金牛다. 키 작은 식물들이 살아가기 벅찬 숲속이지만 자금우는 사방으로 뿌리를 내리고, 한 뼘쯤 되는 줄기에 빨간 열매를 잔뜩 매달고 있다. 열매는 겨울까지 남아 있어 눈이 내린 날이면 흰색, 초록색, 빨간색의 대비가 너무 아름답다. 이처럼 자금우는 제주도의 곶자왈마다 분포하여 황량한 겨울숲을 풍성하고 아름답게 만든다.

자금우는 키가 작아 얼핏 풀이라 생각하기 쉬우나 엄연히 나무다. 땅속줄기가 옆으로 뻗으면서 새로운 줄기를 내고, 서서히 영역을 넓혀 간다. 잎은 주로 마주나지만 줄기 끝에서는 돌려나고 가장자리에는 침 모양의 톱니가 있다. 꽃은 작년 줄기의 잎겨드랑이에서 나온 꽃대에서 아래를 향해 달리고, 꽃잎에는 흰색 바탕에 자갈색 주근깨가 선명하다.

자금우의 존재감은 열매가 달릴 때가 절정이다. 자금紫金이라는 뜻은 부처님 조각상에서 나오는 신비한 빛을 말한다. 가을부터 이듬해 봄까지 볼 수 있는 열매는 부처님의 후광처럼 어두운 숲속을 밝히는 빛이라 할 만큼 아름답다. 중국에서도 자금우라 하며, 한방에서는 줄기와 잎을 자금우라 한다. 제주도에서는 자금우를 꿩탈이라 한다. '탈'은 산딸기를 뜻하는 제주어이므로 꿩탈은 '꿩이 먹는 산딸기'를 뜻한다. 실제로 꿩이 자금우 근처에서 먹이를 찾기 위해 배회하는 것을 종종 볼 수 있는데, 꿩탈이라는 이름은 이 광경 때문에 붙여진 듯하다.

자금우와 비슷한 나무로 산호수와 백량금이 있다. 특히 산호수는 자금우처럼

· 곶자왈을 지키는 나무 ·

산호수

키도 작고, 잎·꽃·열매도 비슷하다. 하지만 산호수는 잎의 톱니가 크고 겹톱니어서 차이가 있다. 또 백량금은 자금우보다 키가 더 클 뿐만 아니라 잎이 길고 두꺼우며, 가장자리에 둔한 물결 모양 톱니가 있어 쉽게 구별이 된다. 자금우는 꽃과 열매가 아름다워 관상용으로 심기도 하고, 탄소를 제거하는 능력이 좋아 주방 근처에 두고 키우기도 한다. 꽃가게에서는 자금우를 개량한 천량금이라는 원예 품종도 만날 수 있다.

줄기
높이는 10~30센티미터 정도다. 땅속줄기가 길게 뻗고, 그 끝이 땅 위로 올라와 다시 줄기가 된다.

잎
마주나거나 돌려나며 타원형 또는 달걀 모양이다. 양 끝이 뾰족하고 가장자리에는 잔톱니가 있다.

꽃
7~10월에 흰색 또는 연분홍색으로 피고, 줄기 끝에서 나온 꽃대에 우산모양꽃차례로 몇 개씩 달려 아래로 쳐진다. 꽃부리는 다섯 개로 깊게 갈라지고 수술은 다섯 개로 꽃잎에 마주 붙는다.

열매
둥근 핵과가 이듬해 10~12월에 붉은색으로 익는다.

주요 특징
땅속으로 뻗는 줄기가 있고, 가장자리에 침 모양의 잔톱니가 많다.

작살나무

Callicarpa japonica Thunb.
산지에서 자라는 낙엽성 작은키나무

과명	마편초과
분포	전국

제주도에서는 작살나무를 주로 곶자왈에서 볼 수 있다. 일정한 습도가 유지되는 곶자왈은 습한 곳을 좋아하는 작살나무에게는 더없이 좋은 장소다. 사실 곶자왈은 상록성 나무들로 우거져 빛이 잘 들지 않기 때문에 작은 나무가 자라기에 좋지 못한 환경이다. 하지만 작살나무는 꽃도 잘 피우고, 열매도 풍성하게 맺는다. 특히 달콤한 과육이 있는 열매는 동물들에게 먹혀 씨앗이 멀리 퍼져 나가게 한다.

작살나무는 키가 커 봤자 보통 2미터 정도다. 키가 작은 나무이기 때문에 빛을 받기에 유리하도록 줄기는 여러 갈래로 뻗어 있다. 꽃은 여름이 절정에 이르렀을 때 연보라색으로 피고, 꽃이 지고 나면 앙증맞은 열매가 수십 개씩 모여 달린다. 열매는 가을이 깊어지면서 초록색에서 아름다운 보라색으로 변하고, 잎이 질 때까지 오랫동안 떨어지지 않는다.

나무는 저마다 씨앗 퍼뜨리기에 유리한 열매를 맺는다. 동물들이 달콤한 작살나무 과육을 먹고 배설해 씨를 퍼뜨려 주기도 하고, 아름다운 색에 유혹당한 새들이 먼 곳으로 이동시켜 주기도 한다. 또 바람에 잘 날리도록 설계된 열매도 있다. 이렇게 나무들은 과하지도 부족하지도 않게 모두 자신의 능력에 맞는 열매를 만들고 씨앗을 퍼뜨린다. 작살나무는 보라색 열매로 새들을 유혹한다. 보라색에 이끌린 새들이 열매를 먹고 다른 곳으로 날아가 씨앗을 배설하면서 다시 새싹이 돋아나게 된다.

작살나무의 한자 이름은 자주색 구슬이라는 뜻의 자주紫珠로, 보라색 열매를 지칭한다. 작살나무라는 이름은 가지가 마주나기로 달리면서 벌어진 것이 고기잡이용 작살을 닮았다는 데서 유래했다. 이처럼 작살나무의 가지는 세 갈래로 갈라진다. 한자 이름에는 자주색 구슬이라는 예쁜 의미가 있는 것에 반해 한글 이름에 작살이라는 다소 험악한 단어를 붙였다는 것은 반전이다.

작살나무와 비슷한 나무로는 좀작살나무와 새비나무가 있다. 작살나무는 잎의 가장자리 중간 이하에도 톱니가 있으나, 좀작살나무는 잎의 중간 이상에만 있고, 열매는 작살나무보다 작다. 새비나무는 잎 표면에 털이 있고, 열매가 달린 후에도 꽃받침이 남아 있어 서로 구분할 수 있다.

❦ 줄기
높이는 1~3미터 정도다. 어린 가지에는 타원형 껍질눈이 있고, 별 모양의 털이 있지만 점점 없어진다.

❦ 잎
마주나며 긴 타원형 또는 달걀 모양이다. 잎끝은 길게 뾰족하고, 밑은 쐐기 모양이며, 가장자리에 잔톱니가 있다. 양면에는 털이 없고 뒷면에 선점이 있다.

❦ 꽃
6~8월에 연보라색으로 피고 잎겨드랑이에서 나온 꽃차례에 양성화가 달린다. 수술은 네 개인데 꽃 밖으로 길게 나오며, 암술은 한 개다.

❦ 열매
둥근 핵과가 9~10월에 보라색으로 익는다.

주요 특징
잎의 중간까지 톱니가 있고, 열매가 달린 후에는 꽃받침이 남아 있지 않다.

합다리나무

Meliosma pinnata (Roxb.) Maxim. var. *oldhamii* (Miq. ex Maxim.) Beusekom

빛 잘 드는 산지에서 자라는 낙엽성 큰키나무

과명	나도밤나무과
분포	경남, 전남, 전북, 제주, 충남
제주어	합순낭

제주도에서 합다리나무는 햇빛이 잘 드는 곶자왈 숲 가장자리나 산자락에서 간간이 보인다. 2009년, 지금은 유명 관광지가 된 사려니숲길 오픈 행사로 진행될 '시민과 함께하는 숲길 걷기'를 앞두고 해설사 교육을 받을 때 합다리나무를 처음 보았다. 잎이 없는 이른 봄이었지만 겨울눈이 크고 이름도 특이하여 다른 나무보다 빨리 이름과 특징을 익힐 수 있었다.

합다리나무의 새순을 합대나물 또는 합순이라 한다. 황금색으로 돋아나는 새순은 나물이나 국거리로 이용했다. 살짝 데치거나 볶으면 산나물 특유의 쓴맛이 사라지고 담백한 맛이 입맛을 돋운다. 이처럼 합다리나무는 목재나 약재보다 나물로서 가치가 높다.

합다리나무는 높이가 보통 10미터가 넘을 정도로 크게 자란다. 줄기는 매끈한 편이며 회색빛이 강하다. 깃꼴겹잎으로 어릴 때는 붉은빛을 띠다 서서히 녹색으로 변해 가고, 가장자리 톱니는 크기가 작아서 멀리서 보면 없는 것처럼 보인다. 꽃은 여름이 시작되는 6월 즈음 올라온다. 크기가 아주 작은 대신 많은 수가 모여서 큰 꽃처럼 보이게 했다. 게다가 꽃에는 꿀이 많아 꽃이 피는 시기가 되면 나무 주변에서 윙윙거리는 많은 벌을 볼 수 있다. 다섯 개의 수술 가운데 세 개는 매개체를 유인하기 위한 헛수술이다. 가을에 붉은색으로 익는 열매는 자잘하면서도 풍성하게 달려 새들에게 훌륭한 식량창고 역할을 한다.

합다리나무라는 이름은 전라도 방언에서 유래한다고 하나 정확한 뜻은 알려

겨울눈

진 바 없다. 다만 새로 돋는 여러 개의 새순은 '합'이라고 하는 그릇처럼 보이고, 깃 모양의 겹잎은 여성들이 머리숱이 많아 보이려고 땋아 넣은 머리인 '다리'를 닮아 합다리나무라 했다고 추정하기도 한다. 이름도 지역에 따라 합대나무·박다리꽃·나도밤나무라 부르며, 제주도에서는 합순낭이라 한다. 합다리나무는 나뭇가지와 잎이 잘 정돈된 느낌을 주어 수형이 좋을 뿐만 아니라 꽃과 열매가 아름다워 관상수로 많이 심는다.

줄기
높이는 15미터에 이르고 나무껍질은 회갈색이다. 새 가지와 겨울눈에 황갈색 털이 있다.

잎
어긋나며, 아홉 개에서 열다섯 개의 작은잎으로 이루어진 깃꼴겹잎이다. 가죽질 작은잎은 표면에 광택이 있고, 뒷면 맥 위에 황갈색 털이 있다.

꽃
암수한그루이며 6~7월에 가지 끝에 황백색 꽃이 모여 원뿔모양꽃차례를 이룬다.

열매
둥근 핵과가 9~10월에 붉게 익는다.

주요 특징
잎은 깃꼴겹잎이고, 꽃은 황백색으로 원뿔모양꽃차례를 이룬다.

화살나무

Euonymus alatus (Thunb.) Siebold
산지의 숲속에서 자라는 낙엽성 작은키나무

과명	노박덩굴과
분포	전국
제주어	살낭, 춤빗낭

이른 봄에 돋아나는 새잎은 순하고 부드러워 동물들이 먹기에 그만한 것이 없다. 하지만 나무는 싹을 지켜 내기 위한 나름대로 방식이 있다. 가시를 만들고, 잎 표면에 이상한 무늬를 만들고, 잎에 쓴 물질을 만들어 동물들에게 쉽게 먹히지 않도록 한다. 화살나무는 줄기에 딱딱한 코르크질 날개를 만들었다. 나무줄기를 더 굵어 보이게 하고, 딱딱한 코르크질로 무장하여 동물로부터 자신을 보호하기 위한 방책이다.

화살나무라는 이름도 코르크질로 된 줄기의 날개가 화살의 깃을 닮은 데서 유래한다. 나뭇가지의 모습이 '활의 살 같다'고 하여 활살나무라 했다가 화살나무로 변했다. 코르크 날개의 특별한 모양 때문에 '귀신이 쓰는 화살'이라는 뜻으로 귀전우鬼箭羽라 부르기도 한다. 종소명 *alatus*도 '날개가 있는'이라는 뜻으로 코르크가 발달한 줄기의 특징을 설명하고 있다. 그 밖에도 참빗과 모양이 비슷하다 하여 참빗나무 또는 참빗살나무라 부르기도 한다. 제주도에서도 같은 의미로 춤빗낭이라 부른다. '춤'은 '참'을 뜻하는 제주어다.

그렇다고 모든 화살나무 줄기에 코르크 날개가 있는 것은 아니다. 줄기가 굵어지거나 크게 자란 나무에는 떨어져 나간 날개의 흔적만 남기도 한다. 이는 날개가 없어도 잘 자랄 수 있는 능력이 생겼다는 것을 의미한다. 또 코르크 날개를 유지하는 일에도 에너지가 소모되는데 이제는 그럴 필요가 없다는 의미이기도 하다. 에너지를 허투루 쓰지 않는 식물의 모습을 잘 보여 준다.

화살나무는 다 커 봤자 어른 키 정도 되는 작은키나무다. 키 작은 나무치고는 생명력이 강하여 곶자왈은 물론 한라산 높은 곳까지 아무 곳에서나 잘 자란다. 봄에 피는 꽃도 연한 녹색이어서 사람들의 관심 밖이다. 그렇지만 가을에 열매가 익고 잎에 단풍이 들 때면 사정이 달라진다. 열매가 붉게 익어 가면서 껍질이 벌어지고, 그 안에 들어 있는 주홍빛 동그란 씨가 너무나 강렬한 매력을 발산한다. 이와 함께 붉은색 단풍은 가을이 깊어 갈수록 점점 농도를 더해 간다. 이에 일본 사람들은 가장 아름다운 단풍이 드는 나무 중 하나로 화살나무를 꼽기도 한다. 이를 반영하듯 최근에는 가로수나 정원수로 화살나무를 심는 일이 점점 많아지고 있다.

줄기
높이는 1~4미터에 달하고 가지에는 두 줄에서 네 줄로 코르크질 날개가 발달한다. 작은 가지는 녹색이고 겨울눈은 긴 달걀 모양으로 끝이 뾰족하다.

잎
마주나며 거꿀달걀형 또는 타원형이다. 잎끝은 뾰족하고 밑부분은 쐐기 모양이며, 가장자리에는 잔톱니가 있다. 양면에 털이 없으며 뒷면은 연한 녹색이다.

꽃
5~6월에 2년 된 가지에서 나온 꽃대에 황록색 꽃이 달려 취산꽃차례를 이룬다. 꽃잎, 꽃받침조각, 수술은 각각 네 개, 암술대는 한 개다.

열매
한 개에서 두 개로 나누어지는 삭과가 9~10월에 적황색으로 익는다.

주요 특징
가지에 코르크질의 날개가 발달한다.

후피향나무

Ternstroemia gymnanthera (Wight & Arn.) Bedd.
바닷가와 산지의 숲속에서 자라는 상록성 큰키나무

과명	차나무과
분포	전남보길도, 제주
제주어	가메기조롱낭토평

ⓒ김진

자생하는 후피향나무를 처음 본 것은 생태관광지로 유명한 조천읍 선흘리 동백동산에서 자연환경해설사로 근무할 때였다. 그것도 키가 꽤 큰 나무 여러 그루를 한꺼번에 보는 호사를 누렸다. 자생지가 생각보다 가까운 곳에 있었던 셈이다. 그때까지만 해도 수목원에서 심어 놓은 것을 본 정도였기 때문에 기분이 이루 말할 수 없이 좋았다. 그 후 서귀포 지역 목장지대 하천가에서 많은 개체를 발견하기도 했다.

후피향나무의 매끈한 잎만 봐도 따뜻한 지역에서만 자라는 나무라는 사실을 단박에 알 수 있다. 잎은 좁은 거꿀달걀형으로 녹색을 띠며 조금 두꺼운 느낌을 준다. 표면에는 광택이 있고, 새잎이 나올 때 잎자루는 붉은빛을 띠어 도드라진다. 6월에 피는 꽃은 아래를 향해 달리고 서서히 하얀색에서 연노란색으로 변한다. 꽃은 녹색 잎에 가려 잘 드러나지 않고, 색깔도 황백색으로 강하지 않아 눈에 잘 띄지 않으나 벌들은 꾸준히 들락거린다. 열매는 가을에 비교적 큰 크기로 달려 새들의 중요한 식량창고가 되어 준다. 열매는 연녹색에서 서서히 붉은색으로 변하고, 다 익으면 갈라지면서 주황색 씨앗이 실 같은 끈에 매달려 밖으로 드러난다.

후피향나무는 따뜻한 지역에서 자라는 나무로 우리나라가 북방한계선에 해당하며, 국내에는 제주도와 남해안 일부 섬이 자생지다. 후피향厚皮香이라는 이름에는 '두꺼운 껍질에서 향기가 나는 나무'라는 의미가 담겨 있다. 그래서 꽃가게에서는 목향나무라 부르기도 한다. 종소명 *gymnanthera*는 '꽃밥이 드러나 있는'

이라는 뜻이 있다. 수술의 꽃밥이 꽃잎 안쪽에 풍성하게 드러나 있는 꽃의 특징을 설명하고 있다.

서귀포 지역에서는 후피향나무를 가메기조롱낭이라 한다. 가메기는 까마귀를 뜻하는 제주어로 보통 하찮은 것을 뜻하며, 조롱낭은 조록나무를 의미한다. 조록나무에 비해 목재의 이용이 별로 없어서 그렇게 부른 것 같다. 그러나 최근에는 잎은 물론 꽃과 열매가 아름다워 정원수로 심고 있으며, 나무껍질은 다갈색을 내는 염료로 쓰기도 한다.

줄기
높이는 15미터에 달하고, 나무껍질은 엷은 회갈색으로 껍질눈이 많다.

잎
좁은 거꿀달걀형으로 어긋나지만 가지 끝에서는 모여 달린 것처럼 보인다. 표면은 짙은 녹색으로 광택이 있으며, 뒷면은 연녹색이다. 가장자리는 밋밋하며, 잎자루는 붉은빛이 돈다.

꽃
암수한그루로, 6~7월에 잎겨드랑이에서 황백색 꽃이 취산꽃차례를 이루며 아래로 향한다. 꽃잎은 다섯 개, 수술은 여러 개이며, 암술대는 짧고, 암술머리는 두 갈래로 갈라진다.

열매
둥근 삭과가 10~11월에 붉게 익으며, 종자는 주황색으로 거꿀달걀형이다.

주요 특징
꽃밥에 털이 없고, 잎 가장자리는 밋밋하며, 잎자루는 붉은빛을 띤다.

이야기로 만나는 제주의 나무

5장
하천 변에서 만날 수 있는 나무

말오줌때
모새나무
백량금
붓순나무
산호수
이나무
참꽃나무
호자나무
황칠나무

말오줌때

Euscaphis japonica (Thunb.) Kanitz

산지나 하천 변 숲에서 자라는
낙엽성 작은키나무 또는 작은큰키나무

과명	고추나무과
분포	경남, 전남, 전북의 섬 지역, 제주
제주어	밀오동낭, 밀오줌낭

　동물과 관련된 식물 이름이 꽤 있다. 꽃에서 닭 오줌 냄새가 난다 하여 계요등, 열매의 모습이 쥐똥을 닮았다 하여 쥐똥나무 등이 대표적이다. 말오줌때라는 나무도 이름의 유래가 비슷하다. 나뭇가지와 잎에서 말오줌 같은 좋지 않은 냄새가 나는 나무라는 뜻이다. 여기서 '때'는 '대'를 말하며, 가지나 줄기를 뜻한다. 실제로 좋지 않은 냄새가 나거나, 그렇지 않거나 모두 정감 있는 이름임에 틀림이 없다.

　제주도에서는 말오줌때를 밀오줌낭 또는 밀오동낭이라 부른다. 여기서 제주어 '밀'은 '낮은'이라는 의미다. 말오줌때가 키가 크게 자라는 나무가 아니어서 붙은 이름이라 생각된다. 즉 '키가 작은 오줌 냄새가 나는 나무' 또는 '작은 오동나무'라는 뜻이다.

　말오줌때는 제주도에서 곶자왈의 숲 가장자리나 빛이 잘 들어오는 하천 변 숲 속에서 자란다. 하지만 존재감이 별로 없다. 크게 자라는 나무도 아니고, 그렇다고 키 작은 나무도 아니다. 말 그대로 어중간하여 큰 나무 사이에 끼어 있기 일쑤다. 꽃도 크기가 작고 색깔도 연하여 눈에 잘 띄지 않는다. 하필이면 진녹색 잎이 크기가 큰 깃 모양이어서 꽃은 더 존재감이 없다. 그렇다고 말오줌때가 꽃가루받이를 포기한 것은 아니다. 특유의 향기를 장착하고, 큰 나무들보다 조금 늦게 꽃을 피워 매개체를 불러들인다. 꽃 피는 시기를 달리는 해서 후손을 이어 가는 말오줌때의 전략이 놀랍다.

　말오줌때가 존재감을 드러낼 때는 열매가 익어 가는 초가을이다. 열매는 서서히 붉은색으로 익어 가는데, 파란색 가을 하늘과 짙은 녹색의 잎이 어우러져 오묘한 색의 조화를 이룬다. 게다가 다 익은 씨앗은 까만색이다. 열매가 위아래로 벌어지면서 진분홍색 그릇을 만들고, 그 안에 까맣고 반질반질한 구슬 같은 씨앗을 담아 놓고 있는 형상이다. 이 아름다운 광경을 보고도 찾아오지 않는 새가 있을까 싶다.

붉은색 열매와 검은 씨앗이 아름다워 최근 따뜻한 지방에서 조경수나 공원수로 심기도 한다. 어린 순은 먹을 수 있으며, 열매·뿌리·꽃은 한방에서 편두통이나 관절통의 약재로 쓴다.

줄기
높이는 3~8미터 정도 된다. 나무껍질은 회갈색이며 오래되면 세로로 얕게 갈라진다. 겨울눈은 붉은색이며 비늘조각에는 털이 없다.

잎
마주나며, 두 쌍에서 다섯 쌍의 작은잎으로 이루어진 깃꼴겹잎이다. 작은잎은 좁은 달걀 모양으로 잎끝은 뾰족하고, 밑부분은 둥글거나 쐐기 모양이며, 가장자리에는 잔톱니가 있다.

꽃
5~6월 새 가지 끝에 황백색 꽃이 원뿔모양꽃차례로 모여 달린다. 거꿀달걀형 꽃잎은 꽃받침조각보다 조금 길다. 수술은 세 개로 꽃잎보다 짧고 암술머리는 세 갈래로 갈라진다.

열매
반원형 골돌과가 9~11월에 붉게 익는다. 익으면 가장자리가 갈라져 검은색 종자가 떨어진다.

주요 특징
깃꼴겹잎이며 작은잎에 잎자루가 있다. 종자는 육질의 외피에 싸여 있다.

모새나무

Vaccinium bracteatum Thunb.

빛이 잘 드는 산기슭에서 자라는 상록성 작은키나무 또는 작은큰키나무

과명	진달래과
분포	전남, 전북, 제주
제주어	모새낭

모새나무는 제주도를 비롯해 남서해안 섬에서 자라는 작은큰키나무다. 빛이 잘 드는 하천 변 숲 가장자리에서 주로 보이며 보통 높이가 3미터를 넘지 않는다. 하지만 제주도에서는 그 이상 크게 자라는 나무도 간간이 보인다. 최근 5미터 정도 되는 모새나무가 전남 진도군 접도에서 발견되어 관심을 끌기도 했다.

제주도의 모새나무는 서귀포시 지역 하천 지역에서 주로 볼 수 있고, 동쪽의 선흘곶자왈에서도 자란다. 선흘곶자왈 안에 있는 동백동산 먼물깍에 가면 4미터 정도 되는 꽤 키가 큰 모새나무를 가까이에서 만날 수 있다. 마을 주민들은 50여 년 전만 해도 동백동산에서 많은 개체를 볼 수 있었으나 서서히 자취를 감추고 있다고 전한다. 모새나무가 살아가는 주변 환경이 종가시나무나 조록나무 등 큰 키나무가 숲을 이룬 영향으로 생각된다. 이를 증명하듯 최근 제주도 내 하천 변이나 곶자왈 숲에서는 고사한 모새나무가 흔하게 발견된다.

모새나무라는 이름은 제주어인 '모새낭'에서 유래한다. 모새는 고운 모래를 뜻하는 말로 제주어로 모살 또는 몰레라고 한다. 모살낭이 모새낭으로 변화한 것이다. 결과적으로 모새나무는 '줄지어 피어 있는 꽃의 모습이 고운 모래의 느낌을 주는 나무'라는 뜻이 된다. 제주에서 부르는 이름이 국명이 된 것이다. 모새나무의 한자 이름은 '새들의 먹이'라는 뜻의 조반수鳥飯樹다. 종소명 *bracteatum*은 '포가 있는'이라는 뜻으로, 꽃자루에 달린 포가 오랫동안 남아 있는 특징을 설명하고 있다.

모새나무의 꽃은 특이한 항아리 모양을 하고 긴 꽃대 위에 올망졸망 달린다. 흰색 꽃이 대부분이지만 간혹 붉은빛이 도는 꽃이 나타나기도 한다. 꽃을 가만히 보면 백록담 정상의 들쭉나무나 더 낮은 곳에서 자라는 정금나무를 닮았다. 이 세 종류는 꽃과 열매가 비슷한 진달래과 나무로 서로 사촌쯤 된다고 할 수 있다.

모새나무는 열매가 서양의 블루베리를 닮아 '토종 블루베리'라는 별명을 가지고 있다. 최근 서양의 블루베리가 대표적인 건강식품으로 인기를 끌면서 모새나무를 번식시키기 위한 사업과 각종 식용가공품 개발이 이루어지고 있다는 소식도 들린다. 열매는 바로 먹을 수 있고 잼을 만들기도 한다.

줄기
높이는 2~6미터 정도 되며, 가지가 많이 갈라진다. 나무껍질은 회갈색을 띠나 오래되면 붉은빛을 많이 띤 자주색으로 변한다.

잎
두껍고 어긋나며 타원형이다. 양 끝은 뾰족하고 밑부분은 쐐기 모양이다. 가장자리에 얕은 톱니가 있고, 양면에 털이 없으며, 측맥은 다섯 쌍에서 일곱 쌍이다.

꽃
6~7월에 전년도 가지 잎겨드랑이에 흰색 꽃이 모여 달리고 아래로 처진다. 꽃은 항아리 모양으로, 겉에 털이 많고 끝이 다섯 갈래로 갈라져 뒤로 젖혀진다. 수술은 열 개로 털이 있으며, 암술대는 꽃 밖으로 약간 나온다.

열매
검은빛을 띤 자주색 둥근 장과가 10~11월에 익는다.

주요 특징
잎이 두껍고 얕은 톱니가 있으며, 꽃자루에 포가 오랫동안 남아 있다.

백량금

Ardisia crispa (Thunb.) A.DC.
숲속에서 자라는 상록성 작은키나무

과명	자금우과
분포	전남거문도, 홍도, 제주

들꽃을 좋아하는 사람들은 겨울이 되면 꽃에 대한 갈증으로 허허로움을 느낀다. 이를 조금이라도 채워 주는 것이 백량금 열매다. 특히 눈이 내린 날이면 사람들은 카메라를 들고 약속이나 한 듯 곶자왈 숲으로 모여든다. 백량금의 붉은 열매가 제주도의 겨울 숲을 빛나게 하기 때문이다.

백량금은 붉은 열매 만큼이나 특별한 모양새를 가지고 있다. 잎은 긴 타원형으로 두툼하고, 가장자리의 톱니는 물결 모양이다. 여름 내내 줄기 또는 가지 끝에 수십 개의 작은 흰 꽃들이 우산 모양으로 모여 피는 모습이 돋보이며, 꽃잎에 흩어져 있는 까만 주근깨의 모습이 이채롭다. 주근깨는 꽃가루받이가 끝난 후 드러나는 초록색 씨방에도 나타난다. 씨방 끝에는 암술대가 길게 남아 있다.

꽃이 지고 나면 콩알만 한 초록색 둥근 열매가 달리고, 가을이 되면 서서히 붉은색으로 익어 간다. 열매는 이듬해 꽃이 다시 필 때까지 그대로 매달려 있다. 게다가 늘 푸른 진초록색 잎 때문에 붉은색 열매가 더욱 돋보일 수밖에 없다. 매혹적인 열매는 가뜩이나 식량이 부족한 겨울철에 새들을 그냥 지나칠 수 없게 한다. 열매 퍼뜨리기를 새들에게 맡기려는 것이다. 새들이 다른 곳으로 옮겨 주지 못한 열매는 그 자리에서 싹을 내어 군락을 이루기도 한다.

이름이 백량금百兩金이라 돈과 관련이 있지 않을까 싶지만 그렇지 않다. 중국에서 부르는 이름을 빌려오면서 착오가 있었다고 한다. 뿌리를 자르면 붉은 점이 있다고 해서 중국에서는 주사근朱砂根이라 한다. 그리고 주사근과 비슷한 백량금이라는 다른 나무가 있다. 우리나라의 백량금에 이름을 붙일 당시 주사근이라 해야 하는데 실수로 백량금이라 부르면서 그대로 굳어져 버렸다는 이야기다.

재미있는 것은 일본에서 백량금을 만량萬兩이라 한다. 같은 식물인 주사근이 우리나라에서는 백량, 일본에서는 만량이 된 것이다. 그런데 꽃가게에서는 백량금보다 작은 자금우를 천량금, 백량금은 일본 이름인 만량에다 금金이라는 글자 하나를 더 붙여 만량금으로 부르기도 한다. 백량금은 겨울에도 푸른 잎이 남아 있고, 열매가 아름다워 최근에는 아파트 베란다에서 많이 키운다.

❦ 줄기
높이는 30~100센티미터 정도 되고 윗부분에서 가지가 나와 퍼진다. 나무껍질은 회갈색이다.

❦ 잎
어긋나고 긴 타원형이며, 두꺼운 가죽질이다. 양 끝이 뾰족하고 가장자리에 둔한 물결 모양 톱니가 있다.

❦ 꽃
7~8월에 가지 끝에 흰색 꽃이 우산모양꽃차례로 달리며, 꽃잎은 다섯 갈래로 갈라지고 뒤로 말린다.

❦ 열매
둥근 핵과가 10월부터 붉게 익어 이듬해 봄까지 달려 있다.

주요 특징
줄기는 곧추서고, 잎에 물결 모양 톱니가 있으며, 꽃이 줄기 끝에 달린다.

붓순나무

Illicium anisatum L.

산지 숲속 습한 곳에서 자라는 상록성 작은큰키나무

과명	붓순나무과
분포	경남, 전남, 제주
제주어	팔각낭

 이른 봄, 눈 속에서 꽃을 피우는 풀이 어디 복수초만 있을까. 제주도의 오름 자락 골 깊은 곳에서는 붓순나무도 눈을 맞고 꽃을 피운다. 붓순나무는 하천 변에서 주로 자라지만 비가 내리면 졸졸 흐르는 작은 물길 주변이나 오름 사면에서도 나타난다. 그밖에 곶자왈에서도 발견되는 것을 보면 붓순나무가 살아가는 환경은 습도가 어느 정도 유지가 되는 곳이다.

 붓순나무는 크게 자라는 나무라고 할 수는 없으나 그렇다고 키가 작지도 않다. 말 그대로 어정쩡한 높이다. 잎은 녹색으로 두껍고 광택이 있으며, 가장자리는 톱니가 없어 밋밋하다. 꽃잎은 바람에 머리카락 날리듯 흐트러져 있어 국화꽃으로 상징되는 일반적인 꽃의 이미지를 여지없이 깨뜨린다. 사실 꽃잎은 퇴화했고 꽃받침이 발달해서 그것을 대신하고 있다. 왜냐하면 붓순나무는 크게 자라는 나무가 아니어서 키가 큰 나무 아래서 빨리 씨앗을 퍼뜨리려면 정상적인 꽃 구조를 가질 시간이 없기 때문이다. 꽃에서 나는 향기가 일품이며, 여덟 개의 방마다 뿔을 하나씩 만들어 놓은 열매의 모습도 특이하다. 하지만 열매에는 시키믹산shikimic acid이라는 유독성 물질이 있으니 조심해야 한다.

 붓순나무라는 이름은 새싹이 돋는 모습이 붓처럼 생긴 뜻에서 유래했다. 제주도에서는 붓순나무를 팔각낭이라 부른다. 아마 열매가 팔각의 바람개비 모양과 비슷하여 붙여진 것 같다. 붓순나무속을 뜻하는 속명 *Illicium*에는 '유혹하다'라는 뜻이 있고, 종소명 *anisatum*은 '산형과 식물의 향이 있는'이라는 뜻으로 붓순나무의 꽃향기를 설명하고 있다. 특이한 꽃 모습과 식물체 전체에서 풍겨 나오는 향은 사람들을 유혹하기에 충분해 보인다.

붓순나무는 따뜻한 지역에서 자라는 나무로 남해안 지역이 북방한계선에 해당한다. 그렇다 보니 우리나라에서 쉽게 볼 수 있는 나무는 아니지만 동남아 아열대 지역에서는 흔한 나무다. 나무 전체에 향기가 있어 사찰 행사 때 불전佛殿에 올렸다고 전해지며, 일본에서는 지금도 그런 풍속이 남아 있다고 한다. 목재는 부드러워 염주 등 세공품의 재료로 쓰인다. 나무 껍질과 잎으로는 향료를 만들고, 약재로 쓰이기는 하지만 식물체 전체에 독성이 있어 조심해야 한다.

줄기
높이는 3~5미터 정도다. 나무껍질은 어두운 회색이며 특유한 향이 있다. 1년생 가지는 녹색이다.

잎
어긋나며 두껍고 긴 타원형이다. 잎끝은 뾰족하고, 밑부분은 쐐기 모양이며, 가장자리에 톱니가 없다. 짙은 녹색 표면에서는 광택이 나며, 잎을 자르면 향이 난다.

꽃
3~4월에 가지 윗부분 잎겨드랑이에 연노란색 꽃이 하나씩 달리며 향기가 있다. 꽃덮이조각화피편, 꽃받침과 꽃부리의 구분이 뚜렷하지 않는 부분은 선형으로 열 개에서 열다섯 개다. 수술은 많다.

열매
바람개비처럼 배열된 골돌과가 9~10월에 익는다. 골돌마다 황색 종자가 한 개씩 들어 있다.

주요 특징

꽃잎은 퇴화했고 열매는 바람개비 같은 모양이다.

산호수

Ardisia pusilla A.DC.

하천 변이나 숲속의 습한 곳에서 자라는 상록성 작은키나무

과명	자금우과
분포	제주
제주어	꿩탈

산호수는 자금우과에 속하는 작은키나무로 주로 하천 변을 따라 무리 지어 자란다. 하천 변 말고도 곶자왈 함몰지 주변의 약간 서늘하고 습한 곳에서도 자란다. 꽃과 열매는 자금우와 한 가족이어서 서로 닮았고, 전체적으로 보면 잘 만들어진 원예품종 같다.

잎은 식물체 크기에 비해 넓적하고 진녹색으로 뻣뻣한 느낌을 준다. 잎 양면에 덥수룩하게 난 털이 있고, 톱니도 자금우보다 더 크고 날카롭다. 한여름 잎겨드랑이에서 나온 흰 꽃은 연분홍빛이 살짝 돌고 모두 아래를 향한다. 꽃잎에는 백량금처럼 검은 주근깨가 점점이 박혀 있고, 끝이 뒤로 살짝 말리는 것이 귀여운 느낌을 준다. 빨간 열매는 유독 광택이 나서 더 매혹적이다. 열매에 암술대가 길쭉하게 남아 있는 모습도 색다르다.

최근에는 겨울에도 잎이 떨어지지 않아 빨간 열매와 녹색의 잎을 함께 볼 수 있어서 집안에서 많이 키운다. 특히 키가 작아서 넓은 공간이 필요하지 않고, 그늘진 실내에서도 잘 자라기 때문에 관상용으로는 안성맞춤이다. 하지만 추위에 약해 중부 이북 지역에서는 겨울철에 적당한 온도를 유지해 주어야 한다. 겨울이나 이른 봄에 씨를 받아 뿌리거나, 봄이나 여름에 줄기를 삽목해서 키울 수도 있다.

제주도에서는 자금우의 열매를 '꿩탈'이라 부르는데 산호수의 열매도 '꿩탈'이다. 두 식물의 모습, 특히 열매가 비슷하여 같은 이름으로 부른 것 같다. 제주어로 '탈'은 '야생 딸기'를 말한다. 즉 '꿩의 딸기'라는 의미다. 겨울에 열매가 열리는 산

호수는 새들에게 중요한 식량창고가 된다. 더구나 키가 작아 잘 날지 못하는 꿩에게는 너무나 고마운 존재다.

산호수라는 이름이 독특하다. 비슷한 이름 때문에 바닷속 바위에 붙어 자라는 산호를 생각하게 된다. 산호는 우리나라에서는 제주도에서 볼 수 있고 주로 열대지방에서 자라는 군체동물이다. 산호수라는 이름의 뜻은 분명치 않으나 한자 이름인 산호수珊瑚樹에서 유래한다. 다른 이름으로 식물체가 자금우와 비슷하고 털이 많아 털자금우라 부르기도 한다.

줄기
높이는 15~20센티미터이고, 땅속줄기가 있다. 긴 털이 있으며 끝은 위로 향한다.

잎
어긋나며 타원형 또는 거꿀달걀형으로, 잎끝은 뾰족하고, 밑부분은 쐐기 모양이다. 가장자리에는 톱니가 있으며, 표면은 짙은 녹색이고, 양면과 잎자루에 털이 있다.

꽃
7~8월에 줄기 또는 잎겨드랑이에서 나온 우산모양꽃차례에 흰색 꽃이 두 개에서 네 개씩 모여 달린다. 꽃잎은 달걀 모양으로 다섯 개이고, 검은 점이 있으며, 살짝 뒤로 젖혀진다. 수술은 꽃잎과 길이가 비슷하다.

열매
둥근 장과가 10월에 붉게 익는다.

주요 특징
잎 가장자리에 톱니가 드문드문 있으며, 잎과 줄기에 털이 많다.

이나무

Idesia polycarpa Maxim.
산지에서 자라는 낙엽성 큰키나무

과명	이나무과
분포	전남, 전북, 제주
제주어	산오동낭

이나무는 비교적 따뜻한 곳을 좋아하여 난대성 식물들이 숲을 이루고 있는 곳에서 자란다. 제주도에서는 주로 한라산 남쪽 하천 변의 숲이나 청수곶자왈에 분포하며, 선흘곶자왈에서도 간간이 볼 수 있다. 이나무과의 유일한 종이며, 가지가 주 줄기와 거의 직각을 이룬 채 옆으로 퍼지는 수형 때문에 다른 나무에 비해 색다른 느낌을 준다.

줄기는 곧게 서서 20미터까지 높게 자라며, 표면에는 껍질눈이 빼곡하게 퍼져 있다. 잎은 밥을 싸 먹을 수 있을 만큼 넓적하고, 긴 잎자루가 있다. 초여름이 시작될 무렵에 황록색 꽃들이 긴 꽃대에 주렁주렁 매달려 있다. 암수딴그루로 수꽃이 암꽃보다 크고 길게 자란다. 꽃은 커다란 잎 때문에 눈에 잘 들어오지 않지만, 향기를 품고 있어 벌을 불러 모으기에 충분하다. 이나무의 매력은 꽃이 피고 난 뒤 포도송이처럼 달리는 붉은 열매에 있다. 열매는 이듬해 1~2월까지도 달려 있다. 더욱이 겨울철은 잎이 모두 떨어진 시기라 붉은 열매는 더욱 눈에 띌 수밖에 없고 새들에게 중요한 먹을거리가 된다. 또 오랜 기간 열매를 남겨 놓기 때문에 이나무는 새들의 도움으로 효과적인 씨앗 퍼뜨리기를 할 수 있다. 종소명 *polycarp*도 '많은 열매의'라는 뜻이다.

제주도의 숲해설가는 이나무를 만나면 탐방객들에게 '이나무가 뭔나무?'라는 질문과 함께 해설을 시작한다. 이나무의 특이한 이름 때문에 생겨난 에피소드다. 이나무라는 이름은 의자를 뜻하는 한자 '椅'에서 유래한다. 의나무椅木가 부르기

쉬운 이나무로 변한 것이다. 다른 이름으로 손바닥처럼 넓은 잎이 오동나무의 잎을 닮아 '의동椅桐'이라 부르기도 하고, 제주도에서도 산오동山梧桐이라 부른다. 중국 이름은 산동자山桐子이며, 거문고와 비파를 만들었다고 전해진다. 일본에서는 '밥을 쌀 수 있을 만큼 큰 잎을 가졌다'하여 '반동飯桐'이라 부른다.

겨울철 유독 빛이 나는 열매의 아름다움 때문에 조경수로 심기도 하며, 재질이 가볍고 부드러워 건축재나 가구재 등으로도 쓰인다. 또 상자, 성냥개비, 이쑤시개를 만드는 재료이기도 하다.

줄기
높이는 10~20미터 정도 자란다. 가지는 굵으며, 나무껍질은 엷은 회갈색이고, 껍질눈이 흩어져 있다.

잎
어긋나며 넓은 달걀 모양 또는 심장 모양이다. 잎끝이 급격히 뾰족해지고, 밑부분은 얕은 심장 모양이며, 가장자리에 둔한 톱니가 있다. 뒷면은 분백색이고, 주맥 아래쪽에 흰색 털이 있다.

꽃
암수딴그루로 4~5월에 새 가지에서 꽃잎이 없는 황록색 꽃이 원뿔모양꽃차례로 모여 달린다. 수꽃이 암꽃보다 크며 꽃받침조각에 연한 자주색 털이 있다. 수술은 많고, 암술대는 다섯 개에서 여섯 개다.

열매
둥근 장과가 10~11월에 붉은색으로 익는다.

주요 특징
잎이 크고, 잎 뒷면이 분백색이며, 잎맥은 손바닥 모양이다.

참꽃나무
Rhododendron weyrichii Maxim.
숲 가장자리나 산지의 바위지대에서 자라는
낙엽성 작은키나무

과명	진달래과
분포	제주한라산
제주어	박달레낭, 산돌위, 신달레낭

5월 들어 참꽃나무가 꽃망울을 터뜨리면 나무 전체에서 붉은 물결이 일렁인다. 한라산을 가로지르며 횡단도로를 달리던 여행자들은 차를 멈추고 진홍빛 참꽃나무꽃에 빠져든다. 그만큼 참꽃나무꽃은 강렬하고 매력적이다. 조선 숙종 때 제주목사로 왔던 이형상은 한라산을 오르면서 "영산홍 붉은 꽃이 만발했다. 사이에 소나무와 대숲과 향기로운 풀이…"라고 《남환박물南宦博物》에서 쓰고 있다.

보통 영산홍이라 하면 조선 초 일본에서 들어온 품종을 의미한다. 하지만 당시에 이 나무를 일부러 한라산에 올라가 심었을 것 같지는 않다. 조선시대 제주도에 왔던 관리들이 한라산을 오르면서 보았다는 영산홍은 붉은 꽃을 피우는 진달래과 식물인 털진달래, 산철쭉 그리고 참꽃나무를 통틀어 이야기한 것이 아닌가 짐작된다.

세 나무 중에서 참꽃나무는 꽃도 잎도 키도 가장 크다. 그래 봤자 4미터 정도밖에 되지 않으니 그리 큰 나무라 할 수는 없다. 참꽃나무는 척박한 땅이나 바위틈에서도 잘 자라나 진홍빛 꽃을 풍성하게 피워 낸다. 이 모습이 생활력이 강한 제주 사람을 닮았다고 해서 참꽃나무꽃은 제주도를 상징하는 꽃이 되었다. 몇 년 전까지만 해도 참꽃나무를 홍보하기 위해 서귀포시에서 제주참꽃축제를 열기도 했다. 제주특별자치도는 참꽃나무꽃을 제주도화로 선정한 이유를 이렇게 말한다. "타는 듯한 붉은 꽃은 제주도민의 불타는 의욕과 응결된 의지를 상징하고, 세 잎씩 모여 피는 잎은 제주의 삼다·삼무를 나타내며, 세 잎과 다섯 꽃잎이 규칙적으로 나오는 것은 삼삼오오 도민들의 단결과 질서, 전진적 기풍을 상징한다."

참꽃나무는 우리나라에서는 제주도가 유일한 자생지여서 한라산 특산식물로 분류된다. 산철쭉이나 털진달래에 비해 고도가 낮은 지역인 한라산 중턱 해발 500~1300미터 계곡 주변 숲속에 자리를 잡고 있다. 둥그런 잎은 꼭 세 개씩 나오고, 꽃은 같은 집안인 진달래를 닮았다. 잎보다 먼저 피어나는 진홍색 꽃은 너무나 매혹적이다. 그런가 하면 꽃이 진 후 떨어져 수북이 쌓인 꽃잎도 또 하나의 볼거리다. 최근에는 꽃이 아름다워 공원이나 정원의 조경수로도 많이 심는다. 꽃술을 제거한 꽃잎으로 담근 술은 '두견주'라 하는데, 향과 빛깔이 뛰어난 전통주다.

❦ **줄기**

연한 갈색으로 오래되면 세로로 얇게 갈라진다. 1년생 가지에는 갈색 털이 있으나 점점 사라진다.

🍃 **잎**

가지 끝에서 세 개씩 돌려나며, 마름모꼴·원형·달걀 모양 원형으로 가장자리는 밋밋하다. 표면은 광택이 나며 부드러운 털이 있다. 뒷면 맥 위에도 갈색 털이 있고, 잎자루에는 누운 털이 있다.

❁ **꽃**

5월에 새 가지 끝에 한 개에서 세 개 정도 깔때기 모양의 붉은 꽃이 피며, 꽃잎은 다섯 갈래로 갈라진다. 꽃잎에는 붉은색 반점이 있고 수술은 열 개다. 암술대는 수술보다 길고 털이 없다.

○ **열매**

갈색 털이 있는 원통형 삭과가 9~10월에 익는다.

주요 특징

잎이 세 개씩 돌려나며 암술대에 털이 없다.

호자나무

Damnacanthus indicus C.F. Gaertn.
산지 숲속 또는 계곡 주변에서 자라는 상록성 작은키나무

과명	꼭두서니과
분포	제주

아이들에게 꽃을 그리라고 하면 십중팔구 국화꽃을 그린다. 하지만 세상에는 수많은 식물이 있고, 꽃 모양도 천차만별이다. 술잔을 닮은 꽃, 나비를 닮은 꽃, 벌을 닮은 꽃 등 별의별 꽃이 다 있다. 이처럼 식물마다 나름대로 꽃 모양을 만드는 것은 꽃가루받이의 방법 또는 매개체와 관련이 깊다.

호자나무는 나팔을 닮은 꽃을 피운다. 꽃의 몸체는 길고 입구는 넓어 실제 나팔이라면 소리가 멀리 퍼져 나갈 것 같다. 봄의 절정을 넘긴 5월이 되면 잎겨드랑이에 흰 꽃이 한 개에서 두 개씩 달린다. 꽃은 아래를 향하고, 바로 옆에는 커다란 가시가 달려 있다. 꽃이 예쁘다고 생각 없이 달려들었다가는 큰 가시에 낭패를 보기 십상이다. 크게 자라지 않은 호자나무 입장에서는 자신과 꽃을 보호하기 위한 최선의 방책이다.

꽃이 달렸던 자리에는 겨울부터 둥근 열매가 붉게 익어 가고, 이듬해 꽃이 필 때까지 남아 있다. 겨울은 식물의 꽃과 열매가 대부분 떨어지는 시기이기 때문에 호자나무의 빨간 열매는 더욱 눈에 띈다. 하지만 커다란 가시 때문에 동물들이 씨앗을 멀리 퍼뜨려 주기는 쉽지 않아 보인다. 그래서인지 호자나무는 군락을 이루는 경우가 많다.

호자나무는 잎과 길이가 비슷한 커다란 가시가 특징이다. 얼마나 가시가 날카로운지 호자나무라는 이름도 '호랑이 발톱처럼 날카로운 가시를 가진 나무'라는 뜻이며, 한자로는 호자虎刺라 쓴다. 다른 이름으로는 복우화伏牛花가 있다. 호자나

무속을 말하는 속명 *Damnacanthus*는 '어린 가지가 변한 가시가 있다'는 뜻이 있으며, 종소명 *indicus*는 '인도의'라는 뜻이다. 학명에서도 호자나무의 생태적인 특징과 인도에서 처음 발견되었다는 사실을 알 수 있다.

호자나무는 주로 산지의 하천 변에서 자란다. 자라는 속도가 느리고 수형이 아름다워 정원수나 조경수로 심기도 한다. 신장과 호흡기 질환에 약재로 쓰기도 하고, 열매로는 술을 담가 먹기도 한다. 제주의 하천 변에는 꽃·잎·열매가 호자나무와 비슷하며 조금 짧은 가시를 가진 수정목이라는 나무도 있다.

❦ 줄기
높이는 30~60센티미터 정도로 자라고 위로 갈수록 가지가 옆으로 퍼진다. 어린 가지에는 굽은 털이 빽빽이 난다.

🍃 잎
마주나며 달걀 모양 또는 넓은 달걀 모양이다. 잎끝은 뾰족하고, 밑부분은 둥글며, 가장자리는 밋밋하다. 표면은 짙은 녹색으로 광택이 있으며, 가시는 잎과 길이가 비슷하다.

❀ 꽃
암수한그루이며 4~5월에 잎겨드랑이에서 한 개에서 세 개의 흰색 양성화가 달린다. 꽃은 깔때기 모양이며 꽃자루는 짧다. 수술은 네 개, 암술대는 끝이 네 갈래로 갈라진다.

⬮ 열매
둥근 핵과가 11월부터 붉게 익고, 이듬해까지 남아 있다.

주요 특징

가시는 잎과 길이가 비슷하고, 잎은 작고 넓은 달걀 모양이다.

황칠나무

Dendropanax trifidus (Thunb.) Makino ex H.Hara
산지에서 자라는 상록성 큰키나무

과명	두릅나무과
분포	전남, 전북, 제주
제주어	담배통낭, 황칠낭

'사오정의 삼지창 같은 나뭇잎을 가진 나무'. 알고 지내는 모 숲해설가가 내린 황칠나무의 정의다. 잎이 변하는 나무가 황칠나무만 있는 것은 아니지만, 왠지 이 방면의 대표선수 같은 느낌을 준다. 예로부터 생활에 쓰임이 많았던 나무였을 뿐만 아니라 최근에는 잎과 꽃의 모습도 특이하여 사람들의 관심을 받고 있다.

나뭇잎의 모습이 달라지는 것은 숲속에서 자라다 보니 햇빛과 관련이 있어 보인다. 키 작은 어린나무일 때는 잎의 갈래를 많이 만드는 것이 햇빛을 받기에 유리하지만 다 자라서 키가 크고 나면 괜히 나뭇잎에 갈래를 만들 이유가 없는 것이다. 이처럼 식물은 절대로 에너지를 허투루 쓰는 법이 없다.

황칠나무는 상록성 잎을 가진 크게 자라는 나무다. 줄기는 매끄럽고, 어린 가지는 녹색을 띠며, 잎에는 광택이 있다. 가지 끝에서 나온 꽃대에 황록색 작은 꽃들이 모여서 우산 모양을 만든다. 통통한 종 모양의 녹색 꽃받침, 녹색에서 자주색으로 변한 꽃밥도 이채롭다. 가을에 익는 열매는 꽃받침의 형태가 유지되고, 뾰족한 암술대가 남아 있다.

'옻칠 100년, 황칠1000년'이라는 말이 있다. 황칠을 하면 오래 쓸 수 있다는 의미로, 그만큼 가치가 높다는 것을 말해 준다. '황칠'이라 하는 노란색 황칠나무 수액은 여름으로 들어설 무렵 줄기에 상처를 내어 채취한다. 나무 한 그루에서 받을 수 있는 황칠수액은 매우 적은 양이지만 조선시대에는 해마다 조정에 올려야 하는 진상품이었다. 하지만 진상 과정에서 관리들의 수탈이 점점 심해지면서 곳곳에서 백성들과 갈등이 발생하여 건강한 황칠나무를 일부러 몰래 베어 내는 일도 생겼다. 서귀포시 남원읍 수망리에도 이와 관련한 '황칠낭또' 이야기가 전해 내려온다.

황칠나무의 속명 *Dendropanax*는 '나무인삼', 종소명 *trifidus*는 '셋으로 갈라진'이라는 뜻으로 잎이 세 갈래로 갈라진 특징을 설명한다. 황칠나무가 만병통치약으로 소문이 나면서 자생지에서 무단 채취가 빈번하게 일어나기도 했다. 이에 서귀포시의 한 마을은 한때 황칠나무 감시단을 조직하여 한동안 매일 감시활동을 벌인 적도 있다. 최근 황칠나무 재배농가가 늘고 있다는 소식이 있으니 필요하면 구매를 하면 된다. 황칠나무를 노란옻나무 또는 황철나무라 부르기도 한다. 제주도 동부지역에서 담배통낭이라 한 것을 보면 담배통^{곰방대의} _{담배를 담는 통}을 황칠나무로도 만들었던 것 같다.

☙ 줄기
높이는 15미터에 달하고, 나무껍질은 녹갈색이며, 어린 가지는 녹색을 띤다.

☙ 잎
어긋나며 넓은 달걀 모양 또는 타원형이다. 잎끝은 뾰족하고 가장자리는 밋밋하며 어린잎은 세 갈래에서 다섯 갈래로 얕게 갈라진다. 양면에는 털이 없으며 잎맥은 돌출해 있다.

☙ 꽃
가지 끝에서 나온 꽃대에 7~8월에 황록색 꽃이 우산모양꽃차례로 모여 달린다. 수술은 다섯 개이며, 암술대는 네 개에서 다섯 개로 갈라진다.

☙ 열매
타원형 핵과가 10~11월에 검게 익으며, 결실기에도 암술대 흔적이 남아 있다.

주요 특징

나무껍질에 황색 진이 있고, 잎은 넓은 달걀 모양 또는 타원형이지만 어린잎은 세 갈래에서 다섯 갈래로 얕게 갈라진다.

이야기로 만나는 제주의 나무

6장
바닷가에서 흔히 볼 수 있는 나무

갯대추나무

까마귀쪽나무

낭아초

돌가시나무

멀구슬나무

보리밥나무

순비기나무

우묵사스레피

이팝나무

황근

갯대추나무

Paliurus ramosissimus (Lour.) Poir.
바닷가에서 자라는 낙엽성 작은키나무

과명	갈매나무과
분포	제주

제주도 바닷가에는 대추나무와 이름이 같은 갯대추나무가 자란다. 갯대추라는 이름도 '바닷가에 자라는 대추나무'라는 뜻이다. 그러나 갯대추나무는 잎을 빼면 대추나무와 비슷한 구석이 없다. 대추나무는 대추나무속*Ziziphus*, 갯대추나무는 갯대추나무속*Paliurus*으로 아예 족보가 다르다. 갯대추나무 줄기에는 가시가 달려 접근하기 어렵고, 꽃과 열매는 대추나무와 달리 타원형이 아니라 반으로 잘라 놓은 반원형의 모습을 하고 있다.

갯대추나무는 국내에서 제주도에서만 자란다. 현재 제주도 내 자생지는 대략 아홉 곳 정도로 알려져 있다. 자생지가 새로 발견되면서 개체 수가 늘어 희귀한 나무로 대접받지는 않지만, 얼마 전까지만 해도 환경부 지정 멸종위기야생식물 2급으로 법의 보호를 받았을 정도로 귀했다.

갯대추나무는 어느 정도 자라면 위쪽에는 잎이 없고 가시 달린 가지만 보인다. 이때 곡선을 그리며 뻗어 나가는 모습이 가지가 주변의 다른 갯대추나무의 가지와 겹쳐지면서 멋진 풍광을 만든다. 종소명 *ramosissimus*도 '여러 갈래로 갈라지는'이라는 뜻으로 사방으로 향하는 갯대추나무 가지의 특징을 설명하고 있다. 대추는 부드러워 어느 정도 익으면 먹을 수 있지만, 갯대추나무의 반원형 열매는 껍질이 너무 딱딱해 돌멩이로 두드려야 깨질까 말까다.

갯대추나무는 바닷물의 도움을 받아 씨앗을 퍼뜨린다. 염분을 막기 위해 열매는 나무처럼 딱딱해졌고, 바닷물에 잘 흘러 다닐 수 있도록 무게를 가볍게 만들었다. 바닷물로 떨어진 열매는 파도에 둥둥 떠다니다 어느 바위틈에서 뿌리를 내린다. 갯대추나무가 오랫동안 바닷가라는 환경에 적응한 결과다.

갯대추나무는 크게 자라는 나무가 아니어서 커 봤자 5미터 정도다. 서귀포시 남원읍 태흥리 바닷가에는 높이가 5미터, 수령이 150년 정도 되는 갯대추나무가 최근까지 자라고 있었으나 바다를 메워서 운동시설 공간이 조성되면서 사라져 버렸다. 수령이 100년이 넘었다는 것만으로도 생태·문화적으로 가치가 큰데 정말 아쉬운 일이다.

약으로도 쓰이는 열매는 피를 맑게 하거나 독을 풀어 주고, 목 통증에도 좋다고 알려져 있다. 갯대추나무는 일본에서도 멸종위기에 처한 종이며, 국내에서도 서식지가 주로 개발이나 쓰레기 투기 장소 등으로 이용되면서 훼손이 우려된다. 대책이 절실한 시점이다.

줄기
높이는 2~5미터 정도다. 가지를 많이 내며, 마디에는 턱잎잎자루 밑에 붙은 한 쌍의 작은 잎이 변한 가시가 두 개씩 나 있다.

잎
어긋나며 넓은 달걀 모양이다. 잎끝이 둔하고, 밑부분에 갈라진 세 개의 큰 맥이 있으며, 가장자리에 둔한 잔톱니가 있다.

꽃
7~9월에 1년생 가지 윗부분 잎겨드랑이에 황록색 꽃이 모여 달린다. 꽃잎은 주걱 모양이며, 꽃받침조각은 넓은 달걀 모양이다.

열매
겉에 갈색 털이 있는 반구형 핵과가 9~10월에 익는다.

주요 특징

줄기에 가시가 있고, 열매는 반구형이다.

까마귀쪽나무

Litsea japonica (Thunb.) Juss.
바닷가 가까운 산지에서 자라는 상록성 작은큰키나무

과명	녹나무과
분포	경남, 전남, 제주
제주어	구럼비낭, 구럼페기, 까마귀쪽낭

까마귀쪽나무는 제주도의 해안가에서 가장 흔하게 볼 수 있는 나무다. 바닷가 가까운 밭둑에는 누가 심어 놓은 것도 아닌데 까마귀쪽나무가 몇 그루씩 들어서서 방풍림 역할을 한다. 까마귀쪽나무 열매를 제주도에서는 '구럼비'라 한다. 까마귀쪽나무가 얼마나 많았던지 구럼비를 아예 지명으로 사용한 곳도 있다. 대표적인 곳이 몇 년 전 해군기지 문제로 온 나라의 주목을 받았던 서귀포시 강정동 바닷가의 구럼비바위다.

까마귀베개, 뱀딸기, 여우구슬, 말오줌때 등 동물의 이름을 빌려 식물 이름을 지은 경우가 많다. 까마귀쪽나무도 마찬가지다. 까마귀쪽나무는 제주어인 까마귀쪽낭에서 유래한다. 까마귀는 검다는 의미로, 열매가 검게 익어서 이름에 '까마귀'가 붙었다. 제주도에서는 때죽나무를 종낭, 족낭이라 한다. 쪽은 족 또는 종의 된소리이므로 까마귀쪽낭이라는 이름은 때죽나무를 닮았으나 열매가 검게 익어 붙여진 것으로 추정한다. 또 까만 열매의 색깔이 쪽으로 염색한 흑청색을 띠어 까마귀 몸빛과 비슷한 데서 유래했다는 의견도 있다. 하지만 예전에 만든 말이라서 추정만 할 뿐이고, 그 뜻은 정확히 알 수 없다.

까마귀쪽나무는 곶자왈에서도 자라지만 대부분 바닷가가 터전이다. 크게 자라지는 않는 대신 가지를 많이 내는 편이다. 잎은 가죽질로 두툼하고 뒷면은 황갈색 털로 무장했다. 아무래도 바닷바람을 견디려면 키가 작은 것이 유리할 것이고, 두꺼운 잎을 가질 수밖에 없었던 것 같다. 늦가을에 노란 꽃을 피우고, 꽃이 지고 나면 바로 녹색 열매가 열리지만 이듬해 여름이 되어야 까맣게 익는다.

    1970년대만 해도 여름이 되면 아이들은 까마귀쪽나무 열매를 따 먹었다. 속에 커다랗고 딱딱한 씨앗이 들어 있으나 과육이 많고 약간 단맛이 있어 먹을 만했다. 한 줌만 털어 넣어도 입속이 까맣게 물들어 서로 혀를 내밀고 상대방의 얼굴을 보며 킥킥거렸던 추억이 있다. 물론 먹을거리가 부족했던 과거의 이야기다. 까마귀쪽나무는 바닷바람에 강할 뿐만 아니라 빨리 자라는 나무여서 방풍림으로 쓰기도 한다. 최근 암·당뇨병 등의 질병과 관련하여 까마귀쪽나무에 관한 연구를 진행하고 있다는 소식이 있다. 예전에는 민간요법으로 관절염에 열매를 쓰기도 했다.

줄기
높이는 7미터까지 자라고, 나무껍질은 갈색이며, 잔가지는 굵고 털이 난다.

잎
어긋나며, 긴 타원형에 두꺼운 가죽질이다. 양 끝이 좁고, 가장자리는 밋밋하며, 뒤로 조금 말린다. 잎자루와 뒷면에 갈색 털이 빽빽이 난다.

꽃
암수딴그루로 10월에 잎겨드랑이에서 짧은 꽃대가 올라와 겹우산모양꽃차례를 이루고, 황백색 꽃이 달린다. 총포 겉에는 갈색 털이 나며 꽃덮이는 여섯 개로 깊게 갈라진다. 수꽃에는 수술이 아홉 개에서 열두 개, 암꽃에는 여섯 개의 헛수술과 암술이 한 개가 있다.

열매
이듬해 6~7월에 타원형 핵과가 흑자색으로 익는다.

주요 특징
잎 뒷면에 황갈색 털이 빽빽이 나 있고, 가을에 꽃을 피운다.

낭아초

Indigofera pseudotinctoria Matsum.
바닷가 또는 산지에서 자라는 낙엽성 작은키나무

과명	콩과
분포	경남, 경북, 전남, 전북, 제주

낭아초가 중심이 되는 줄기 없이 여러 갈래로 갈라져 옆으로 퍼져 자라는 모습을 보면 나무가 맞나 싶다. 더욱이 이름에도 풀이라는 뜻의 한자어 '초草'를 붙여 놓았으니 당연히 나무보다는 풀이라고 느끼게 된다. 하지만 딱딱한 줄기를 보면 나무라는 사실을 금방 알아차릴 수 있다.

제주도의 낭아초는 오름 등 산지의 풀밭에서도 간간이 볼 수 있으나 사는 곳은 주로 바닷가다. 줄기는 여러 갈래로 갈라져 방석처럼 퍼지고, 꽃은 잎겨드랑이마다 풍성하게 달린다. 꽃 색깔도 강렬하지 않은 연분홍색으로 튀지도 않는다. 하지만 들꽃애호가들은 낭아초가 꽃을 피울 때면 카메라에 담기 위해 바닷가로 모여든다. 아마 낭아초꽃에서 느껴지는 은은함 때문일 것이다. 이처럼 낭아초는 작은 나무지만 사람을 끄는 강한 매력이 있다. 잎은 겹잎으로, 작은잎은 크지 않은 대신 매우 두툼하여 강인한 인상을 준다. 꽃은 꽃대를 중심으로 줄지어 달리고, 꽃잎은 아래쪽부터 열려서 서서히 위쪽으로 옮아 간다. 전체적으로 꽃이 핀 모습은 아래쪽은 꽃잎을 활짝 열어 놓고, 위쪽은 아직 꽃망울 상태여서 마치 촛불을 켜 놓은 것 같다.

낭아초라는 이름은 한자 표기 낭아초狼牙草에서 유래한다. 한자를 풀이하면 '이리의 이빨처럼 생긴 풀'이라는 뜻이 된다. 낭아초꽃의 특이한 모습을 이름에서 설명하고 있다. 학명인 *Indigofera pseudotinctoria*의 뜻도 재미있다. 낭아초는 땅비싸리속으로 속명인 *Indigofera*는 '남색'을 뜻하는 '인디고Indigo'와 '염료가 생산

되는'이라는 뜻을 가진 '페라^{fera}'의 합성어다. 즉, 땅비싸리속 식물은 염료로 썼다는 의미다. 그러나 종소명 *pseudotinctoria*은 '가짜 염색의'라는 뜻을 가졌다. 결국 땅비싸리속 식물은 염료로 쓰지만, 낭아초는 그렇지 않다는 뜻이 된다. 한방에서는 일미약一味藥이라 해서 낭아초 뿌리와 줄기를 약으로 쓴다.

낭아초와 비슷한 큰낭아초라는 나무가 있다. 낭아초는 우리 산야에서 자라는 토종식물이지만 큰낭아초는 중국 원산으로 절개지 녹화를 위해 들여온 귀화식물이다. 최근 큰낭아초가 급속히 퍼져 도로변에서 오름까지 곳곳에서 발견된다. 새로 도로를 낸 절개지에 성인의 키 정도 자란 낭아초를 보았다면 큰낭아초가 틀림없다.

❀ **줄기**
가지가 많이 갈라져서 옆으로 자라고 어린 가지에는 누운 털이 있다.

🌿 **잎**
어긋나며, 두 쌍에서 다섯 쌍의 작은잎으로 이루어진 겹잎이다. 작은잎은 타원형으로, 뒷면에 털이 있고 흰빛이 돌며, 가장자리는 밋밋하고 양 끝이 둥글다.

❁ **꽃**
6~8월에 잎겨드랑이에서 꽃대가 나와서 연분홍색 나비 모양 꽃이 총상꽃차례로 달린다. 옆 꽃잎과 아래 꽃잎의 길이는 서로 비슷하고, 꽃받침조각은 다섯 개의 톱니와 함께 잔털이 있다.

◯ **열매**
긴 타원형 협과가 9~10월에 익으며, 표면에 짧은 털이 있다.

주요 특징

가지가 갈라져 옆으로 누워 자라고, 짧은 꽃차례는 위를 향한다.

돌가시나무

Rosa lucieae Franch. & Rochebr. ex Crép.
바닷가 또는 산지 풀밭에서 자라는
반상록성 작은키나무

과명	장미과
분포	중부 이남
제주어	감은가시낭, 도꼬리낭, 새비낭, 해변가시낭세화

바닷가 마을이 고향인 제주 사람들에게 돌가시나무는 굉장히 친근한 나무다. 여름철 바다로 나가면 쉽게 만날 수 있기 때문이다. 게다가 누구나 한 번쯤 줄기의 가시에 찔렸던 경험이 있어 돌가시나무를 또렷이 기억할 수밖에 없다.

돌가시나무는 줄기가 땅 위로 뻗으면서 자라는 덩굴성 나무다. 이렇게 키가 크지 않은 생태적 특성 때문에 어린아이도 쉽게 접근할 수 있었다. 1970년대만 해도 아이들은 돌가시나무 열매를 따 먹으면서 놀았다. 열매가 빨갛게 익으면 약간 단맛이 돌아 그런대로 먹을 만했다. 특별한 간식거리가 없던 시절이라 그것도 감지덕지했으나 많이 먹으면 씨앗 때문에 혓바닥이 까끌거리는 것이 흠이라면 흠이었다.

돌가시나무는 여름이 시작되는 6월에 꽃을 피운다. 꽃은 향기를 품고 있고, 작은 잎들은 반들거린다. 장미를 닮은 하얀 꽃잎, 덥수룩한 황색의 꽃술, 그 위로는 보통 꿀벌 한 마리가 부지런히 들락거린다. 이처럼 돌가시나무의 꽃은 매력이 넘친다. 하지만 돌가시나무는 꽃을 찾는 동물로부터 자신을 지키기 위해 줄기에 날카로운 가시를 많이 만들어 놓았다. 이것은 키가 작고 땅 위에서 자라는 식물이 가지고 있는 운명 같은 것이다. 이렇게 만반의 준비를 하고 돌가시나무는 바닷가부터 산지의 풀밭까지 자신의 세력을 넓혔다.

돌가시나무는 이름을 보면 '돌이 많은 땅에서 자라는 가시가 많은 나무'라는 것을 알 수 있다. 덩굴성이어서 돌가시덩굴, 잎이 반들거려서 반들가시나무, 찔레

꽃을 닮았고 땅 위를 긴다 하여 땅찔레라고도 한다. 제주도에서는 새비낭, 도꼬리낭, 해변가시낭 등으로 불린다. 새비낭은 찔레꽃, 도꼬리는 찔레꽃의 어린순을 말하는 제주어다. 아마 찔레꽃과 꽃이나 잎이 비슷해서 같은 이름이 된 것 같다. 해변가시낭은 바닷가에서 자라는 가시나무라는 뜻이다. 서양에서는 기념장미 memorial rose라 부른다.

산지에는 돌가시나무와 닮은 찔레꽃이 조금 일찍 꽃을 피운다. 두 종은 모두 같은 장미과 가문의 식구로, 돌가시나무는 땅 위를 기고 찔레꽃은 하늘을 향해 자란다는 것을 빼면 처음 보는 사람들은 구분하기가 쉽지 않다. 돌가시나무의 가시가 찔레꽃에 비해 더 날카로운 것도 차이점이다.

줄기
가지를 많이 내며, 가시가 많고 털이 없다.

잎
어긋나며, 일곱 개에서 아홉 개의 작은잎으로 이루어진 겹잎이다. 작은잎은 넓은 거꿀달걀형 또는 긴 타원형이다. 가장자리에 뾰족한 톱니가 있으며, 뒷면은 연한 녹색이다.

꽃
6월에 흰색으로 피고 향기가 있으며, 가지 끝에 하나에서 다섯 개씩 달리고 꽃자루에 샘털이 있다. 꽃받침조각은 피침형, 꽃잎은 둥그스름한 거꿀달걀형으로 끝이 오목하다.

열매
둥근 달걀 모양 이과가 10~11월에 붉게 익는다.

주요 특징
줄기는 가지를 많이 내며, 땅 위로 누워 자라고, 날카로운 가시가 많다.

멀구슬나무

Melia azedarach L.

바닷가와 민가 주변에서 자라는 낙엽성 큰키나무

과명	멀구슬나무과
분포	전남, 전북, 제주
제주어	마주목, 머쿠실낭, 먹구실낭, 목슬낭, 몰쿠실낭

멀구슬나무는 아열대성 나무로 따뜻한 남쪽 지방에서 왔다. 우리나라에서는 남해안에서부터 제주도로 이어지는 섬 지방의 인가 근처에 심었던 것들이 야생 상태로 자라고 있다. 제주도에서는 바닷가는 물론이고 마을 어귀의 돌담, 저수지 둑, 오름 사면, 곶자왈까지 저지대 어느 곳에서나 멀구슬나무를 흔히 볼 수 있다.

멀구슬나무의 꽃은 화사하고 향기가 있다. 꽃잎 안쪽에는 통처럼 보이는 열 개의 연보랏빛 수술이 곧추서 있고, 암술은 그 안쪽에 있다. 대추를 닮은 열매는 처음에는 연두색이지만 가을이 되면서 서서히 노랗게 익어 가고, 겨울을 지나 이듬해까지 남아 있어 황량한 공간을 채운다.

돗통시는 예전 제주도에만 있던 돼지우리 겸 사람들이 볼일을 보던 화장실이다. 돗통시 옆에는 멀구슬나무를 심었다. 멀구슬나무꽃에서 나오는 향기가 화장실 냄새를 상쇄시킬 수 있다고 생각한 것 같다. 어쨌든 크게 눈길을 받지 못했으나 멀구슬나무와 어우러진 돼지우리 지붕은 나름 고즈넉한 풍경이었다.

멀구슬나무라는 이름은 제주어에서 유래했다. 제주도에서는 멀구슬나무를 몰쿠실낭, 머쿠실낭이라 부른다. 이것을 보면 몰쿠실나무라고 하다가 멀구슬나무가 된 것으로 보인다. 제주도 이외의 지역에서는 구주목, 구주나무, 말구슬나무라고도 한다. 모든 이름에 구슬 또는 구슬을 뜻하는 한자 '주珠'가 붙은 것을 보면 둥근 열매와 관련이 있음을 알 수 있다. 열매 속에 들어 있는 딱딱한 씨앗으로 염주를 만들었다고 전해진다. 또 곡우 때 부는 바람인 연화풍楝花風은 멀구슬나무의

― 바닷가에서 흔히 볼 수 있는 나무

꽃이 늦봄에 피는 것에서 유래한 이름으로, 멀구슬나무 꽃은 '여름의 시작'을 상징했다.

 열매는 나프탈렌 대용으로 옷장에 쓰기도 했으며, 씨에서 짠 기름으로 불을 밝히기도 했다. 또 한방에서는 열을 내리거나, 소변이 시원하게 나오지 않을 때 처방했다고 한다. 잎을 화장실에 넣으면 구더기가 생기지 않는다고 하며, 살충효과가 있어 과거에는 모기를 쫓을 때도 멀구슬나무를 이용했다.

줄기
높이는 10미터 정도다. 나무껍질은 어두운 갈색으로 세로로 갈라지며, 겨울눈은 둥글다.

잎
어긋나며 2~3회 깃꼴겹잎으로 잎자루가 길다. 작은잎은 달걀 모양 또는 타원형으로 가장자리에는 둔한 톱니가 있다. 잎끝은 뾰족하고 밑부분은 좌우비대칭이다.

꽃
5~6월에 가지 끝의 잎겨드랑이에 연한 보라색 꽃이 달린다. 수술은 열 개가 한데 합쳐져 통을 이룬다. 암술은 수술통보다 짧으며 암술머리가 얕게 다섯 갈래로 갈라진다.

열매
타원형 핵과가 10~11월에 황색으로 익는다.

주요 특징

잎은 깃꼴겹잎이고, 꽃은 연한 자주색이며, 수술은 통 모양이다.

보리밥나무

Elaeagnus macrophylla Thunb.
바닷가 또는 산지에서 자라는
반덩굴성·상록성 작은키나무

과명	보리수나무과
분포	경북울릉도, 인천대청도, 전남, 전북, 제주
제주어	막게볼래낭, 보리볼래낭

보릿고개 시절 아이들은 언제나 배가 고팠다. 보리가 익어 갈 무렵 덩달아 붉게 익는 보리밥나무 열매는 언제나 기다리던 간식거리였다. 어디서든 볼 수 있을 정도로 개체 수가 많고 열매 따기가 쉬울 뿐만 아니라 일단 많이 먹을 수 있어서 좋았다. 게다가 단맛까지 있으니 이만한 먹을거리가 없었다. 어쩌다 보리밥나무 열매가 눈에 띄는 날은 만사 제쳐놓고 호사를 누릴 수 있는 시간이었다.

보리가 익어 가는 시기에 열매를 먹을 수 있다 하여 보리밥나무라 불렀다. 또 보리밥나무의 이름은 '열매의 모양이 보리로 지은 밥처럼 보인다는 뜻에서 유래한다'는 주장도 있다. 제주도에서는 보리밥나무를 보리볼래낭이라 한다. 보리밥나무와 비슷한 보리수나무는 조가 익어 가는 가을에 열매를 따 먹을 수 있다 하여 조볼래낭이라 했다. 보리의 열매가 조보다 큰 것처럼 보리수나무보다 보리밥나무의 열매가 커서 막게볼래낭이라 부르기도 한다. 막게는 망치, 볼래는 보리수 열매의 제주어다. 종소명 *macrophylla*는 '잎이 넓고 큰'이라는 뜻으로 보리수나무에 비해 큰 잎을 가진 보리밥나무의 특징을 설명한다.

보리밥나무는 반덩굴성 작은키나무로 바닷가부터 산지에 이르기까지 분포 범위가 넓다. 식물 전체가 은백색 비늘털로 뒤덮여 있다. 잎 표면의 털은 서서히 없어지나 뒷면에는 그대로 남아 있다. 이것은 보리밥나무를 식별하는 중요한 특징이 된다. 처음 나무 공부를 할 때 보리장나무와 구별하기 위해 '은색이면 보리밥, 금색이면 보리장'을 뜻하는 '은밥금장'으로 외웠던 기억이 있다. 이듬해 봄에 익는 둥근 타원형 열매도 은백색 털로 덮여 있다.

　제주도는 1만8000이나 되는 신이 있는 '신들의 고향'이라 불린다. 마을마다 신당이 있고, 해마다 주민들은 그곳에서 가족의 안녕을 빈다. 제주도의 당목은 대부분 팽나무지만 구실잣밤나무나 푸조나무 등 다양한 나무가 당목으로 사용된다. 제주시 조천읍 신흥리에 있는 해신당은 보리밥나무가 당목이다. 키는 크지 않지만 줄기 둘레가 꽤 굵은 것으로 보아 수령이 꽤 높은 나무로 추정된다. 보통 당목을 보면 그 거대함에 경외감이 앞서는데, 신흥리 보리밥나무는 언제나 곁에 있을 것 같은 정겨운 느낌을 준다. 보리밥나무는 반덩굴성으로 퍼지는 수형과 푸른 잎, 붉게 익는 열매가 아름다워 최근에는 공원의 조경수로 심기도 한다.

줄기
회갈색 나무껍질에는 둥근 피목이 있고, 오래되면 세로로 갈라진다. 어린 가지에는 표면에 은색 또는 연한 갈색 비늘털이 있다.

잎
어긋나며 달걀 모양 또는 넓은 달걀 모양으로, 표면에는 은색 비늘털이 있으나 곧 떨어지고 뒷면에는 은백색 비늘털이 빽빽이 자란다.

꽃
10~11월에 잎겨드랑이에서 흰색 또는 황백색 양성화가 몇 개씩 모여 달린다. 꽃자루가 있으며 꽃받침통의 바깥 면과 꽃자루에 은백색 비늘털이 있다.

열매
긴 타원형의 핵과가 이듬해 3~4월에 붉게 익고, 표면에는 은백색 비늘털이 있다.

주요 특징

잎은 넓은 달걀 모양이고 잎 뒷면은 은백색이다.

순비기나무

Vitex rotundifolia L.f.
바닷가에서 자라는 낙엽성 작은키나무

과명	마편초과
분포	강원, 경기, 경북, 전남, 제주, 충남
제주어	숨부기낭, 숨비기낭

바다가 멀지 않은 곳에 살았던 나는 어린 시절 집을 나가면 만날 수 있는 순비기나무에 대한 추억이 많다. 모래땅 위를 기면서 자라는 순비기나무 줄기를 적당한 길이로 잘라서 가랑이 사이에 갖다 대면 멋있는 말이 되었다. 여름밤 더위를 피해 바닷가로 나와 풀밭에 드러누우면 둥그런 잎에서 풍기는 알싸한 향기는 덤으로 얻는 선물이었다. 게다가 시골 아이들에게는 특별한 용돈이 없던 시절이라 가을이 되면 너도나도 순비기나무 열매를 따다 약재상에 팔고 약간의 군것질을 할 수 있는 용돈을 벌 수도 있었다. 이래저래 순비기나무는 1960~70년대에 어린 시절을 보냈던 제주 사람들에게 추억을 떠올리게 하는 나무다.

제주어로 해녀가 물속으로 들어가는 것을 '숨비기'라고 한다. 줄기가 모래땅에 숨어 뻗어 가는 모습이 서로 닮아 숨비기나무라는 이름이 붙었다. 제주도에서 부르는 숨비기낭, 숨부기낭이 표준어가 된 셈이다. 종소명 *rotundifolia*은 '둥근 잎을 가진'이라는 뜻이 있다. 둥그런 순비기나무의 잎 모양 때문에 붙은 이름이다.

순비기나무는 강원도 동해안, 제주도를 포함한 남해안, 충청·경기 지역 서해안까지 바닷가 어디에서나 만날 수 있다. 바닷가 모래땅이나 풀밭, 바위 위를 기면서 자라고, 두껍고 잔털이 빽빽한 잎으로 무장하여 매서운 바닷바람과 바닷물에 대응했다. 둥그런 잎을 만지면 강한 향기가 풍긴다. 굉장히 흔한 나무임에도 불구하고 여름철 은은하게 피어나는 보랏빛 꽃은 언제 봐도 질리지 않는다. 결과적으로 순비기나무는 사방으로 뻗는 줄기와 넓은 잎으로 바닷가 모래가 다른 곳으로 날아가지 않게 지탱해 주고, 보랏빛 꽃으로 바닷가 풍취를 살려 준다.

가을철 열리는 콩알만 한 크기의 열매는 바닷물의 염분을 막기 위해 코르크로 무장했다. 열매는 가벼워서 물에 잘 떠다닐 수 있고, 이 때문에 씨앗 퍼뜨리기도 쉽다. 순비기나무 열매로 만든 베개는 오랫동안 물속 생활로 두통에 시달리는 해녀들에게 더없이 필요한 것이었다. 언론 보도에 의하면 국립산림과학원 연구팀이 순비기나무 열매에서 뽑아낸 기름을 가지고 실험한 결과, 과도한 점액 분비를 억제하여 호흡기 질환을 개선하는 재료로 활용될 수 있다는 사실을 확인했다고 한다.

줄기
옆으로 또는 비스듬히 자라며 전체에 회백색 잔털이 있다. 1년생 가지는 약간 네모지며 흰색 털이 빽빽하다.

잎
달걀 모양으로 마주나고 두꺼운 편이다. 표면은 회백색으로 잔털이 빽빽하고, 뒷면은 흰색이 도는 은빛이다. 가장자리는 밋밋하고 짧은 잎자루가 있다.

꽃
7월~9월에 가지 끝에 보라색 또는 흰색 꽃이 원뿔모양꽃차례로 달린다. 술잔 모양 꽃받침조각에는 흰색 털이 있다.

열매
둥근 핵과가 10월~11월에 검보라색으로 익는다.

주요 특징
줄기에서 뿌리를 내려 모래밭에 퍼지며, 잎에서 독특한 향기가 난다.

우묵사스레피

Eurya emarginata (Thunb.) Makino
바닷가 풀밭에서 자라는 상록성 작은키나무

과명	차나무과
분포	경남, 전남, 제주
제주어	고시락낭

제주도의 바닷가 올레길의 우묵사스레피는 또 하나의 볼거리다. 드센 바닷바람은 우묵사스레피의 잎과 가지를 가지런하게 정리하여 육지를 향하게 했다. 꼭 누가 일부러 가지치기해 놓은 것 같다. 이를 보면 자연은 위대한 정원사임에 틀림이 없다.

우묵사스레피는 10월이 되어야 꽃을 피운다. 종 모양의 황백색 꽃은 잎겨드랑이마다 올망졸망 풍성하게 달린다. 10월은 꽃이 대부분 지는 시기라 들꽃을 좋아하는 사람들은 한 해의 마지막 꽃을 카메라 앵글에 담으려 우묵사스레피꽃 앞에서 씨름한다. 잎은 바닷바람을 견디기 위해 크지는 않지만 두껍게 무장했다. 풍성하게 꽃이 피었던 것처럼 열매도 무더기로 달린다. 검게 익은 열매는 과육이 많아 잘못 만져서 껍질이 터지기라도 하면 손바닥이 금방 시커멓게 물들어 낭패를 볼 수 있다. 이런 특성 때문에 열매는 염료로 쓰기도 했다.

사스레피나무와 비슷하나 잎끝이 뒤로 말리며, 우묵하게 들어가서 우묵사스레피라는 이름이 붙었다. 실제 우묵사스레피는 사스레피나무와 꽃도 열매도 심지어 이름도 닮았다. 제주도에서는 사스레피나무나 우묵사스레피를 모두 '고시락낭'이라 부른다. 두 나무를 특별히 따로 생각하지 않았다는 이야기다. 고시락은 '까끄래기'라고도 하며 '식물의 알맹이를 취하고 난 나머지'를 뜻하는 '까끄라기'의 제주어다. 한마디로 너저분한 찌꺼기라는 의미다. 왜 우묵사스레피를 고시락낭이라고 했는지 선뜻 연결되지 않지만, 아마 꽃이나 열매가 많이 달려 너저분하고, 목재로 쓰임이 많지 않아 그렇게 붙인 것이 아닌가 싶다.

사람들은 제주도를 '신들의 고향'이라고 한다. 그러다 보니 지금도 제주도 마을 곳곳에는 신당이 많이 남아 있다. 보통 당목은 팽나무가 주를 이루나 구좌읍 종달리에는 해신당을 우묵사스레피가 지키고 있다. 고기잡이를 위해 바다로 떠나기 전, 사람들은 해신당으로 가서 우묵사스레피 아래 마련된 제단 위에 준비해 온 음식을 올려놓고 풍어와 무사 귀환을 기원하는 제사를 지냈다. 크게 볼품이 있는 것도 아니고, 특별히 위엄이 있지도 않은 우묵사스레피가 당목이 된 것을 보면 제주도에서는 나무의 종류보다 그냥 당 주변에 자라는 나무로 정했다는 사실을 보여 준다.

줄기
1년생 가지에 연한 황갈색 털이 있으며, 모서리가 있고 가지가 모여난다.

잎
두 줄로 배열된 잎은 어긋나며, 거꿀달걀형으로 두껍다. 잎끝이 둥글거나 오목하며, 밑부분은 쐐기 모양이다. 양면에 털이 없고, 가장자리가 뒤로 젖혀지며, 잎자루가 있다.

꽃
암수딴그루로 10~12월에 잎겨드랑이에서 황백색 꽃이 한 개에서 네 개씩 올라와 밑을 향해 달린다. 꽃은 종 모양이며 냄새가 난다.

열매
둥근 장과가 다음 해 10월부터 보라색 또는 검은색으로 익는다.

주요 특징
잎끝이 둥글고, 1년생 가지에 털이 많으며, 가운데 잎맥이 오목하게 들어가고, 가장자리가 뒤로 말린다.

이팝나무

Chionanthus retusus Lindl. & Paxton

바닷가 또는 산지에서 자라는 낙엽성 큰키나무

과명	물푸레나무과
분포	중부 이남
제주어	뻰남, 이암남

조천읍 신흥리 바닷가 외딴집 바깥 담벼락에는 오래된 이팝나무가 자란다. 높이는 대략 5미터도 채 안 되지만 몸통이 아주 굵은 걸 보면 수령이 꽤 오래된 나무임을 알 수 있다. 나무는 돌 틈에 뿌리를 내리고 줄기를 비틀어 위로 올려 바로 앞 조그만 하천을 향하고 있다. 이팝나무가 꽃을 피우는 5월에는 바다로부터 하천을 따라 올라온 숭어떼와 함께 아주 색다른 풍경을 만날 수 있다.

이팝나무는 잎을 다 덮어 버릴 정도로 나무 전체에 하얀 꽃을 피운다. 꽃잎은 네 갈래로 가늘고 길게 갈라져 꽃잎이 흩날릴 때는 더욱 풍성해 보인다. 우리 선조들은 이팝나무의 풍성한 꽃을 보고 하얀 쌀밥을 연상한 모양이다. 꽃에서 쌀을 생각하다니, 옛날 서민의 삶이 얼마나 궁핍했으면 이름을 이렇게 지었을까 싶다. 쌀밥보다 건강식인 잡곡밥을 선호하는 요즘의 분위기를 생각하면 격세지감을 느끼지 않을 수 없다. 이에 비해 서양 사람들은 이팝나무의 꽃에서 하얀 눈을 떠올렸는지 눈꽃나무 snow flower라 부른다. 이팝나무속을 뜻하는 *Chionanthus*도 눈꽃이라는 뜻으로 '나무에 핀 흰 꽃이 마치 눈이 내린 것 같다'고 하여 붙여졌다. 종소명 *retusus*는 '미세하게 오목한 모양'이라는 뜻이다.

이처럼 이팝나무의 이름은 쌀밥에서 유래했다. 이팝나무가 꽃을 피울 때면 흰 쌀밥처럼 보인다하여 '이밥나무'라고 했던 것이 이팝나무로 변했다는 것이다. 그리고 이팝나무는 여름이 시작되는 입하入夏에 꽃이 피기 때문에 입하목入夏木이라 한다. 여기서 '입하'가 '이팝'으로 변했다고 주장하기도 한다. 옛날에는 이팝나무가 꽃을 피우는 것을 보고 한해 농사의 풍년을 점치기도 했다. 꽃이 많이 피는 해는 풍년, 그 반대인 경우는 흉년이 든다는 것이다. 이팝나무가 미래의 기후를 알 수 있는 지표나무였던 셈이다.

이팝나무는 자생지가 많지 않아 세계적으로 희귀한 나무로 알려져 있다. 제주도에서는 바닷가나 바닷가에서 멀지 않은 산지의 습지 주변에서 간간이 나타난다. 하지만 많은 수가 자라는 것이 아니어서 야생에서 이팝나무를 보는 일은 쉽지 않다. 대신 요즘은 꽃이 아름답고, 꽃이 피는 기간도 긴 편이라 가로수나 공원의 조경수로 심은 것을 쉽게 볼 수 있다.

줄기
높이 20미터까지 자란다. 나무껍질은 회갈색이며, 어린줄기는 벗겨진다.

잎
마주나며 타원형 또는 달걀 모양이다. 잎끝은 둔하거나 조금 뾰족하고, 밑부분은 넓은 쐐기 모양 또는 원형이며, 가장자리는 밋밋하다. 어린나무 잎에는 잔톱니가 있다.

꽃
암수딴그루로 5월에 새 가지에 흰색 꽃이 원추꽃차례로 모여 달린다. 꽃받침은 네 개로 깊게 갈라지며, 꽃받침조각은 좁은 피침형이다. 꽃잎은 네 갈래로 깊게 갈라지며 좁은 거꿀피침형이다.

열매
타원형 핵과가 9~10월에 검은색으로 익는다.

주요 특징

꽃잎이 가늘고 길게 네 갈래로 갈라진다.

황근

Hibiscus hamabo Siebold & Zucc.
바닷가에서 자라는 낙엽성 작은키나무

과명	아욱과
분포	전남, 제주

여름날 제주도의 해안도로에는 드라이브를 즐기는 사람들이 많다. 파란 하늘과 탁 트인 에메랄드빛 바다를 곁에 두고 달리다 보면 시커먼 현무암을 터전 삼아 피어난 노란 꽃이 시선을 끈다. 황근黃槿이라는 나무로 색깔만 다르지 꽃은 영락없는 무궁화다. 황근이라는 한자 이름도 풀이하면 '노란 무궁화'가 된다.

어린아이 주먹 크기의 꽃이 가지 끝 잎겨드랑이에 하나씩 피어 있다. 노란색 꽃잎 안쪽은 중앙부를 강조하듯이 검붉은색이고, 수술은 노란색, 암술머리는 붉은색으로 치장하고 있어 화려한 느낌을 준다. 연초록 잎사귀도 노란색 꽃과 대조를 이루어 시선을 끌기 충분하다. 꽃은 아침에 피었다가 저녁에 떨어져 버린다. 하지만 줄기 아래쪽부터 서서히 위쪽으로 하나씩 꽃망울을 터뜨려 오래도록 피어 있는 것처럼 보인다.

열매는 염분에 잘 견디도록 적응했고, 물에 떠다닐 수 있도록 무게도 가볍게 했다. 열매는 해류를 따라 돌아다니다 육지 어느 바위틈에 뿌리를 내려 싹을 틔운다. 황근은 바닷가에 터전을 잡은 나무여서 '갯' 또는 '해'자를 붙여 갯부용, 갯아욱, 해마라 부르기도 한다.

황근은 7월에서 8월까지 두 달 가까이 꽃을 피워 오랜 기간 볼 수 있다는 장점이 있다. 하지만 꽃은 한 송이씩만 달리고, 열매는 해류를 이용하다 보니 발아에 어려움이 있을 뿐만 아니라 개체가 많이 늘어나지도 않는다. 이에 따라 분포도 제주도와 남해안 일부 섬 지역에 한정되어 있다. 이런 영향으로 황근은 몇 년 전까지만 해도 환경부 지정 멸종위기야생식물 2급으로 법적 보호를 받기도 했다. 서귀포시 성산읍 오조리 식산봉에는 제주도기념물로 지정하여 보호하고 있는 높이 5미터 정도 되는 20여 그루의 황근이 있다.

　황근의 나무껍질은 질겨서 제주도에서는 밧줄의 재료가 되기도 했다. 최근에는 꽃이 아름답고, 꽃이 피는 기간이 길어 가로수나 조경수로 많이 이용하고 있다. 예전에는 황근이 꽃을 피우기 시작하면 장마가 시작되고, 질 무렵이면 끝난다고 하여 황근꽃이 피고 지는 시점을 장마와 연관 지어 생활에 이용하기도 했다.

❦ 줄기

높이는 1~5미터 정도로 자란다. 나무껍질은 녹회색이며 1년생 가지에는 회색 털이 빽빽이 난다.

❦ 잎

어긋나며, 원형 또는 달걀 모양 원형이다. 잎끝은 뾰족하고, 밑부분은 둥글거나 약간 심장 모양이다. 표면에 털이 약간 있고, 뒷면에는 빽빽이 난 털이 있다.

❦ 꽃

7~8월에 잎겨드랑이에서 노란색 꽃이 한 개씩 핀다. 꽃잎 안쪽의 중앙은 검붉은색이며, 꽃대에는 별 모양 털이 나고, 3분의 2 지점에 수술이 있다. 꽃대 끝의 붉은색 암술머리는 다섯 갈래로 갈라진다.

❦ 열매

달걀 모양 삭과가 10~11월에 익는다. 콩팥 모양의 종자는 암적색이다.

주요 특징

꽃은 아침에 피었다가 저녁이 되면 떨어지며, 꽃이 질 때는 붉은빛이 돈다.

이야기로 만나는 제주의 나무

7장
제주의 희귀나무

목련

무주나무

섬개벚나무

성널수국

솔비나무

수정목

암매

제주백서향

죽절초

참나무겨우살이

채진목

초령목

목련

Magnolia kobus DC.
산지에서 자라는 낙엽성 큰키나무

과명	목련과
분포	제주
제주어	목남, 산목련

목련은 백악기에 출현하여 지금까지도 살아남은 나무로 '살아 있는 화석'이라 불린다. 제주도 해발 500~1000미터 사이 중산간 오름 자락, 곶자왈, 한라산 기슭 등 목련 분포 면적은 넓은 편이나 개체 수가 많지는 않다. 몇 년 전에는 한라산에서 300년 정도로 추정되는 목련 노거수가 발견되기도 했다. 이처럼 목련은 제주도에 와야만 볼 수 있는 제주도 특산식물이다. 공원이나 집 주변에서 흔하게 볼 수 있는 목련 종류는 중국 원산의 백목련이나 자목련이라 생각하면 된다.

목련은 낙엽이 지는 큰키나무로 10미터까지 자라며, 빠르면 3월부터 잎보다 꽃을 먼저 피워 올린다. 이것은 후손을 이어 가기 위한 목련의 멋진 전략이다. 겨울철 푹신한 털을 만들어 추위로부터 꽃눈을 보호하고, 다른 나무보다 빨리 꽃을 피워 꽃가루받이를 끝내는 것이다. 이처럼 목련은 속도로 승부한다. 하얀 꽃은 화려함 대신 화사한 느낌을 준다. 녹색 암술대 주위를 두른 수북한 흰색 수술이 이채롭다. 5월이 되면 꽃이 지고 넓은 잎이 나무를 덮으면서 목련은 흰색에서 녹색으로 변신한다. 열매는 꽃이 지고 두어 달이 지나서야 붉게 익기 시작한다. 큰 주머니의 모양을 한 열매는 조금 구부러져 구불거리기도 하는데, 다 익으면 열매 주머니 옆줄이 터지면서 씨앗을 쏟아 낸다.

목련이라는 이름은 '나무에 피는 연꽃'이라는 의미다. 즉, 목련꽃을 연꽃에 비유한 것에서 유래한 이름이다. 다른 이름으로는 꽃망울이 붓을 닮아 '목필', 꽃이 필 때 북쪽을 향한다 하여 '북향화'가 있다. 제주도에서는 산에서 자라는 목련이라는 뜻으로 '산목련'이라 부르기도 한다. 종소명 *kobus*는 목련의 일본식 이름을 말한다.

과거에는 목련이 농사의 시기를 알려 주는 지표목으로 이용되기도 했다. 꽃을 피우면 못자리를 만들기 시작하고, 꽃이 지면 파종을 했다. 꽃이 아래로 향하면 비가 오고, 위로 향하면 날씨가 좋아지기 때문에 이에 맞추어 농사 준비를 했다. 물론 제주도에서는 벼농사를 거의 하지 않고 목련은 육지에서는 자라지 않기 때문에 이 이야기는 백목련이나 자목련에 해당하는 것 같다. 목련은 꽃이 아름답고 수형이 멋스러워 조경용으로 심는다. 한방에서는 신이辛夷라 하여 목련의 꽃봉오리를 말린 것을 감기와 콧병을 다스리는 약재로 사용한다.

줄기
높이 15미터까지 자라고, 나무껍질은 회백색이며, 껍질눈이 생긴다. 꽃눈에는 황갈색 털이 빽빽하고 잎눈에는 없다.

잎
어긋나며 거꿀달걀형으로 잎끝은 갑자기 뾰족해지고, 잎 밑부분은 쐐기 모양이며 가장자리는 밋밋하다. 표면에는 털이 없고 뒷면은 연한 녹색으로 잔털이 약간 있다가 서서히 없어진다.

꽃
3~4월에 잎이 나오기 전에 가지나 줄기 끝에 흰색 꽃이 달린다. 꽃잎은 긴 타원형으로 여섯 개이며, 향기가 있고 옆으로 벌어진다. 꽃받침조각은 선형으로 세 개다. 수술은 황색으로 여러 개가 달리고, 암술은 녹색의 기둥 위에 여러 개가 모여 있다.

열매
타원형 골돌과가 9~10월에 붉게 익는다.

주요 특징

목련의 꽃잎은 여섯 장이지만 백목련은 꽃잎 비슷한 꽃받침 세 개가 있어 아홉 장처럼 보인다.

무주나무

Lasianthus japonicus Miq.
상록수림 하천 변에서 자라는 상록성 작은키나무

과명	꼭두서니과
분포	제주

　서귀포시 효돈천 변에는 비슷한 세 종류의 나무가 나란히 자란다. 호자나무, 수정목 그리고 무주나무다. 이들은 한 집안의 식물이 아니랄까 봐 꽃, 열매, 잎, 심지어 자라는 환경까지 서로 비슷하다. 이 가운데 무주나무는 개체 수가 많지 않아 환경부 멸종위기야생식물 2급으로 지정될 정도로 귀하다.
　무주나무가 자라는 환경은 제주도의 상록수림 아래 바위 위나 하천 변 부엽토가 있는 곳이다. 무주나무는 주로 중국 남부지방·대만·인도 같은 열대지방에서 자라는 나무로, 제주도가 북방한계선에 해당한다. 제주도의 자생지라고 해 봤자 겨우 두어 곳이고, 개체 수도 소수에 불과하다. 세상에 알려진 곳은 효돈천 변의 딱한 곳이다. 10여 년 전만 해도 이곳에 세 그루가 있었으나 어느새 두 그루는 사라지고 현재 딱 한 그루가 남았다. 남은 것도 연구용 표본을 만들려 했는지, 삽목을 해서 키워 보려 했는지 몰라도 가지가 하나씩 잘려 나가서 아주 볼품없는 상태다. 다행히 최근 다른 곳에서 무주나무 자생지를 확인했지만 아쉽게도 몇 그루 되지 않는다. 유전자원 보전을 위해서라도 증식할 방법을 빨리 찾았으면 좋겠다.
　무주나무는 키가 크다 해도 2미터도 안 된다. 전체적으로 가시가 없고 줄기는 녹색을 띤다. 잎은 수정목과 달리 길쭉하며, 끝이 꼬리처럼 길게 뻗어 나와 딱 봐도 더운 지방에서 자라는 나무라는 느낌이 난다. 트럼펫을 닮은 하얀 꽃은 끝이 네 갈래로 갈라지고, 안쪽의 폭신한 털이 인상적이다. 또 시간의 차이는 있으나 꽃이 잎겨드랑이에서 꼭 두 개나 네 개씩 짝을 지어 피는 것도 이채롭다. 열매는 꽃이 지고 한참 지난 뒤 달린다. 처음에는 녹색이지만 서서히 파란색으로 익어 빨간 열매를 달고 있는 수정목과는 또 다른 느낌을 준다.

무주나무를 처음 본 사람들은 이 나무가 '전라북도 무주에서 발견이 되어서 이런 이름으로 불릴까'라고 생각할지도 모르겠다. 하지만 제주도가 북방한계선이니 무주 지역과는 전혀 상관이 없다. 무주無珠는 '구슬이 없다'는 뜻으로, 뿌리가 염주 같이 굵어지지 않은 데서 무주나무라는 이름이 유래한다.

줄기
높이 1~1.5미터 정도이며 녹색이다. 가지는 가늘게 갈라지고 어린 가지에는 털이 있다가 차츰 없어진다.

잎
마주나며 긴 타원형이다. 잎 가장자리는 밋밋하고, 잎끝은 꼬리처럼 길며, 밑부분은 쐐기 모양이다. 표면에는 털이 없으나 뒷면 잎맥에는 조금 있거나 없고, 짧은 잎자루가 있다.

꽃
5월에 잎겨드랑이에 흰색의 통꽃이 두 개에서 네 개씩 달리며, 꽃자루는 거의 없다. 꽃덮이조각은 다섯 갈래로 갈라지며, 안쪽에 연한 털이 있다.

열매
둥근 장과가 10~11월에 파란색으로 익는다.

주요 특징

수정목과 달리 가시가 없으며, 잎은 긴 타원형으로 끝은 꼬리처럼 길고, 열매는 파란색이다.

섬개벚나무

Prunus buergeriana Miq.

해발 500~1200미터의 숲에서 자라는 낙엽성 큰키나무

과명	장미과
분포	제주
제주어	사오기

섬개벚나무는 해발 500미터의 중산간 오름부터 1200미터의 한라산 기슭까지 제주도에서는 어렵지 않게 볼 수 있는 나무다. 하지만 아직은 제주도 밖에서는 발견되지 않는 나무라 할 수 있다. 숲속에서 자라는 많은 나무에 비해 유달리 하늘로 쭉 벋은 줄기가 장대한 기개를 느끼게 한다.

벚나무속 나무는 구분하기가 만만치 않다. 꽃도 잎도 열매도 대부분 비슷해서 나무에 관심을 가지고 열심히 달려드는 사람도 벚나무 앞에 서면 작아지기 마련이다. 하지만 그런대로 섬개벚나무는 비교적 쉽게 알아챌 수 있다. 줄기나 꽃이 피는 모습이 다른 벚나무 종류와 약간의 차이점이 있기 때문이다.

섬개벚나무의 줄기는 올벚나무와 비슷하다. 하지만 올벚나무는 줄기에 잔가지를 달고 비스듬히 자라는 성질이 있다. 반면 섬개벚나무는 하늘을 향해 곧게 자란다. 줄기의 껍질눈피목은 섬개벚나무가 올벚나무보다 작고 가로로 드문드문 퍼져 있다. 섬개벚나무의 겨울눈은 달걀 모양으로 비늘조각이 홍색이며 광택이 있다는 점도 관찰 대상이다.

잎이 달리면 섬개벚나무는 조금 더 구별이 쉬워진다. 다른 벚나무에 비해 잎 가장자리의 톱니가 덜 뾰족하여 조금 무딘 느낌이고, 잎맥의 간격도 더 넓어 보인다. 꽃에서는 확실히 차이를 보인다. 벚나무 종류는 꽃이 보통 산방꽃차례 또는 우산 모양꽃차례로 달리는 반면 섬개벚나무는 총상꽃차례로 달려 확실히 구별할 수 있다. 꽃잎이 흰색인 것은 다른 벚나무와 같지만 크기가 작고 몇 장 되지 않아 서

로 간격이 있다. 열매 또한 붉은색이 아닌 노란빛이 강한 황적색에서 흑자색으로 익는 것도 차이가 있다.

국내에서는 제주도로 오지 않으면 섬개벚나무를 볼 수 없다. 섬개벚나무라는 이름의 접두어 '섬'은 제주도를 의미한다. 즉, 제주도에서 나는 개벚나무라는 뜻이다. 섬개벚나무의 제주어인 사오기는 모든 벚나무에 붙였던 이름이어서 특별한 의미가 있는 것 같지는 않다. 종소명 *buergeriana*는 19세기 중반 일본에서 활동했던 독일의 식물채집가 하인리히 부르거 Heinrich Buerger를 기리기 위해 붙인 이름이다.

줄기
높이가 10~15미터 정도로 자란다. 회갈색 나무껍질은 오래되면 불규칙하게 갈라진다.

잎
어긋나며 긴 타원형이다. 잎끝은 길게 뾰족하며, 밑부분은 넓은 쐐기 모양이다. 양면에 털이 없고, 가장자리에 잔톱니가 있다. 잎자루는 붉은빛이 돌며 털이 없다.

꽃
4~5월에 작년 가지에서 흰색 꽃이 총상꽃차례로 달리고, 꽃잎은 넓은 거꿀달걀형이다. 수술은 많으며 꽃잎보다 길고, 암술대는 수술보다 짧고 씨방에 털이 없다. 꽃자루와 꽃차례에 털이 있다.

열매
둥근 핵과가 8월에 황적색에서 흑자색으로 익고, 열매가 달린 후에도 꽃받침이 남아 있다.

주요 특징
잎 양면에 털이 없고 가장자리에 잔톱니가 있다. 꽃이 총상꽃차례로 달리며 열매가 달린 후에도 꽃받침이 남아 있다.

성널수국

Hydrangea liukiuensis Nakai
산지에서 자라는 낙엽성 작은키나무

| 과명 | 수국과 |
| 분포 | 제주 |

봄이 끝나갈 무렵인 5월이 되면 육지의 들꽃애호가들은 성널수국을 보기 위해 제주행 비행기를 탄다. 하지만 성널수국은 만나기 쉬운 나무가 아니다. 한라산의 날씨와 궁합이 잘 맞아야 하고, 현무암으로 이루어진 계곡을 건너야 하는 힘든 과정을 거쳐야 하기 때문이다. 물론 한라산국립공원 안에서 자라고 있어서 출입 허가도 받아야 한다.

한라산 성판악탐방로를 따라 한 시간 정도 올라가면 왼쪽으로 성판악이 보인다. 성판악은 오름치고는 비고가 165미터로 꽤 높고, 몸체도 거대하여 오름의 제왕이라 불린다. 한자어인 성판악을 한글로 바꾸면 성널오름이 된다. 성널수국은 2004년 성판악 근처 하천에서 몇 개체가 발견되어 학계에 보고된 식물이다. 성널수국이라는 이름도 여기에서 유래한다. 발견 당시만 해도 일본에서만 자라는 일본 특산식물로 알려졌었다. 그 후 10년이 넘게 나타나지 않다가 최근 서귀포시 남원읍 서중천 상류 지역에서 자생지가 확인되었다. 하지만 자생지가 두 곳에 불과하고 개체 수도 많지 않아 법정보호식물 못지않게 귀한 식물임에 틀림이 없다.

성널수국은 햇빛이 조금 들어오는 하천 변에서 자라는 작은키나무다. 전체적인 모습은 수국과 한 집안임을 단박에 알 수 있다. 하지만 잎이나 꽃을 자세히 보면 조금 차이가 있다. 잎은 다른 수국과 식물에 비해 훨씬 작다. 잎은 간격이 좁고 서로 교차해서 돋기 때문에 위에서 보면 돌려나는 것 같다. 잎 가장자리 톱니가 위쪽에 두어 개만 있는 것도 독특하다.

꽃도 수국과의 다른 꽃처럼 헛꽃무성화이 있으나 조금 다르다. 수국과 꽃은 보통 가운데 결실을 하는 실꽃유성화이 있고 그 주위를 헛꽃으로 치장한다. 하지만 성널수국은 헛꽃이 가지에 달랑 두어 개만 달려 있고, 아예 없는 것도 있다. 실꽃도 다른 수국과 꽃처럼 가운데 수북이 몰려 있는 것이 아니라 헛꽃 아래로 듬성듬성 달려 있다. 꽃은 흰색이라 그런지 헛꽃의 수가 적은 것에 비해 도드라져 보인다. 화려하지는 않지만 그늘진 곳에서도 곤충의 눈에 쉽게 들어올 것 같다. 뿐만 아니라 숲 안으로 햇빛이 들어오는 시간에 볼 수 있는 성널수국의 자태는 매년 들꽃애호가들을 불러들이기에 부족함이 없다.

성널수국은 국내에서는 제주도에서만 발견되는 귀한 식물이다. 자생지가 한정적이고 개체 수도 많지 않으니 보존 대책이 필요한 시점이다. 덧붙여 꽃이 특이하고 아름다워 그늘진 곳에 심는 관상용 식물로 이용해도 괜찮을 듯하다.

줄기
높이는 1.5미터 정도 자라고 회갈색이다.

잎
마주나며 긴 타원형이다. 잎끝은 뾰족하고, 밑부분은 쐐기 모양이며, 가장자리는 중간 윗부분에 성긴 톱니가 있다. 잎자루는 짧고 털이 있다.

꽃
5~6월에 가지 잎겨드랑이에서 흰색 꽃이 나와 산방꽃차례를 이룬다. 헛꽃은 흰색으로 없거나 세 개이며, 꽃받침조각은 서너 개로 달걀 모양이다. 양성화는 연한 황록색 또는 황백색이며, 꽃잎은 끝이 뾰족하다.

열매
달걀 모양 또는 타원형 삭과가 9~10월에 익는다.

주요 특징
잎 중간 윗부분에 성긴 톱니가 있으며, 헛꽃은 세 개 이하로 적게 달린다.

솔비나무

Maackia fauriei (H.Lév.) Takeda
한라산 중턱에서 자라는 낙엽성 큰키나무

과명	콩과
분포	제주
제주어	솔피낭

솔비나무는 제주도의 해발 500~1200미터 습지 주변에서 주로 보이며, 풀밭에서도 간간이 나타난다. 아그배나무, 꽝꽝나무와 함께 습지 안에서 가장 많이 먼저 터를 잡는 나무다. 이를 증명하듯 습지의 육화 과정을 알 수 있는 이른바 '습지 안의 섬'이라고 부르는 곳에는 반드시 솔비나무가 출현한다. 솔비나무는 개체 수가 비교적 많은 편이서 멸종위기야생식물로 지정된 것은 아니지만 제주도에 오지 않으면 볼 수 없는 나무다.

한라산 1100고지습지의 솔비나무는 5월에 새싹이 올라올 때 가장 눈에 띈다. 잔뜩 웅크리고 있던 연녹색 잎은 따스한 봄기운을 받으면 서서히 펼쳐진다. 멀리서 보면 꽃잎이 열린다고 착각할 정도로 아름답다. 마치 아기가 손가락을 웅크렸다 펴는 것 같은 모습이다. 이를 본 사람들은 솔비나무는 '꽃보다 새싹'이라고 말한다.

나무껍질은 갈색 바탕에 녹색이 섞여 있어 질감이 느껴지고, 오래되면 종잇장처럼 벗겨지면서 둥글게 말린다. 나뭇가지는 불을 피우면 잘 꺼지지 않고 오래도록 타는 성질이 있어서 한라산 기슭의 표고버섯농장에서 겨울철 땔감을 준비할 때 가장 먼저 모으는 나무가 솔비나무였다. 예전 제주도에서는 겨울을 나기 위해 곶자왈이나 오름에서 나무의 잔가지를 꺾어 오곤 했다. 이 겨울 채비를 위한 땔감을 '설피 또는 솔피'라 불렀다. 솔비나무라는 이름은 제주어인 '솔피낭'에서 왔다고 하는데 '최고의 솔피'라는 의미가 아닐까 싶다.

꽃은 흰색 바탕에 노란빛이 살짝 감돈다. 한여름에 피는 꽃치고는 화려하지 않지만 많은 수의 꽃이 피어서 장관을 이룬다. 더구나 꽃에는 달콤한 꿀이 있어 벌들이 많이 모여들기 때문에 밀원식물로도 제격이다. 솔비나무는 제주도에서 농기구 재료로 가장 많이 이용했던 나무다. 재목이 무겁고 질겨서 땅속의 돌을 파서 일으키는 벤줄레나 밭을 갈 때 쓰는 따비의 재료로 쓰였다. 농기구 가운데 가장 집약적인 도구인 쟁기의 양주머리와 무클의 재료도 솔비나무였다. 콩·밀·보리 등의 곡식을 탈곡할 때 사용하는 도깨, 바가지 비슷한 솔박도 솔비나무로 만들었다.

줄기
7~10미터 정도로 자란다. 나무껍질은 녹갈색이고, 오래되면 종잇장처럼 벗겨지며 세로로 둥글게 말린다.

잎
어긋나며 홀수깃꼴겹잎이다. 작은잎은 달걀 모양 타원형 또는 긴 타원형으로 여섯 쌍에서 여덟 쌍이며, 잎끝은 둔하고 가장자리가 밋밋하다. 잎 뒷면에 부드러운 털이 있다.

꽃
7~8월이 되면 가지 끝에 연한 황백색 꽃이 총상꽃차례로 달리며, 꽃자루와 꽃대 축에 갈색 털이 있다. 꽃받침은 종 모양이며 다섯 개로 얕게 갈라지고 갈색 털이 있다.

열매
긴 타원형 또는 선형 협과가 10~11월에 황갈색으로 익고 한쪽에 날개가 있다.

주요 특징
작은잎이 여섯 쌍에서 여덟 쌍으로 수가 많으며, 잎 뒷면에 부드러운 털이 있다.

수정목

Damnacanthus major Siebold & Zucc.
저지대 난대림 하천 변에서 자라는 상록성 작은키나무

과명	꼭두서니과
분포	전남, 제주
제주어	냉끼낭

서귀포 하천 변 상록수림 지대에서는 구실잣밤나무를 필두로 종가시나무, 모새나무, 소귀나무, 검양옻나무, 참꽃나무, 백량금 등을 주로 볼 수 있다. 그 속에는 호자나무, 무주나무와 함께 꼭두서니과 삼총사라 불리는 수정목이 있다. 수정목은 호자나무와 자생지가 겹치기도 하지만 따로 있는 경우가 많고 개체 수도 훨씬 적다. 수정목의 주 자생지는 제주도이며, 전라남도의 일부 지역에서도 볼 수 있다.

수정목하면 보석 수정水晶을 떠올리게 되나 이와 관련이 없다. 중국에서는 호자나무를 '정원수로 오래 사는 나무'라는 뜻인 수정목壽庭木이라고도 한다. 호자나무에 붙여야 할 이름을 우리나라에서는 다른 나무에 붙여 버린 것이다. 혹시 두 나무의 모습이 서로 비슷해서 처음에는 같은 나무로 생각하다 나중에 호자나무와 수정목이라는 각각의 나무에 따로 이름을 붙인 것은 아닌지 모르겠다. 제주도에서는 호자나무를 '냉끼낭'이라 한다. 하지만 수정목의 주 자생지인 서귀포시 서홍동, 토평동, 중문동 지역에서는 수정목도 냉끼낭이다.

수정목은 호자나무와 꽃·잎·열매의 모습이 비슷하다. 하지만 수정목이 키도 잎도 더 크다. '보다 큰'이라는 의미인 종소명 *major*도 이 때문에 붙은 듯하다. 잎은 광택이 나서 반질거리고, 가시의 길이는 잎의 절반 이하여서 빨리 눈에 들어오지 않아 그렇게 날카로운 느낌은 없다. 깔때기 모양의 꽃이나 붉게 익는 열매는 호자나무와 서로 비슷하다.

꼭두서니과 나무 삼총사의 키를 보면 호자나무가 가장 작고, 수정목, 무주나무

순이다. 반대로 가시는 호자나무가 가장 크고, 수정목이 다음이며, 무주나무는 아예 없다. 그런데 재미있는 것은 개체 수는 반대로 호자나무가 가장 많고, 수정목, 무주나무 순이다. 혹시 가시의 크기가 이 순서를 결정지은 것은 아닐까? 아무래도 가시가 길면 열매를 잘 보호할 수 있고 그 때문에 발아할 수 있는 확률도 높을 것이다. 가뜩이나 무주나무는 열매가 많이 달리지 않는 데다 가시까지 없어 열매를 지키는 일이 쉽지 않다. 이런 환경에서 무주나무가 멸종위기로 몰렸을 것으로 생각된다. 이에 비하면 짧은 가시라도 가지고 있는 수정목은 무주나무보다 개체 수가 많아 그런대로 양호한 상태라 할 수 있다.

⚘ 줄기
높이는 30~70센티미터 정도다. 나무껍질은 회백색이며 어린 가지에 가늘게 굽은 털이 있다.

🍃 잎
마주나며 달걀 모양 또는 넓은 달걀 모양이다. 잎끝은 뾰족하고, 밑부분은 둥글며, 가장자리는 밋밋하다. 표면은 광택이 있고, 마디에 짧은 가시가 있다.

✿ 꽃
4~5월에 잎겨드랑이에 흰색 꽃이 한두 송이씩 달리고, 짧은 꽃자루가 있다. 깔때기 모양 꽃은 끝이 달걀 모양 삼각형으로 네 갈래로 갈라진다. 꽃 안쪽에 긴 털이 빽빽이 난다. 수술은 네 개이고, 암술대는 끝이 네 갈래로 갈라지며 수술보다 길다.

⚬ 열매
둥근 핵과가 10~11월에 붉게 익고 이듬해까지 남아 있다. 열매가 달린 후에도 꽃받침이 남아 있다.

주요 특징
가시의 길이가 잎의 절반 이하로 짧다.

암매

Diapensia lapponica L. var. *obovata* F.Schmidt

한라산 백록담과 그 주변 바위 지대에서 자라는
상록성 작은키나무

과명	암매과
분포	제주

암매는 빙하기 때 한반도까지 내려왔다가 날씨가 따뜻해지면서 한라산 백록담과 그 주변의 바위 지대에서 살아가게 된 고립된 식물이다. 주로 추운 지역에서 살아가는 북방계 식물로 만주, 러시아 사할린, 일본 북해도 등 고산지대에 분포하며, 우리나라에서는 한라산이 유일하다. 제주도가 남방한계선이라 할 수 있으며, 개체 수가 적어 환경부 멸종위기야생식물1급 식물일 정도로 굉장히 귀한 나무다.

암매는 키가 작아 풀처럼 보이지만 엄연히 나무다. 높이가 커 봤자 5센티미터도 채 안 되니 세상에서 가장 작은 나무라 할 수 있다. 줄기가 한 곳에서 옆으로 방석처럼 퍼져 자라서 여러 그루가 모여 있는 것 같지만 한 그루인 경우가 많다. 잎은 가죽질로 단단하며, 빽빽이 모여 달려 식물체에 틈이 없어 보인다. 꽃은 약간 노란 빛을 띠는 경우가 있으나 주로 흰색이다. 열매가 긴 꽃받침 안에 싸여 있고, 긴 암술대가 남아 있는 모습도 특이하다. 암술대 끝은 세 갈래로 갈라지고, 열매가 달리고 난 뒤 서서히 말라 간다.

암매가 자라는 곳은 바람이 드세고 기온이 낮다. 이렇게 척박한 환경에서는 자세를 낮추는 것이 유리할 수밖에 없다. 게다가 곤충의 도움으로 꽃가루받이를 하는 충매화지만 꽃에 향기가 없어 곤충을 불러들이는 것도 힘들다. 그렇다 보니 어쩌다 벌이나 나비가 꽃가루받이를 해 주지만 스스로 꽃가루받이 自家受粉 를 하는 경우가 더 많다. 후손을 이어 가기 위해 일종의 보험을 들어놓은 셈이다. 암매는 주로 건조한 절벽에서 살아가기 때문에 수분을 빼앗기지 않으려 잎은 가죽질로 무장했고, 줄기도 물을 많이 머금고 있다.

암매라는 이름은 '바위 위에 피는 매화'라는 뜻의 한자어 암매岩梅가 그대로 이름이 되었다. 암매를 풀이해서 '돌매화나무'라 부르기도 한다. 실제로 꽃을 보면 봄에 피는 매화를 빼닮았다. 변종소명 *obovata*는 '거꿀달걀형'이라는 뜻으로 암매의 잎이 거꿀달걀형이라 이런 이름이 붙었다.

암매는 자생지가 백록담과 그 주변으로 제한적이어서 멸종될 위험이 높은 식물이다. 더욱이 최근에는 기후변화로 평균기온이 올라가면서 그 위험성은 더 높아지고 있다. 게다가 추운 곳에서 살아가는 자생지의 특이성은 인공적인 증식을 어렵게 한다. 자생지 연구 등 멸종의 위험에서 벗어날 수 있는 다양한 방법을 찾아야 할 시점이다.

줄기
높이는 3~5센티미터 정도로 낮고, 누워 자라며, 가지가 많이 갈라진다.

잎
거꿀달걀형 가죽질 잎이 가지에 빽빽이 모여서 달린다. 잎끝은 둥글고 밑부분은 줄기를 조금 감싼다.

꽃
6월에 흰색 또는 황백색으로 피고, 가지 끝에 한 개씩 달린다. 꽃은 통꽃으로 끝은 다섯 갈래이고, 꽃자루의 길이는 1~2센티미터. 수술은 다섯 개, 암술머리는 세 갈래로 갈라지며, 씨방은 거꿀달걀형이다.

열매
둥근 삭과가 꽃받침조각에 둘러싸여 있다. 세 갈래로 벌어지며, 8~9월에 흑갈색으로 익는다.

주요 특징

줄기는 누워서 자라며, 잎은 빽빽이 모여서 달리고, 열매는 꽃받침조각에 싸여 있다.

제주백서향

Daphne jejudoensis M.Kim

곶자왈에서 드물게 자라는 상록성 작은키나무

과명	팥꽃나무과
분포	제주
제주어	만리향, 천리향

복수초가 1년 중 가장 꽃을 먼저 피운다지만 제주도에서는 잘 맞지 않는다. 이를 잘 보여 주는 식물 가운데 하나가 제주백서향이다. 이 나무는 동백동산 일대를 비롯해 제주도 서쪽의 한경-저지곶자왈에서 자란다. 곶자왈을 대표하는 양치식물로 제주고사리삼을 꼽을 수 있다면, 나무로는 제주백서향이다. 제주백서향은 제주도기념물로 지정될 만큼 아름답고, 자생지가 제한적인 귀한 나무다.

백서향白瑞香이라는 이름은 꽃이 흰색이고 상서로운 향기가 나는 나무라는 뜻의 한자어에서 유래한다. 거제도와 흑산도 등 남해안 섬 지역에 자라는 백서향과 달리 제주도에서 자라는 것은 꽃받침에 털이 없고 잎이 긴 타원형이라는 차이가 있어서 최근 제주백서향으로 따로 구분하고 있다. 제주도에서만 자라는 고유종이 된 것이다. 종소명 *jejudoensis*는 자생지가 제주도라는 뜻이다.

제주백서향은 상록성 나무로 키는 커 봤자 2미터를 넘지 않으며, 빛이 잘 드는 곳에서 곧잘 자라지만 큰 나무 아래에서 군락을 이룬다. 잎은 넓고 광택이 나며 가지마다 작고 하얀 꽃들이 둥글게 모여 피어서 풍성한 느낌을 준다. 꽃도 아름답지만 천 리까지 간다는 향기가 일품이다. 꽃이 절정을 이루는 시기에 곶자왈로 들어서면 숲은 온통 제주백서향의 향기로 가득하다. 이렇게 향기가 천 리를 갈 만큼 진하여 제주도에서는 '천리향'이라는 다른 이름으로 부르기도 한다. 열매는 6월이면 빨갛게 익는다. 하지만 수그루가 많은 것인지, 아니면 결실이 잘 안 되는 것인지 꽃이 핀 만큼 열매 보기가 쉽지 않다. 빨갛게 익은 열매는 너무나 매혹적이지만 독성이 있는 것으로 알려져 있다.

　제주백서향은 꽃을 감상할 수 있는 시간이 길고 향기가 있어 관상수로 인기가 높다. 그러나 개체 수가 몇 해 전에 비하면 굉장히 줄었다. 자연적인 천이가 원인일 수도 있겠지만 관상 가치가 매우 높아 사람들이 무분별하게 캐어 간 것도 원인이다. 자생지 마을에서는 이를 걱정하여 삽목이나 종자를 채집해서 어린나무 확보에 공을 들이고 있으나 역부족인 듯하다. 꼭 키워 보고 싶다면 씨앗을 받거나 꺾꽂이로 하면 좋겠고, 조직배양을 한 식물을 사서 심는 것도 방법이다.

줄기
키가 큰 것은 150센티미터 정도 되고, 새 가지는 녹색이며, 오래되면 적갈색이 된다.

잎
어긋나며 긴 타원형이다. 표면은 광택이 있고, 양면에 털이 없다. 잎끝은 길게 뾰족하고 밑부분은 점차 좁아져서 짧은 잎자루로 이어지며 가장자리는 밋밋하다.

꽃
암수딴그루로 양성꽃이다. 2~4월에 전년도 가지 끝에 흰색 꽃이 머리모양꽃차례로 달리며 꽃자루는 짧다. 꽃받침통은 끝이 네 갈래로 갈라진다. 수술은 여덟 개로 네 개는 꽃받침통 중간에, 네 개는 입구에 배열된다.

열매
옆으로 퍼진 타원형 장과가 5~7월에 붉은색으로 익으며 독성이 있다.

주요 특징

백서향에 비해 꽃받침에 털이 없고, 잎은 긴 타원형이며, 꽃이 열 개에서 스무 개 정도로 많이 달린다.

죽절초

Sarcandra glabra (Thunb.) Nakai

상록성 나무 숲 아래 하천 변에서 자라는 상록성 작은키나무

과명	홀아비꽃대과
분포	제주

죽절초는 서귀포시 하천 변 상록성 나무 숲 아래에서 드물게 자라는 나무다. 주로 아열대지방에 분포하기 때문에 제주도는 최북단 자생지에 해당한다. 하지만 어쩌다 몇 그루를 만날 수 있을 정도로 자생지에서 죽절초 보기가 정말 어려워졌다. 이렇게 죽절초가 수목원 또는 식물원에서나 볼 수 있는 나무가 된 것은 관상 가치가 높다고 사람들이 마구 캐냈기 때문이다. 이런 희귀성 때문에 죽절초는 환경부 멸종위기야생식물 2급, 산림청 희귀식물 및 멸종위기종으로 지정되어 법의 보호를 받고 있다. 그래도 최근에는 기관, 환경단체 등의 복원 노력으로 몇몇 곳에서 개체가 약간 늘어난 것을 확인할 수 있다.

죽절초라는 이름 때문에 풀이라 생각하기 쉽다. 하지만 엄연히 나무다. 죽절초 竹節草를 풀이하면 '대나무처럼 마디가 발달한 풀'이 된다. 실제로 줄기는 대나무처럼 녹색이며, 마디가 부풀어 있고, 털이 없다. 종소명 *glabra*도 '털이 없는'이라는 뜻으로, 전체적으로 식물체에 털이 없는 특징을 설명하고 있다.

키가 큰 것은 2미터 가까이 되는 나무도 있으나 보통 1미터가 조금 넘는 정도다. 광택이 나는 긴 타원형 잎은 두툼하여 풍성해 보이고, 이빨처럼 생긴 톱니가 독특하다. 하지만 꽃잎과 꽃받침이 생략되어 꽃은 아주 부실하다. 이를 보완하기 위해 암술과 수술이 서로 다른 색을 내면서 약간 부풀어 있으나 꽃의 크기가 너무 작아 매개체를 끌어들일 수 있을지 걱정스럽다. 게다가 모든 나무가 꽃을 피우는 것도 아니다. 하지만 빈약한 꽃에 비해 열매는 너무나 매력이 넘친다. 늦가을부

터 조롱조롱 달리는 열매는 잎 위로 올라와 하나씩 떨어지면서 겨울까지 남아 있다. 빨간 열매는 녹색 잎과 색깔의 조화를 이루어 너무나 인상적이다. 혹시 운이 좋으면 눈 속에서 빨간 열매를 만날 수도 있다.

죽절초의 아름다움을 즐기기 위해 화분에 심거나 정원에서 가꾸는 사람들이 늘고 있다. 죽절초가 이용 가치가 높은 식물자원이라는 것을 보여 준다. 이에 따라 재배 농가도 생겨나고 있으니 죽절초가 필요한 사람들은 야생에서 캐 오지 말고 구매하거나 열매를 채집해서 심으면 좋겠다. 죽절초는 씨앗부터 키우거나 꺾꽂이를 해도 잘 자란다고 하니 키우는 데도 큰 어려움이 없어 보인다.

✿ 줄기

녹색으로 털이 없으며, 마디가 두드러진다.

🍃 잎

마주나며 긴 타원형이다. 끝이 뾰족하고 이 모양 톱니가 있다. 표면은 광택이 있고, 뒷면은 황록색이며, 잎자루가 있다.

✿ 꽃

6~7월에 가지 끝에서 연한 황록색 꽃이 이삭꽃차례로 달린다. 포는 끝까지 남아 있다. 꽃잎과 꽃받침은 없고 수술은 황색으로 씨방 위쪽에서 수평으로 달린다. 씨방은 달걀 모양으로 연한 녹색이다.

⚬ 열매

둥근 핵과가 다섯 개에서 열 개씩 달리며, 11~12월에 붉은색으로 익는다.

주요 특징

상록성 나무로 가지가 갈라지고, 잎은 마주난다.

참나무겨우살이

Taxillus yadoriki (Siebold ex Maxim.) Danser
상록성 나무에 기생하는 상록성 작은키나무

과명	꼬리겨우살이과
분포	제주

식물들은 일반적으로 잎에 엽록소를 가지고 있어 광합성을 해서 양분을 만들어 낸다. 그러나 다른 식물에 의지하여 살아가는 기생식물도 있다. 기생식물은 '흡기'라고 하는 대롱 모양의 뿌리를 다른 나뭇가지에 내려 기주식물로부터 영양분을 얻는다. 스스로 양분을 전혀 만들지 못하는 전기생식물도 있고, 양분은 만들 수 있으나 조금 부족한 것만 다른 식물에서 얻는 반기생식물도 있다. 또 부엽토에서 양분을 얻는 부생식물도 있다. 이처럼 식물이 살아가는 모습은 천차만별이다.

참나무겨우살이는 잎에 엽록소가 있어서 광합성을 통해 어느 정도는 양분을 만들 수 있는 반기생나무다. 숙주나무는 주로 구실잣밤나무·후박나무·참식나무·사스레피나무·삼나무 같은 상록성 나무이며, 간혹 팽나무 같은 낙엽성 나무에서도 볼 수 있다. 하지만 참나무겨우살이가 번지면 숙주나무의 행방이 묘연해질 정도로 짧은 기간에 나무 전체를 덮어 버린다. 국내에서는 서귀포시 지역에서만 볼 수 있으며, 개체 수는 꽤 많은 편이다.

참나무겨우살이는 숙주나무가 상록성 나무이다 보니 자세히 살피지 않으면 서로 한 나무처럼 보인다. 잎은 보리밥나무나 보리장나무를 닮았고, 뒷면은 황갈색 털이 빼빽하여 바람이 흔들릴 때면 마치 단풍이 든 것처럼 보인다. 잎겨드랑이에 달린 꽃은 아주 특이한 모습이다. 길쭉한 통 모양 꽃잎은 살짝 휘어지고, 끝은 네 갈래로 갈라지며, 그 아래에서 위쪽이 빨간색, 아래쪽이 검은색인 성냥개비를 닮은 수술이 나온다.

참나무겨우살이의 열매는 이듬해 봄이 되기 전에 익는다. 이 시기는 새들에게 먹을 것이 부족한 때라 참나무겨우살이가 더없이 고마운 존재다. 하지만 새들은 풍성하게 달린 열매를 오래도록 즐길 수는 있으나 과육에 점액질이 풍부해 입에 붙은 열매를 털어 내기가 쉽지 않다. 새들은 이를 해결하기 위해 나뭇가지에 입을 비벼 댄다. 이렇게 하다 보면 씨앗이 나무줄기에 달라붙으면서 새로운 참나무겨우살이가 뿌리를 내릴 수가 있다. 또 새들이 배설할 때 흙으로 떨어진 씨앗은 어쩔 수 없으나 나무줄기에 떨어진 것은 다시 새로운 나무로 자랄 수 있다.

줄기
높이 40~100센티미터 정도로 가지가 많이 갈라진다.
어린 가지에 별 모양 털이 많다.

잎
마주나며 넓은 달걀 모양 타원형이다. 잎끝은 둔하고
밑부분은 둥글며, 가장자리는 밋밋하다. 표면은 광택이 나며
뒷면에 적갈색 별 모양 털이 빽빽이 난다.

꽃
10~11월에 꽃자루가 있는 두 개에서 일곱 개의 꽃이
잎겨드랑이에 달린다. 꽃잎은 좁은 통 모양으로 약간 굽으며,
끝은 네 갈래로 갈라져서 뒤로 젖혀진다. 겉에 적갈색 별
모양 털이 있으며 안쪽은 흑자색이다. 수술은 네 개이며,
암술대는 꽃잎 밖으로 나온다.

열매
긴 타원형 장과가 이듬해 2~3월에 황색으로 익고, 적갈색
별 모양 털이 있다. 과육은 점성이 강하다.

주요 특징
상록성 나무로 꽃은 좌우가 같으며, 잎은 보리밥나무나 보리장나무와 비슷하다.

채진목

Amelanchier asiatica (Siebold & Zucc.) Endl. ex Walp.

중산간 하천 변이나 습지 주변에서 자라는 낙엽성 큰키나무

과명	장미과
분포	제주

봄이 절정인 5월 한라산 중턱의 1100고지습지에서는 풍성하게 꽃을 피운 채진목을 볼 수 있다. 채진목은 국내에서는 유일하게 제주도에서 자라는 나무로 자생지도 몇 곳 되지 않고, 개체 수도 모두 합쳐 몇 그루 되지 않는다. 아시아가 원산으로 일본이나 중국에서도 자라지만 마찬가지로 개체 수는 많지 않다고 한다. 이런 희귀성 때문에 우리나라에서도 채진목은 환경부 멸종위기야생식물 2급, 산림청 희귀식물 및 멸종위기종으로 지정되어 법의 보호를 받고 있다.

채진목은 해발 500~1000미터 낙엽성 나무 숲에서 자란다. 키는 대략 10미터까지 자란다고 하지만 제주도에서는 그렇게 큰 개체를 찾기 힘들다. 한라산에서 자라는 것은 커 봤자 2미터 정도이고, 그보다 고도가 낮은 중산간 지대의 나무들도 5미터가 채 안 된다. 조금 추운 곳에서 자라서 그런지 처음에는 잎, 어린 가지, 꽃자루 등에 털이 많다가 자라면서 서서히 없어지는 것도 채진목의 특징이다.

채진목의 꽃은 꽃잎을 사방으로 펼쳐 놓아 하얀 머리를 풀어헤친 모양새다. 꽃이 한창일 때는 얼마나 많이 피는지 나무 전체를 덮어 버릴 정도다. 한라산 1100고지습지는 가까운 거리에서 채진목꽃을 감상할 수 있는 최적의 장소다. 풍성하게 달린 꽃이나 길쭉한 꽃잎을 보면 이팝나무꽃과 닮았다. 둥글고 검붉게 익는 열매는 다른 장미과 나무의 열매와 다르지 않다. 열매의 표면에는 누가 일부러 뿌려 놓은 것처럼 하얀 가루가 얇게 흩어져 있다. 꽃받침조각이 떨어지지 않고 익을 때까지 남아 있는 모습도 재미있다.

채진목이라는 이름은 우리에게 익숙하지는 않다. 안타깝지만 자란이나 초령목처럼 일본에서 쓰는 채진목이라는 이름을 그대로 국명으로 사용한 경우다. 군대 지휘관의 지휘봉 끝에 다는 장식품을 일본에서 채배采配라고 한다. 채진목采振木의 꽃 모양이 채배를 닮은 데서 이름이 유래한다.

봄에 피는 하얀 꽃과 가을에 달리는 열매가 아름다워 조경수로 개발해도 괜찮을 것 같다. 채진목의 열매는 그냥 먹기도 하고 잼이나 파이의 재료로도 사용할 수 있다. 채진목의 생약명은 부이목피扶栘木皮로 옛날에는 각기병이나 통증 제거를 위한 약재로 이용되었다.

🌱 줄기
나무껍질은 회백색이며, 어린 가지에는 부드러운 털이 있다.

🍃 잎
어긋나며 달걀 모양 또는 긴 타원형이다. 잎끝은 점차 뾰족해지고, 밑부분은 둥글거나 심장 모양 비슷하며, 가장자리에 잔톱니가 있다.

🌸 꽃
4~5월에 가지 끝에 흰색 꽃이 달린다. 선형 꽃잎은 꽃받침조각과 더불어 다섯 개이고 끝이 둔하다. 수술은 열다섯 개에서 스무 개이고, 암술대는 다섯 개로 갈라지며, 꽃받침통보다 약간 길다.

🫐 열매
둥근 이과가 9~11월에 검붉게 익고 꽃받침조각이 남아 있다.

주요 특징
꽃은 총상꽃차례로 달린다. 씨방에는 여섯 개에서 열 개의 방이 있으며 방마다 종자가 한 개씩 들어 있다.

초령목

Michelia compressa Maxim.

하천 변 상록성 나무 숲에서 자라는 상록성 큰키나무

| 과명 | 목련과 |
| 분포 | 전남흑산도, 제주 |

초령목이 꽃을 피우는 시기가 되면 제주도의 동부지역 모 개인농원은 들꽃애호가들의 방문으로 북적인다. 소문이 얼마나 났는지 육지에서도 이곳의 초령목꽃을 보기 위해 사람들이 제주행 비행기를 탄다. 처음 보는 꽃도 아닐 텐데 왜 그럴까. 그 이유를 생각해 보면 초령목꽃에서 느껴지는 때 묻지 않은 원시성 때문이 아닐까 싶다.

초령목은 자생하는 목련과 나무 가운데 유일하게 상록성이며, 가장 먼저 꽃을 피운다. 대략 20미터 정도로 높게 자라기 때문에 나무에 핀 꽃을 가까이에서 보기가 쉽지 않다. 꽃은 다른 목련과의 꽃보다 훨씬 작다. 봄볕에 반짝거리는 진녹색 잎 사이로 머리를 내민 꽃은 너무나 화사하며 은은한 향기까지 있다. 붉게 익어 가는 열매는 포도송이처럼 뭉쳐 달려 일반적인 목련 열매의 모습이 아니다. 열매가 다 익으면 옆으로 벌어지면서 씨앗이 밖으로 나온다.

초령목招靈木은 '신령을 부르는 나무'라는 의미로 일본의 건국신화에서 유래했다. 동굴 속에 숨어 버린 태양의 신 천조대신天照大神을 부르기 위해 나무를 흔들며 춤을 추었는데, 이때 이용했던 나무가 초령목이라고 한다. '나뭇가지를 신전에 놓아 신령을 불러들이는 의식에 이용했다' 하여 초령목이라 한 것이다. 지금도 일본의 신사神社 주변에는 초령목이 많다고 한다. 우리나라에서도 일본에서 사용하는 이름을 그대로 가져와 초령목이라 하고 있다.

2017년 제주도 서귀포시 하천 변에서 군락을 이루고 있는 초령목이 발견되었다. 하지만 다른 곳에서 자라는 것까지 합해도 삼십 그루 이하다. 전남 흑산도에서 발견된 40여 그루까지 합쳐도 국내에서 자생하는 나무는 많지 않다. 그래서 각 지방에서는 기념물로, 국가적으로는 멸종위기종이나 희귀식물로 지정해 보호하고 있다. 한편 아열대 지역에서 자라는 초령목이 우리나라에서 군락을 이루고 있다는 것은 식물지리학적으로도 중요한 의미를 지닌다. 초령목의 보존·증식·복원 등을 계획할 때 좋은 정보를 제공하기 때문이다. 또 그동안에는 한 그루씩 발견되었지만, 어린나무부터 큰 나무까지 한곳에서 발견되면서 후계목이 없어 유전적 다양성이 낮다는 우려도 불식시켰다.

줄기
높이가 20미터에 달한다. 나무껍질은 회색 또는 암갈색이며 어린 가지는 녹색이다.

잎
어긋나며 긴 타원형으로 가죽질이다. 표면은 진녹색으로 광택이 있고 뒷면은 청백색이다. 잎끝은 뾰족하고, 밑부분은 쐐기 모양이며, 가장자리는 밋밋하다. 잎자루에 황갈색 털이 있다.

꽃
2~3월에 가지 끝 잎겨드랑이에 꽃이 한 개씩 달린다. 꽃덮이조각은 각각 열두 개로 거꿀달걀형이며, 흰색이지만 밑부분은 붉은빛이 돈다.

열매
타원형 골돌과가 9~10월에 붉게 익는다.

주요 특징
꽃이 잎겨드랑이에서 나고 자방에 자루가 있다.

이야기로 만나는 제주의 나무

8장
제주 땅을 지키는 오래된 나무

곰솔
녹나무
비자나무
센달나무
소귀나무
온주밀감
은행나무
조록나무
주엽나무
팽나무
푸조나무
회화나무

곰솔

Pinus thunbergii Parl.

해안가 또는 저지대 산지에서 자라는 상록성 큰키나무

과명	소나무과
분포	제주, 중부 이남 지역
제주어	소낭

곰솔과 소나무는 다른 나무지만 제주 사람들은 모두 '소나무'라 하여 같은 것으로 받아들인다. 소나무가 해발고도가 높은 한라산 중턱에서 자라기 때문에 제주 사람들이 흔히 보는 나무가 아닐 뿐만 아니라 서로 모습이 비슷한 이유도 있을 것이다. 나무껍질이 약간 검은 빛을 띠어 곰솔이라 하며, 바닷가 주변에서 자라 '해송'이라 부르기도 한다. 소나무는 부드러운 느낌을 주는 나무라 여자 소나무女松라는 다른 이름이 있지만, 곰솔은 거친 바닷가 환경에서도 잘 자라기 때문에 남자 소나무男松로 불리기도 한다. 소나무는 바닷바람을 맞으면 살기 힘들어도 곰솔은 바닷가에서도 잘 견딜 수 있다는 이야기가 된다.

곰솔은 주변에서 흔하게 볼 수 있는 나무였기 때문에 생활에 아주 요긴하게 사용되었다. 그런 이유로 아끼고 보호하는 경우가 많아 결과적으로 제주도에는 오래된 곰솔이 많다. 보호수로 서른두 그루가 지정되어 있으며, 숫자로는 팽나무 다음으로 많다. 모두 수령이 150년 이상 된 나무들로, 애월읍 유수암리에 있는 곰솔은 500년이나 된다.

천연기념물로 지정된 곰솔 네 그루 가운데 두 그루가 제주에 있다. 제주시 아라동 산천단에 있는 천연기념물로 지정된 곰솔위 사진은 우리나라 곰솔 가운데 가장 키가 크다. 원래 이곳에는 아홉 그루가 있었는데, 한 그루가 고사하고 현재는 여덟 그루만 남아 있다. 높이는 21~30미터로 네 그루가 30미터, 세 그루가 25미터이며, 수령은 500~600년으로 추정된다. 생육 상태는 대체로 양호한 편이나 몇 그루는 풍해로 가지들이 한쪽으로 치우쳐 자라고 있다. 천연기념물로 지정된 애월읍 수산리 저수지에 있는 곰솔은 수령이 400년이며, 수관이 넓고 잎도 풍성하여 건강하다. 마을 사람들은 이 곰솔을 보고 '눈이 오면 백곰이 물을 마시는 모습'이라 설명한다. 실제로 가지가 저수지로 드리워져 곰이 물을 마시는 모습을 떠올리게 한다.

'골갱이'는 밭에서 김을 맬 때 제주 사람들이 사용했던 독특한 농기구다. 골갱이의 자루는 속심이 있고 가벼운 나무를 이용했는데, 곰솔이 제격이었다. 곰솔의 나무껍질은 보릿고개가 있던 시절에는 구황식물이기도 했다. 내염성이 있고 공해에 강하며 빨리 자라기 때문에 바닷가 주변의 방풍림으로 이용하기도 한다. 하지만 최근에는 재선충 때문에 고사하는 나무가 많아지고 있고, 그 피해가 점점 한라산 높은 곳까지 퍼지고 있다.

줄기
높이 25미터까지 자란다. 나무껍질은 깊게 갈라지고 흑갈색으로 두껍다. 겨울눈은 은백색이며 부드러운 흰색 털이 많다.

잎
잎은 바늘 모양으로 짙은 녹색을 띤다. 두 개씩 모여 나며 억센 편이다.

꽃
암수한그루로 5월에 꽃이 핀다. 수꽃은 긴 타원형으로 황색이며, 길이는 1.5센티미터 정도된다. 암꽃은 달걀 모양으로 새 가지 위에 두 개 이상 붙고 연한 자색에서 적자색으로 변한다.

열매
달걀 모양 구과가 이듬해 가을에 익는다. 종자는 거꿀달걀형으로 날개가 있다.

주요 특징

나무껍질이 흑갈색으로 두꺼우며, 겨울눈은 은백색으로 털이 많다.

녹나무

Cinnamomum camphora (L.) J. Presl
해발 150~700미터의 산지에서 드물게 자라는 상록성 큰키나무

과명	녹나무과
분포	전남보길도, 제주
제주어	녹남, 녹낭

녹나무의 국내 자생지는 대부분 제주도다. 제주도 서쪽의 청수곶자왈과 저지곶자왈에 주로 분포하고 있고, 동쪽의 동백동산이 있는 선흘곶자왈에서도 관찰된다. 과거에는 서귀포시 대정읍 신도리에 녹나무가 많아 녹남봉이라 불리는 오름이 있을 정도로 녹나무가 많았다고 한다. 하지만 지금은 자생하는 녹나무를 만나기가 쉽지 않다. 대신 제주시 한경면 저지리, 서귀포시 영천동, 남원읍 하례리에 심은 가로수나 천지연 등 관광지에 심은 녹나무 조경수를 꽤 볼 수 있다.

보호수로 지정된 제주도 녹나무 노거수는 두 그루다. 하나는 제주시 삼도2동 제주우체국 안에 있는 250년 된 노거수다. 제주우체국 옆에는 예전 정치·행정의 중심지였던 제주목관아와 관덕정이 바로 이웃해 있다. 관덕정 광장은 1901년 '이재수의 난' 당시 많은 사람이 사망했던 곳이며, 제주 4·3항쟁의 시발점이 되는 1947년 3·1사건이 일어났던 곳이기도 하다. 수령이 250년이나 되었으니 20세기 제주의 아픈 역사를 모두 지켜보았던 나무라 할 수 있다.

다른 하나는 서귀포시 서홍동 한국순교복자성직수도회 제주 분원인 '면형의 집'에 있는 녹나무위 사진다. 수령이 약 200년 정도 되며 높이는 16미터 이상, 가슴높이 직경은 120센티미터다. 풍성한 가지와 당당한 모습이 일품이며, 굵은 나무줄기 위로 뻗어 나가고 있는 양치식물 석위가 그 풍치를 더한다. 그밖에 서귀포시 도순동에는 천연기념물로 지정해 보호하고 있는 녹나무숲이 있으며, 제주시 삼도2동 제주의료원 앞에는 제주특별자치도 기념물로 지정된 두 그루의 녹나무도

있다.

　곶자왈에서도 잘 자라는 녹나무는 척박한 환경을 일구며 살았던 제주 사람들의 삶의 모습을 닮아 있어 제주를 상징하는 나무이기도 하다. 하지만 제주도에서는 녹나무가 있으면 귀신이 들어오지 않는다는 속설 때문에 집안에 심지 않았다. 그 때문인지 제주의 해녀들은 물질할 때 쓰는 각종 도구를 녹나무로 만들어 물속에서 생길 수 있는 우환을 대비했다. 녹나무에 심장을 자극하는 장뇌^{camphor}라는 물질이 있어 환자를 깨어나게 해 준다는 말이 있어서다. 유물을 가득 실은 채 신안 앞바다에 가라앉았다가 몇 년 전 인양된 고려시대 때 송나라 무역선은 녹나무로 만들어진 배였다. 이처럼 녹나무는 재질이 단단하면서 잘 썩지 않아 예로부터 배를 만드는 데 사용했다.

줄기
높이는 20미터에 달하고, 암갈색 나무껍질은 세로로 깊게 파인다. 새 가지는 황록색으로 광택이 있다.

잎
어긋나며 얇은 가죽질이다. 달걀 모양 잎끝은 길게 뾰족하고, 밑부분은 쐐기 모양이며, 가장자리는 물결 모양이다. 잎 뒷면은 회록색이나 붉은빛이 돌고 잎자루가 있다.

꽃
5월에 새 가지의 잎겨드랑이에서 황백색 양성화가 원뿔모양꽃차례로 달린다. 수술은 열두 개로 세 개씩 4열로 배열하며 4열째 수술은 헛수술이다.

열매
둥근 장과가 10월에 흑자색으로 익고, 종자에는 미세한 돌기가 있다.

주요 특징

꽃이 원뿔모양꽃차례로 달린다.

비자나무

Torreya nucifera (L.) Siebold & Zucc.
저지대의 산기슭이나 골짜기에서 자라는
상록성 큰키나무

과명	주목과
분포	남해안 섬 지역, 부산백양산, 전북내장산, 제주
제주어	비조남(낭), 비지낭

비자림은 제주시 구좌읍 평대리 돗오름^{돌오름} 북쪽의 비지곶이라 불리는 곶자왈 안에 1만 그루의 비자나무가 사는 숲을 말한다. 비자림은 천연기념물로, 국내에서 가장 넓은 면적의 비자나무숲이다. 가장 오래된 나무는 900살이 넘었으며, 2000년에 새천년나무로 지정된 것도 800살이라 한다^{위 사진}. 그 외에도 고려시대에 태어난 나무도 열세 그루나 있다. 평균 나이가 320살이며, 키는 가장 큰 것이 16미터, 보통 11~13미터 정도다.

비자나무라는 이름은 한자어 '榧子'에서 유래한다. 한자 비榧는 '광채가 나는 나무'라는 뜻의 글자다. 목재의 품질이 워낙 좋아 비자나무라고 했다는 것이다. 이와 함께 나뭇잎이 비非자를 닮아서 비자나무라 한다는 이야기도 있지만 분명치 않다.

일반적으로 바늘잎나무들은 추운 지역에서 볼 수 있으나 비자나무는 따뜻한 곳에서 자란다. 열매도 다른 바늘잎나무처럼 솔방울 같은 모습이 아니고 새알 모양의 견과다. 열매는 가종피假種皮라 하는 육질의 껍질을 벗겨 내면 연갈색 딱딱한 씨가 보인다. 맛은 떫으면서 고소한데, 비자는 예로부터 회충·요충·십이지장충 등 기생충을 없애는 약으로 쓰였다.

비자나무는 조선시대 때 조정에 진상하는 나무였지만 목재로 다양하게 이용되면서 개체 수가 줄어들기 시작했다. 얼마나 많은 비자나무를 베었는지 여러 번에 걸쳐 진상이 중지될 정도였다. 이런 상황에서도 평대리 비자림은 일제강점기까지도 일반인의 출입이 계속해서 통제되어 그런대로 보호될 수 있었다. 비자림의 나무는 품질이 워낙 좋아서 원나라에서 궁궐을 짓는 재목으로 가져가거나 배를 만드는 재료로도 이용되었다. 또 비자나무로 만든 바둑판은 최고로 쳤다. 나무에 향기가 있고, 색깔이 바둑돌과 잘 어울리며, 돌을 놓을 때 소리까지 좋다고 한다. 한국기원에 있는 조선시대 말 김옥균의 비자나무 바둑판은 명반名盤으로 알려져 있다.

비자림에 가면 비자나무 아래에서 이른바 '닭 뼈다귀 비자나무 가지'를 볼 수 있다. 햇빛 경쟁에서 밀려 떨어진 나뭇가지다. 나뭇가지는 떨어지자마자 껍질이 먼저 썩기 시작하면서 갈색으로 변하고 대만 남는다. 비자나무의 어린 가지는 돌려나며, 양쪽 끝이 울퉁불퉁하고 굵어서 떨어진 가지는 영락없이 삼계탕을 먹고 난 후에 남는 닭 뼈다귀를 닮았다.

줄기
높이는 25미터에 달하고, 나무껍질은 회갈색이며 오래되면 세로로 얕게 갈라져 떨어진다. 어린 가지는 녹색이고 3년째가 되면 적갈색을 띤다.

잎
가늘고 길쭉한 모양이며 깃꼴로 배열된다. 잎끝은 뾰족하고 표면은 짙은 녹색으로 광택이 나고 가죽질이다. 뒷면 한가운데 세로로 나 있는 잎맥 양쪽에는 황백색 기공선이 있고 짧은 자루가 있다.

꽃
암수딴그루이며 5월에 핀다. 수꽃은 작년에 올라온 가지의 잎겨드랑이에 달리고, 암꽃은 새 가지 밑부분의 잎겨드랑이에 달린다.

열매
타원형 또는 거꿀달걀형 구과는 이듬해 10월에 갈색으로 성숙하며, 녹색 육질의 껍질에 완전히 싸여 있다.

주요 특징
잎과 가지가 마주나고, 씨를 덮고 있는 껍질은 종자를 전부 싸고 있다.

센달나무

Machilus japonica Siebold & Zucc.

저지대 산지에서 자라는 상록성 큰키나무

과명	녹나무과
분포	전남, 제주
제주어	누룩낭토평

사람들은 센달나무를 만나면 특이한 이름에 관심을 보인다. '센달'이라는 말이 무슨 뜻인지 알려진 바 없으나 생달나무와 발음이 유사한 것으로 봐서 전라남도 방언에서 유래한 것으로 추정된다. 두 나무 모두 생달나무로 부르다 차이점이 있어 각각의 이름이 붙은 것으로 보인다. 자생지는 제주도 말고도 전남 지역 남서해안 섬에서 자라는 것으로 알려져 있다. 제주도 내 분포 지역도 곶자왈에서 한라산 중턱까지 꽤 넓은 편이다.

센달나무라는 이름에서 혹시 생달나무와 비슷한 나무가 아닌가 생각할 수 있다. 두 종 모두 녹나무과이기는 하지만 생달나무는 생강나무속, 센달나무는 후박나무속으로 서로 다른 집안의 나무다. 비슷한 것으로 치면 꽃도 열매도 같은 속인 후박나무에 더 가깝다. 단지 후박나무 잎은 타원형이지만 센달나무는 좁은타원형으로 조금 더 길쭉하고, 가장자리가 물결 모양이라는 점이 다르다. 일본에서는 후박나무와 비슷한 모양 때문에 '좁은잎후박나무'라 부른다.

제주도의 센달나무 노거수는 애월읍 상가리에 한 그루가 있다 위 사진. 센달나무가 큰키나무라고는 하지만 주변 곶자왈에서 자라는 나무들은 크다 해도 5~6미터 정도라 이 보호수의 크기에 놀라지 않을 수 없다. 수령은 1982년 지정 당시 410년이었으니 계산해 보면 450년이나 된다. 키는 15미터가 넘고, 가슴높이 둘레도 3.2미터라고 안내표지판에 쓰고 있다. 나무는 상가리에서 가장 높은 언덕이 시작되는 곳에 자리 잡고 있다. 큰 줄기 두 개가 서로 의지하며 드센 제주 바람에도 450년 동안 늠름하게 자리를 지킨 모습이다.

센달나무 노거수가 있는 곳 왼쪽에 만들어진 계단으로 올라가면 언덕 꼭대기에 조선 말에 건립된 하운암이라는 기도터가 있다. 상가리 주민들이 학문을 닦았던 곳으로, 지금도 마을 주민들은 매년 하운암에 있는 포제청에서 마을의 안녕을 기원하는 제사를 올린다.

그런데 하운암을 소개하는 표지판에 수령이 440년인 가시나무 보호수가 있다고 적혀 있다. 가시나무라고 하면 종가시나무 등, 상록성 참나무속의 나무를 말할 텐데 언덕 위는 물론 그 주변까지 다 찾아보아도 가시나무 종류는 없다. 아마도 센달나무 보호수를 잘못 동정한 것이 아닐까 싶다. 센달나무는 많은 쓰임이 있었던 것 같지는 않다. 녹나무과 특유의 향기가 있어 가구의 재료로 이용한 정도다.

줄기
높이는 10~15미터 정도 자란다. 나무껍질은 회갈색 또는 황갈색이며 갈색 껍질눈이 발달한다.

잎
어긋나지만 가지 끝에서는 모여 달리며 좁은 긴 타원형이다. 표면은 청록색, 뒷면은 청백색으로 잎끝은 좁아져 꼬리처럼 길고, 밑은 쐐기 모양이며, 가장자리는 밋밋하다.

꽃
5~6월에 새 가지 밑부분에서 올라온 꽃대 위에 연한 황록색 양성화가 모여 달린다.

열매
둥근 장과가 8~9월에 검은빛을 띤 자주색으로 익고, 열매자루는 붉은빛을 띤다. 열매 밑부분에는 꽃덮이조각이 남아 있다.

주요 특징
후박나무 *M. thunbergii*에 비해 잎이 좁고 길며 끝이 꼬리처럼 뾰족하다.

소귀나무

Myrica rubra (Lour.) Siebold & Zucc.
한라산 남쪽 하천 부근에서 자라는 상록성 큰키나무

과명	소귀나무과
분포	제주한라산
제주어	속낭, 쉐기낭

소귀나무는 한라산 남쪽 하천 부근, 특히 서귀포시의 효돈천·신례천·동홍천에서만 발견되고 있어서 국내에서는 꽤 귀한 나무라 할 수 있다. 이런 희귀성 때문인지 소귀나무가 자라는 곳에는 이와 관련된 지명이 전해진다. 제주도에서는 소귀나무를 '쉐기낭'이라 한다. 효돈천의 지류 중 하나인 동홍천 부근에는 '쉐기동산'이라는 곳이 있고, 남원읍 신례리를 지나는 신례천은 소귀나무가 많아 주민들은 '쉐기천' 또는 '쉐기내'라 부른다.

최근에는 소귀나무와 관련하여 남원읍 하례1리가 오르내린다. 효돈천이 흐르는 하례1리는 제주도의 대표적인 생태관광마을로 소귀나무를 마을 상징나무로 정했다. 주민들은 마을 하천 변에서 자라고 있는 소귀나무를 이용하여 소득을 올리고 있다. 소귀나무 이미지를 이용한 상품을 팔고, 열매를 가공해서 만든 차를 만들어 판매한다.

제주도의 유일한 소귀나무 보호수도 하례1리에 있다^{위 사진}. 소귀나무 보호수는 마을 입구인 효례교 옆 쉼터동산에 서 있다. 크기는 수령 100년, 높이 8.5미터, 가슴높이 둘레는 1미터가 채 안 된다. 노거수의 나무줄기는 두 갈래로 갈라지고, 다시 가지를 치면서 아름다운 역삼각형 수형을 만들고 있다. 다른 수종의 노거수에 비해 크지는 않지만 하례1리가 소귀나무 마을임을 알리는 상징나무로서는 충분히 제 몫을 하고 있다.

소귀나무 줄기는 약간 비스듬히 자라다가 위를 향한다. 긴 타원형 잎은 가지 위쪽에서 돌려난 것처럼 둥글게 퍼져 있고, 비비면 송진 같은 독특한 냄새가 난다. 소귀나무는 암수딴그루여서 잎겨드랑이에 달리는 자주색 꽃은 암꽃과 수꽃이 다른 모양이다. 암꽃은 작아서 눈에 잘 띄지 않지만, 수꽃은 풍성하게 달려 눈에 들어온다.

둥근 열매는 빨갛게 익는데 표면에는 돌기가 빽빽하다. 종소명 *rubra*도 '붉은색의'라는 뜻으로 붉은색 열매를 설명하고 있다. 열매는 신맛이 나지만 과육이 많고 향기가 있어 먹을 수 있고, 잼을 만들거나 술을 담그기도 한다. 나무껍질은 과거에 그물 염색의 재료로 썼으며, 재질이 고르고 단단하여 건축재나 가구재로도 썼다. 일본에서는 '산복숭아'라 하고, 중국에서는 버드나무 잎을 가진 매실이라는 뜻의 '양매'라 부른다.

줄기
높이는 25미터에 달하고, 나무껍질은 회색이며 오래된 가지에는 껍질눈줄기나 뿌리에 외피 조직이 만들어진 후 기공 대신 가스의 유입과 배출을 맡은 조직이 있다. 1년생 가지는 붉은빛을 띠고 털이 약간 있다.

잎
어긋나며, 긴 타원형 또는 거꿀피침형이다. 가죽질 잎 표면은 녹색, 뒷면은 연녹색이다. 잎끝은 둔하고 밑부분은 좁은 쐐기 모양이며, 가장자리가 밋밋하거나 위쪽 부분에 톱니가 있다.

꽃
암수딴그루로 3~4월에 꽃잎과 꽃받침이 없는 자주색 꽃이 잎겨드랑이에 달린다. 수꽃차례는 원주형, 암꽃차례는 달걀 모양 긴 타원형이다. 수꽃의 포는 두 개에서 네 개이며 수술은 네 개에서 여섯 개다. 암꽃은 포가 네 개이며, 암술대는 연한 적색으로 두 갈래로 갈라진다.

열매
둥근 핵과가 6~7월에 검붉은색으로 익고, 표면에는 사마귀 같은 돌기가 있다.

주요 특징
잎을 비비면 소나무 송진 같은 독특한 냄새가 나고, 열매는 먹을 수 있다.

온주밀감

Citrus unshiu (Yu.Tanaka ex Swingle) Marcow.
과실수로 재배하는 상록성 작은키나무

과명	운향과
분포	제주
제주어	강귤낭, 귤낭

제주도에서 귤나무는 1980년대까지만 해도 한 그루만 있으면 자식 한 사람을 대학에 보낼 수 있다는 '대학나무'였다. 이렇게 상품 가치가 높았던 온주밀감은 일제강점기인 1911년, 왕벚나무 등 제주의 식물을 세계에 알렸던 타케 신부가 처음 재배했다. 당시 일본에 있던 포리 신부로부터 온주밀감 열네 그루를 받은 타케 신부는 지금의 서귀포 면형의집 주변에 이 온주밀감을 심었다 마지막 한 그루가 2019년 고사했다. 하지만 온주밀감은 중국의 저장성 온주溫州 지방에서 처음 재배한 것으로 제주의 토종 귤나무가 아니다.

제주목사로 일했던 이형상李衡祥은 《남환박물南宦博物》에서 유자, 감자, 유감, 동정귤, 산귤, 금귤, 청귤, 당금귤, 석금귤, 등자귤 등 10종의 제주 토종귤을 언급하고 있고, 담수계의 《증보탐라지增補耽羅誌》에는 14종을 적고 있다. 그중 가장 맛있는 것이 금귤, 유감, 동정귤이었다고 한다. 귀한 과일이었던 귤은 제주도의 대표적인 진상품이었다. 제주도에서 귤을 진상하면 매년 유생들을 성균관 명륜당에 모이게 하여, 귤을 나누어 주면서 황감제黃柑製라는 시험을 치르게 했다. 이것이 조선 후기까지 시행되었던 황감과黃柑科다. 귤의 수요가 점점 늘자 이를 맞추기 위해 국영 과수원인 과원果園이 만들어졌는데, 18세기에 42개소, 19세기에는 54개소에 이르렀다.

조선 후기에 들어오면서 진상과 관련하여 관리들의 수탈이 심해졌다. 백성들은 과원의 노역에 시달려야 했으며, 진상해야 하는 양을 못 맞추기라도 하면 관아에 끌려가 고초를 당하기 일쑤였다. 이렇다 보니 진상제도가 폐지된 1893년 이후에는 귤나무를 아예 뽑아 버리고 재배하기를 꺼렸다. 그 후 10여 년이 지난 후 타케 신부가 온주밀감을 제주도에 들여오면서 판매를 위한 상품으로 귤나무가 다시 재배되기 시작해 지금에 이르고 있다. 하지만 최근에는 당도 높은 품종이 속속 개발되면서 온주밀감을 예전만큼 찾지 않는다.

제주도의 재래종 귤나무는 현재 노거수로만 남아 있다. 가장 오래된 것은 애월읍 상가리에 있는 수령이 350년이 넘는 귤나무다. 바로 아랫마을인 애월읍 하가리에도 250년이 넘는 나무가 있다왼쪽 사진. 두 나무는 모두 진귤로, 높이가 6미터가 넘는다. 애월읍 광령리의 귤나무는 병귤로, 높이는 6미터, 수령이 300년이 넘는다. 제주시 도련동에는 천연기념물로 지정된 과원이 남아 있으며, 병귤·진귤·산귤·당유자 등 네 종류의 귤나무와 쉼터가 있다.

✿ 줄기
3~5미터 정도 자란다.

🍃 잎
어긋나며 달걀 모양 타원형으로 가죽질이다. 가장자리가 밋밋하며 잎자루에 날개가 있다.

✿ 꽃
5월에 잎겨드랑이에 향기가 짙은 흰색 꽃이 한 개에서 세 개가 모여 달린다. 꽃받침조각과 꽃잎은 다섯 개씩이고, 수술은 스무 개에서 스물다섯 개, 암술은 한 개이며 암술머리는 곤봉 모양이다.

○ 열매
편구형 장과가 10월에 등황색으로 익는다.

주요 특징
잎자루에는 잎 모양의 날개가 있으며, 암술머리는 곤봉 모양이다.

제주도의 오래된 귤나무

제주시 애월읍 상가리 250년 된 진귤

제주시 애월읍 광령리에 300년 된 병귤

제주 땅을 지키는 오래된 나무

제주시 도련동 천연기념물 당유자

제주시 도련동 천연기념물 산귤

은행나무

Ginkgo biloba L.

가로수나 공원수로 심는 낙엽성 큰키나무

과명	은행나무과
분포	전국
제주어	은행낭

사람들은 은행나무를 살아 있는 화석이라고 한다. 약 3억5000만 년 전인 고생대 석탄기에 지구에 나타나 온갖 환경적인 어려움에도 지금까지 살아남았으니 그런 말을 들을 만도 하다. 은행나무가 오래전에 출현한 나무인 만큼 우리 나라에도 노거수가 많다. 가장 나이가 많은 것은 용문사의 은행나무로 1100년이 훨씬 넘는다. 그 밖에도 전국적으로 1000년이 넘은 나무가 여러 그루이며 보호수도 800그루에 이른다.

하지만 제주도에서 은행나무를 보는 것은 쉬운 일이 아니다. 50여 년 전만 하더라도 고작해야 대정향교 등 문화재 주변이나 마을회관에 경관을 위해 심어 놓은 정도였다. 그래도 최근에는 은행나무를 볼 수 있는 공간이 조금씩 생겨나고 있다. 제주대학교 교수아파트로 들어가는 도로 변에도 40년 정도 된 은행나무가 줄지어 서 있고, 서귀포시 호근동에도 은행나무 가로수길이 있다. 특히 제주대학교 은행나무길은 유명한 단풍철 웨딩사진 촬영장소가 되었고, 가을이면 입소문을 타고 단풍을 즐기기 위한 사람들로 북적인다.

제주도에서 수령이 100년이 넘어 보호수로 지정된 은행나무는 딱 한 그루다. 위사진. 이 나무는 한림읍 명월리 김한우 씨의 집으로 들어가는 마당에 있다. 수령은 지정 당시1982년 140년, 높이는 11미터, 둘레는 4.2미터라고 안내표지판에 소개하고 있다. 뿌리 주변에 바위가 있어 결코 나무가 살아가기에 좋은 환경은 아니지만 줄기에서 굵은 가지가 여러 갈래로 뻗어 우람한 느낌을 준다. 또 보호수로 지정되지는 않았으나 한라산 관음사에도 1911년에 심었다는 커다란 은행나무가 있고, 서귀포시 서홍동에도 노거수 몇 그루가 있다.

은행나무의 원산지는 중국이다. 이 말은 중국에 자생하는 곳이 있다는 의미이며, 들이나 산에서 보여야 정상이다. 하지만 보통 은행나무는 도로변이나 민가 주변 등 사람과 관련이 깊은 곳에서 만나게 된다. 이것은 은행나무의 씨앗 퍼뜨리기가 사람과 관련이 있다는 것을 말해 준다. 은행나무 열매에서는 특유의 고약한 냄새가 난다. 종자를 덮고 있는 과육질에 헵탄산heptanoic acid이라는 물질이 있어 심한 악취가 나고, 긴코릭산ginkgolic acid이라는 물질은 가려움증을 일으킨다. 이런 물질 때문에 동물들은 접근할 수 없다. 반면에 사람은 은행을 먹을 수 있어서 사람들에 의해 다른 곳으로 종자가 퍼질 수 있게 된다.

⚘ 줄기
높이는 60미터까지 자라며, 나무껍질은 오래된 나무의 경우 회색빛이 돌고 골이 깊게 파인다.

🍃 잎
부채 모양의 잎이 긴 가지에서는 어긋나며, 작은 가지에서는 세 개에서 다섯 개씩 모여난다. 긴 가지의 잎은 두 갈래로 얕게 갈라지고, 짧은 가지의 잎은 가장자리가 밋밋한 것이 많다. 잎맥은 잎끝에서 서로 떨어져 있다.

❀ 꽃
암수딴그루다. 수꽃차례는 연한 황록색으로 한 개에서 다섯 개가 꼬리처럼 달리며 원주형이다. 암꽃은 짧은 가지 끝의 잎겨드랑이에 두 개의 밑씨가 달린다.

◯ 열매
타원형 또는 달걀 모양의 핵과가 9~10월에 노란색으로 익는다. 바깥 육질 부분인 씨껍질에서는 특유의 냄새가 난다.

주요 특징

종자는 겉으로 드러난裸出 밑씨가 발달한 것이다.

조록나무

Distylium racemosum Siebold & Zucc.
저지대 산지에서 자라는 상록성 큰키나무

과명	조록나무과
분포	경남, 전남의 섬 지역, 제주
제주어	조레기낭, 조로기낭, 조롱낭

제주도보호수로 지정된 조록나무 노거수는 서귀포시 동홍동에 한 그루가 있다 위 사진. 이 나무는 기형목으로 높이 12미터, 가슴높이 둘레 3.6미터, 수령 약 250년 정도다. 제주시 영평동의 감귤 과수원에는 제주도기념물 21호로 지정된 커다란 조록나무도 있다. 이 나무는 수령 400년, 높이 14미터, 둘레 3미터 정도이며, 줄기가 크게 네 갈래로 갈라져 풍성하게 잎을 달고 있다.

제주도의 조록나무는 주로 곶자왈에서 자란다. 따뜻한 지역에서 자라는 남방계 식물이라 북방한계선에 해당하는 우리나라는 추운 지역일 텐데 종가시나무나 구실잣밤나무 등 키가 큰 나무에 전혀 밀리지 않는다. 봄에 달리는 자잘한 꽃은 꽃잎이 퇴화했고 붉은 꽃받침으로만 이루어졌다. 가을이 되어 열매가 달릴 때면 잎 표면에는 오배자五倍子라고 하는 열매 처럼 보이는 유난히 많은 벌레집을 볼 수 있다. 듬성듬성 생기기도 하고, 빽빽이 들어차기도 하고, 콩알처럼 생긴 것에서 밥주걱 같은 것까지 크기도 아주 다양하다. 벌레집은 처음에 초록색을 띠다가 서서히 진한 갈색으로 변하며, 모양은 조그만 쌀자루나 조롱박을 떠올리게 한다.

조록나무라는 이름은 제주어 조롱낭에서 유래한다. 잎에서 생긴 벌레집이 조롱을 닮아 조롱낭이라 한 것이 조록나무로 변한 것이다. 열매 끝에는 곤충의 더듬이처럼 짧은 두 개의 돌기가 있고, 표면에는 연한 갈색 짧은 털이 빽빽이 나 있다. 그 모양이 사마귀와 비슷하게 생겼다 하여 일본에서는 사마귀나무라고 한다.

옛날 담뱃대는 담배를 담아 불태우는 담배통과 입에 물고 빠는 물부리, 그리고 담배통과 물부리 사이를 연결하는 설대로 구성되어 있다. 전통적으로 담배통은 구리나 놋쇠를 쓰고, 물부리는 쇠뿔과 수정, 설대는 대나무를 썼다. 그런데 구리나 놋쇠를 구하기 어려우면 조록나무를 이용했다. 그만큼 조록나무의 재질이 불에 저항력이 있었다는 의미다.

줄기를 자르면 심재가 붉은색으로 아름답게 변한다. 이런 색깔 때문에 큰 나무는 가구를 만드는 데 썼다. 재질이 단단하여 쪽마루를 만들 때 못 대신 썼고, 집을 지을 때도 초가집 기둥의 재료로 이용했다. 제주시 제주향교와 조천읍 조천리 연북정의浴北亭 기둥 몇 개는 조록나무로 알려져 있다. 적어도 연북정은 거리가 가까운 동백동산에서 자라는 것을 이용했을 가능성이 크다.

줄기
높이는 20미터까지 자란다. 나무껍질은 적갈색이며 오래되면 조각으로 떨어진다.

잎
어긋나며 긴 타원형이다. 잎끝은 뾰족하거나 둔하고 가장자리는 밋밋하다.

꽃
3~4월에 잎겨드랑이에서 나온 꽃대에 모여 달린다. 꽃잎은 없고 꽃받침은 홍색으로 겉에는 별 모양 갈색 털이 있다. 수술은 여섯 개에서 여덟 개이며 꽃밥은 붉은색이다. 수꽃은 암술이 퇴화되었고 양성화에는 한 개 있다.

열매
목질의 삭과는 겉이 빽빽하게 털로 덮여 있으며 9~10월에 익는다.

주요 특징

꽃잎이 없고 수꽃과 양성화가 함께 달린다.

주엽나무

Gleditsia japonica Miq.

저지대의 계곡이나 하천 가장자리에서 자라는 낙엽성 큰키나무

| 과명 | 콩과 |
| 분포 | 전국 |

식물도감에는 주엽나무가 전국에서 자란다고 되어 있다. 하지만 제주도에서 자생하는 주엽나무를 본 적이 없어서 어떤 모습일지 늘 궁금했었다. 제주시 병문천에서 보았다는 이야기를 문명옥 박사에게 들었으나 하천이 복개되면서 없어져 버려 아쉬워하고 있던 차에 지인의 소개로 한라산 중턱 관음사에 식재한 것으로 보이는 주엽나무를 만나기도 했다. 그로부터 몇 년이 지났을까. 제주도에 보호수로 지정된 주엽나무가 있다는 사실을 알고 바로 달려갔다[워사진]. 보호수가 있는 곳은 제주시 이도1동 도심지의 작은 도로가 만나는 교차로였다. 보호수 안내표지판에 수령 150년, 높이 12미터, 가슴높이 둘레 1.5미터로 소개하고 있다.

그런데 하천 변에서 자란다는 주엽나무가 왜 도심지에 있을까. 어쩌면 이곳의 주엽나무는 제주도에서 자생한 나무일지도 모른다는 생각이 들었다. 게다가 100여 미터 떨어진, 바로 옆 전농로에 두 그루의 주엽나무가 더 있는 것이 아닌가. 150년 전 이곳은 제주성 밖이어서 사람들의 왕래가 많지 않은 허허벌판이나 다름없는 환경이었다. 이런 상황에서 주엽나무를 이곳에 일부러 심었을 것 같지 않다. 더욱이 지금은 복개되어 볼 수 없으나 전농로를 가로질러 흐르는 하천이 있으니 주엽나무가 자라는 생태적 환경과도 맞다. 결과적으로 보호수도 전농로의 주엽나무도 자생한 나무가 아닐까 싶다.

주엽나무는 종교적 의미로 심기도 했다. 예전 사람들은 줄기의 큰 가시 때문에 귀신이 함부로 들어오지 못한다고 생각하고 하나의 부적처럼 집 주변이나 마을

의 허한 곳에 주엽나무를 심었다고 한다. 관음사의 주엽나무는 그런 역할을 하는 듯하다. 주엽나무는 잔가지가 변형된 큰 가시가 나 있는 것이 특징이다. 가시는 자라면서 가지가 갈라지듯 다시 가지를 치기 때문에 길이도 꽤 길어 나무 가까이 접근하기가 만만치 않다. 그런데 이곳 보호수에는 가시가 보이지 않는다. 가시가 동물로부터 자신을 보호하는 수단이라 한다면 도심지에는 방어해야 할 대상이 줄어들었거나 아예 없어졌기 때문에 가시가 없어진 것으로 생각된다.

봄에는 주엽나무 어린순을 나물로 먹기도 한다. 한방에서는 가을에 말린 가시를 조각자^{皁角刺}라 하여 풍을 낫게 하는데 쓰고, 열매 말린 것을 조협^{皁莢}이라 하여 거담제나 치질치료제 등으로 쓴다.

ⓒ문성필

🌱 **줄기**

높이는 20미터에 달한다. 나무껍질은 회갈색이며 사마귀 모양의 껍질눈이 발달한다. 줄기에 적갈색 뾰족한 가시가 있고, 가시는 가지를 치며 납작하다.

🍃 **잎**

어긋나며 1·2회깃꼴겹잎으로 작은잎은 여섯 쌍에서 열두 쌍이고 좌우 비대칭이다. 작은잎은 달걀 모양 타원형으로 가장자리에 물결 모양의 톱니가 있다.

🌸 **꽃**

암수한그루로 6월에 가지 끝과 잎겨드랑이에서 연녹색 작은 꽃이 이삭꽃차례로 빽빽이 모여 달린다. 꽃받침조각과 꽃잎은 각각 다섯 개고, 여섯 개에서 열세 개의 수술과 한 개의 암술이 있으며, 암술대에는 털이 없다.

🫘 **열매**

협과가 10월에 갈색으로 익으며 꼬투리는 비틀려 있다.

주요 특징

줄기의 가시가 납작하고, 열매는 비틀리며, 암술대에 털이 없다.

팽나무

Celtis sinensis Pers.
산지에서 자라는 낙엽성 큰키나무

과명	느릅나무과
분포	전국
제주어	폭낭, 퐁낭

제주도 시골 마을 중심에는 커다란 팽나무가 있다. 예전에는 팽나무 있는 곳이 쉬어 가는 쉼터였고, 동네 어른들이 모여 마을 대소사를 의논했던 마을회관이기도 했다. 팽나무는 제주도 어느 곳에서나 볼 수 있는 나무라 너무나 친숙하다. 육지에 느티나무가 있다면 제주도에는 팽나무가 있다고 할 수 있다.

현재 제주도의 보호수로 지정된 노거수는 15종 158그루다. 이 중 팽나무가 99그루로 대부분을 차지하며, 주로 마을 안길에 자리를 잡고 있다. 가장 오래된 것은 애월읍 상가리에 있는 기형목으로위 사진, 수령이 1000년 정도 되었을 것으로 추정한다. 제주시 정실마을에는 400년이 넘은 팽나무 정자목이 있고, 구좌읍 김녕리 궤네깃당에도 350년 된 당목이 있다. 그 밖의 팽나무 노거수도 대부분 150년 이상이다. 그 자리에서 제주 사람들의 삶을 지켜보았고, 마을 주민들과 어려움을 함께했던 존재들이다. 몇 번의 외과수술을 한 나무도 있으나 대부분 꽃을 피우고 열매를 맺는, 아직도 건강한 모습이다.

제주 사람들이라면 누구나 팽나무에 얽힌 추억이 있다. 어린 시절 마을 어귀에 서 있는 팽나무는 놀이터였다. 봄에 작은 꽃들이 피고 지면 초록색 열매가 달리고, 가을이 되면 황적색으로 익는다. 어린 시절 큰 줄기에 매달려 잘 익은 열매를 따 먹던 기억이 새롭다. 또 열매는 먹을거리가 별로 없던 시절, 아이들에게 좋은 간식거리였다. 또 열매는 아이들에게 총알이 되어 주기도 했다. 이른바 '팽총'이다. 대나무 대롱 속에 팽나무 열매를 집어넣고 압축시켜 날리는 방식이었다. 팽나무라는 이름도 '팽총의 총알이 열리는 나무'라는 뜻이 담겨 있다.

팽나무만큼 사계절의 특징을 잘 보여 주는 나무도 없다. 5월 나뭇가지에 새싹이 움틀 때 팽나무는 존재감을 강하게 드러낸다. 조금 굵은 나뭇가지에 뽀송뽀송 올라온 자줏빛 새잎은 봄볕에 더욱 빛이 나서 어떤 나무보다 봄의 느낌을 제대로 전달해 준다. 수관이 넓어 여름철 더욱 풍성해지는 팽나무는 사람들에게 더위를 피할 수 있는 장소를 제공한다. 잎을 떨어뜨리는 가을을 넘기고 겨울이 되면 팽나무는 다시 멋을 발산한다. 굵은 나무줄기에 좌우로 풍성하게 뻗은 앙상한 나뭇가지는 겨울의 모습을 대표하기에 충분하다. 이때가 되면 제주도의 사진가들은 팽나무를 찾아 셔터를 누른다.

줄기
높이는 20미터에 달한다. 나무껍질은 회색이며 어린 가지에 잔털이 빽빽이 나 있다.

잎
어긋나며 달걀 모양 또는 넓은 타원형이다. 잎끝은 뾰족하고 윗부분에 잔톱니가 있으며 잎자루에 털이 있다.

꽃
4~5월에 잎이 나올 때 꽃이 핀다. 수꽃은 가지 아래쪽에 달리며 암꽃은 가지 위쪽 잎겨드랑이에 달린다.

열매
열매자루가 있는 둥근 핵과가 9~10월에 황적색으로 익는다.

주요 특징
씨방에 털이 없으며, 잎의 측맥은 세 쌍에서 네 쌍이다.

푸조나무

Aphananthe aspera (Thunb.) Planch.

저지대 산기슭이나 하천에서 자라는 낙엽성 큰키나무

과명	느릅나무과
분포	전국
제주어	검북낭

  푸조나무는 우리나라에서만 자라는 특산식물로 성장이 빠르다. 다 자라면 20미터 정도로 크고 여기저기로 가지를 뻗어 위풍당당한 모습 그 자체다. 제주도에서는 주로 곶자왈에서 만날 수 있으며, 바닷바람에도 잘 견뎌 바다 가까운 곳에서도 잘 자란다. 이런 장점이 있어 방풍림으로 심는다고 하나, 제주도에서 흔히 볼 수 있는 풍경은 아니다. 대신 당목으로 이용하기도 한다.

  제주도에서 보호수로 지정한 푸조나무는 제주시 도련동의 수령 350년 정도로 추정되는 당목堂木인 노거수, 서귀포시 도순동의 당목인 370년이 넘는 노거수, 서귀포시 상효동에 있는 300년 된 노거수, 한림읍 협재리에 있는 110년이 넘는 노거수위사진 등 네 그루다. 특히 도련동과 도순동에 있는 푸조나무는 외과수술의 흔적이 있기는 하지만 아직도 풍성한 잎을 내고 있고, 대체로 건강한 모습으로 마을 주민들과 삶을 함께하고 있다.

  보호수로 지정되지는 않았으나 수령이 꽤 되는 푸조나무도 여기저기서 발견할 수 있다. 서귀포시 호근동 본향당에도 당목인 오래된 푸조나무가 있다. 서호동과 호근동의 경계 지역에도 방풍림의 흔적으로 보이는 커다란 푸조나무가 서 있다. 제주시 조천읍 와산리 새시미물에도 높이 10미터가 넘는 푸조나무가 있다. 이렇듯 노거수는 마을 주민들과 깊은 인연을 맺고 살아간다.

  푸조나무는 팽나무와 잎이 비슷하여 어릴 때는 구분이 쉽지 않지만, 꼼꼼히 보면 잎맥이 톱니 끝부분까지 닿아 있어 구분할 수 있다. 열매도 팽나무보다 훨씬 굵고 육질이 있어 옛날에는 아이들이 간식거리로 따 먹곤 했다. 제주도에서는 지역에 따라 검북낭 또는 거맹이낭이라 부른다. 검북이나 거맹이는 모두 '검다'는 뜻이 포함된 제주어다. 열매가 검게 익어서 그런 이름이 붙은 듯하다. 푸조나무는 크게 자라고 재질이 단단하여 제주 사람들에게 쓰임이 많았다. 놋그릇이 나오기 전에 제주도 동부지역에서 쓰던 남박이라는 나무그릇은 푸조나무로 만들었다. 방아의 일종인 '방애혹'이라는 생활도구나 도마나 다듬이의 받침대를 만들 때도 푸조나무를 이용했다.

줄기
높이는 20미터에 달한다. 나무껍질은 회갈색이며 작은 껍질눈이 있다. 오래되면 세로로 갈라져 나무껍질 조각이 떨어진다.

잎
어긋나며 달걀 모양 또는 좁은 달걀 모양이다. 잎끝은 뾰족하고, 밑부분은 둥글며, 가장자리에 예리한 톱니가 있다. 표면은 매우 거칠고, 뒷면에 누운 털이 있으며, 잎맥은 곧게 뻗어서 톱니에 완전히 닿는다.

꽃
암수한그루로 5월에 핀다. 수꽃은 새 가지 아래쪽 잎겨드랑이에서 나오고, 암꽃은 새 가지의 윗부분 잎겨드랑이에서 한두 개씩 나온다.

열매
둥근 핵과가 9~10월에 검게 익는다.

주요 특징

측맥이 톱니의 끝까지 닿는다.

회화나무

Styphnolobium japonicum (L.) Schott
가로수와 정원수로 심는 낙엽성 큰키나무

| 과명 | 콩과 |
| 분포 | 전국 |

회화나무는 주로 조경수로 심는다. 그렇다 보니 제주도에서는 흔치 않으며, 기관이나 개인 집안에 심어 놓은 것을 드물게 볼 수 있다. 회화나무는 크게 자라는 큰키나무로 여름철에 꽃을 피우고 가을에 꼬투리 열매가 달린다. 한자로 괴화목槐花木이라 쓰며 '괴'의 중국 발음인 '회'에서 회화나무가 되었다.

제주도내 보호수로 지정된 회화나무는 제주시 조천읍 조천리 마을 안길에 딱 한 그루위 사진가 있다. 안내표지판에는 수령이 250년, 높이 9미터, 둘레는 2.7미터로 소개하고 있다. 나무가 있는 곳에 공원을 만들어 주변에 어린 회화나무와 황칠나무를 심었고, 사람들이 쉴 수 있는 정자도 만들었다. 최근에는 다시 회화나무와 인접한 길가의 돌담을 허물어 사람들이 쉽게 관찰할 수 있도록 했으며, 상처가 난 줄기 일부분을 치료하기도 했다.

그런데 예로부터 회화나무는 아무 곳에나 심지 않는 신성한 나무였는데, 어떤 연유로 제주도에서 유일하게 바닷가 마을인 조천리에만 노거수 한 그루가 있는 것일까. 사실 조천리는 역사적으로 유서 깊은 곳이다. 진시황의 불로초를 구하기 위해 서복이 도착했다는 금당지가 조천포구에 있었으며, 조선시대에는 숙박시설의 일종인 관館이 있을 정도로 조천리는 제주시 화북포구와 함께 육지 왕래를 위한 제주의 대표적인 관문이었다. 많은 관리가 조천포구를 이용해 제주도에 왔고 다시 한양으로 향했다. 그러나 바람이 있는 날에는 제주도에서 고향으로 가는 뱃길이 녹록하지 않았다. 관리들은 포구 바로 위에 있는 연북정戀北亭에서 바람이

잦아들기를 기다리며 무사히 집으로 돌아갈 수 있도록 빌었다. 회화나무는 조천포구와 연북정에서 멀지 않은 곳에 있다. 혹시 관리들이 무사히 고향으로 돌아가기를 기원하는 뜻에서 상서로운 나무인 회화나무를 이곳에 심었던 것은 아닐까.

  회화나무는 집 앞에 심으면 큰 학자가 나온다 하여 학자수學者樹로 불린다. 회화나무는 영어로도 같은 뜻인 '스칼라 트리scholar tree'다. 회화나무가 있어서일까. 조천리에는 일제강점기 항일운동가 지식인들이 많다. 조천 만세운동을 주도했던 김장환·김시범·고제륜·김용찬, 일본에서 활동했던 김문준·김봉각, 제주도의 대표적인 항일여성운동가 김시숙 등이 모두 조천리 출신이다. 항일운동가 김시용·김시균은 조천리에 야학당을 설립하여 후학 양성에 힘쓰기도 했다.

줄기
높이는 25미터에 달한다. 나무껍질은 회암갈색으로 세로로 갈라진다.

잎
어긋나며 홀수깃꼴겹잎이다. 작은잎은 아홉 개에서 열다섯 개로 긴 달걀 모양이다. 뒷면은 짧은 털이 있고, 잎자루는 짧으며 털이 있다.

꽃
8월에 가지 끝에 황백색 꽃이 원뿔모양꽃차례로 모여 달린다. 꽃받침 바깥쪽에 누운 털이 있다.

열매
염주 모양의 협과가 10월에 익으며 아래로 드리운다. 껍질은 약간 육질이다.

주요 특징
열매는 염주처럼 잘록잘록한 모양으로 아래로 드리운다.

제주도의 노거수

제주시 오라동 정실마을 팽나무

제주시 구좌읍 김녕리
김녕궤네깃당 팽나무 당목

제주시 화북동 곰솔 노거수

제주 땅을 지키는 오래된 나무

천연기념물로 지정된 서귀포시 강정동
냇길이소당 담팔수 노거수

천연기념물로 지정된
성읍민속마을 느티나무 노거수

서귀포시 도순동 푸조나무 노거수

이야기로 만나는 제주의 나무

9장
제주의 덩굴식물

개다래	마삭줄
개머루	멀꿀
까마귀머루	모람
남오미자	영주치자
노박덩굴	왕머루
다래	으름덩굴
담쟁이덩굴	인동덩굴
댕댕이덩굴	줄사철나무
등수국	

개다래

Actinidia polygama (Siebold & Zucc.) Planch. ex Maxim.
산지에서 자라는 낙엽성 덩굴나무

과명	다래나무과
분포	전국
제주어	개도레낭

여름날 제주도의 오름이나 곶자왈에서 잎 표면에 하얀 가루를 잔뜩 뒤집어쓰고 있는 덩굴나무가 있다면 개다래가 틀림없다. 비교적 흔히 만날 수 있는 나무지만 열매가 맵고 맛이 없다는 이유로 과거에는 사람들의 큰 관심을 받지 못했다. 그러나 최근에는 사회적으로 건강에 관심이 높아지고 있고, 개다래가 좋은 약재라는 사실이 알려지면서 많이 찾는 식물이 되었다.

개다래는 잎 표면의 흰 무늬와 이상하게 생긴 열매의 모습이 남다르다. 잎 표면의 무늬는 꽃가루받이와 관련이 있다. 개다래는 잎이 가장 풍성하게 달리는 한여름에 꽃을 피운다. 꽃은 크기가 작고 잎겨드랑이에 숨어 있어서 일부러 잎을 들추어 보지 않으면 꽃이 피었는지 알기 어렵다. 하지만 개다래는 꽃에 향기를 품고, 줄기 위쪽의 잎은 흰색으로 치장했다. 흰 무늬를 보고 날아든 벌과 나비가 향기 나는 꽃을 발견하고 꽃잎 안으로 들어가 꽃가루를 얻어 가는 과정에서 꽃가루받이가 이루어진다. 꽃가루받이가 끝나면 개다래의 잎은 무늬가 없어지면서 원래의 초록색 모습을 되찾는다. 무늬를 만들어 놓는 것도 에너지가 필요한 일이며, 지금부터는 양분을 만들어야 하기 때문이다. 이처럼 개다래는 에너지를 허투루 쓰지 않는다.

다래는 머루와 함께 산에서 따 먹을 수 있는 대표적인 야생 열매. 그런데 이름에 접두어 '개'를 붙여 개다래라 한 것을 보면 열매를 식용하지 않았기 때문인 것 같다. 대신 개다래는 훌륭한 약재였다. 개다래 열매는 원래 달걀 모양 타원형으로 끝이 뾰족한데, 가끔 둥그렇고 찌그러진 모양으로 주렁주렁 달린 것을 볼 수 있다. 열매인 것 같기도 하고, 쭈글쭈글 한 것이 아닌 것 같기도 하다. 이것은 열매가 익기 전에 벌레가 들어가서 알을 낳으면서 이상하게 발육이 되어 생긴 벌레혹의 모습이다. 이것을 한방에서는 목천료木天蓼라 하여 약재로 쓴다. 특히 신장병이나 통풍에 효과가 좋다고 한다. 최근 사람들이 술 마실 일이 많아졌는지, 주변에서 통풍환자를 많이 보게 된다. 이들이 주로 찾는 것이 개다래 열매다. 또 개다래 열매로 술을 담가 마시면 몸이 따뜻해지고 혈액순환, 요통, 류마티스 관절염에도 좋다고 알려져 있다.

줄기

길이가 10미터에 달하며, 골속줄기에서 겉껍질을 벗겨 낸 속살은 흰색으로 꽉 차 있다.

잎

어긋나며 넓은 달걀 모양 또는 달걀 모양 타원형으로 윗부분은 좁아지고 밑부분은 둥글거나 심장 모양이다. 가장자리는 잔톱니가 있으며, 꽃이 피는 기간에는 표면에 흰색 무늬가 생긴다.

꽃

암수딴그루로 6~7월에 새 가지의 잎겨드랑이에 한 개에서 세 개씩 흰색 꽃이 달린다. 꽃잎과 꽃받침조각은 달걀 모양으로 각각 다섯 개씩이다. 수술은 여러 개이며, 꽃밥은 황색이다. 암술대는 선형으로 사방으로 퍼진다.

열매

달걀 모양 타원형 장과로 끝이 뾰족하다. 10월에 노란색으로 익으며, 단맛이 없고 맵다.

주요 특징

다래나 쥐다래와는 달리 줄기의 골속이 흰색으로 꽉 차 있으며 계단 모양이 아니다.

개머루

Ampelopsis glandulosa (Wall.) Momiy. var. *heterophylla* (Thunb.) Momiy.
숲 가장자리나 계곡가에서 자라는 낙엽성 덩굴나무

과명	포도과
분포	전국
제주어	고냉이멀리, 고냉이멀위

개머루 열매는 보통 맛이 없어 먹지 않는다. 주로 따 먹었던 머루 열매는 왕머루나 머루이며, 제주도에서는 까마귀머루도 먹는다. 예전 초등학교 시절, 열매를 따 먹기 위해 가까운 길을 두고 먼 길을 돌아서 집으로 왔던 추억이 있다.

'사람들에게 크게 도움이 안 된다'는 의미로 식물 이름에 '개'라는 접두어를 붙이기도 한다. 개머루도 머루와 비슷하나 쓸모가 없다는 의미가 된다. 아마 과거에 개머루 열매를 먹을 수 없어서 그렇게 이름 붙인 것이 아닌가 싶다. 제주 사람들도 얼마나 관심이 없었으면 개머루를 '고냉이멀위', 즉 사람에게 필요 없고, '고양이가 먹는 머루'라고 했다.

개머루는 바닷가부터 산지까지 빛이 잘 드는 곳이면 어디에서나 볼 수 있는 덩굴성 나무다. 다른 이름으로는 산포도, 뱀포도, 산고등 등으로 불린다. 잎은 보통 세 갈래에서 다섯 갈래로 갈라지며, 변이가 심해 어떤 것은 손바닥 모양으로 깊게 결각이 생기기도 한다. 이를 가새잎개머루로 따로 구분하기도 하는데, 결국 같은 열매가 열려 큰 의미가 있어 보이지는 않는다. 변종소명 *heterophylla*도 '이엽성의'라는 뜻으로 잎의 모양이 다양한 특징을 보여 준다.

꽃은 너무 작아서 크게 보이도록 모여 핀다. 꽃가루받이를 위해 곤충을 불러들이기 위한 나름의 방식이다. 꽃 색깔은 황녹색이어서 좀 더 짙은 녹색 잎에 가려진 느낌이다. 하지만 꽃이 피고 나서 바로 열리기 시작하는 열매는 화려하다. 크기가 일정하지 않을 뿐만 아니라 색깔도 초록색, 보라색, 푸른색 등 다양한 색깔로 변

하면서 예쁘게 익어 간다. 거의 익을 시점에는 모든 색깔의 열매를 볼 수도 있다.

개머루의 뿌리와 줄기는 대표적인 한방 약재다. 특히 간에 쌓인 독을 풀어 주는데 탁월한 효과가 있다. 스트레스에 시달리는 현대인들이 관심을 가질 만한 식물이다. 신장이나 방광이 안 좋을 때도 개머루 수액을 마시면 도움이 되며, 염증을 없애고 통증을 완화하는 데도 좋다.

줄기
길게 벋고, 나무껍질은 갈색이며, 마디는 두꺼워지기도 한다.

잎
어긋나고 둥근 모양이며 세 갈래에서 다섯 갈래로 갈라져 있다. 잎끝은 뾰족하고, 가장자리에 둔한 톱니가 있으며, 뒷면 맥 위에만 잔털이 있다. 덩굴손은 마주나고 두 갈래이며, 잎자루는 7센티미터 정도 된다.

꽃
6~7월에 황녹색 꽃이 취산꽃차례로 피고, 잎과 마주나며, 서로 엇갈려 갈라진다. 꽃자루는 3~4센티미터 정도다.

열매
둥근 장과가 9월에 초록색에서 연보라색을 거쳐 푸른색으로 익는다. 표면에 갈색 껍질눈이 있다.

주요 특징
꽃이 필 때 꽃잎이 옆으로 활짝 펼쳐지며, 열매는 푸른색으로 익는다.

까마귀머루

Vitis heyneana Roem. & Schult. subsp. *ficifolia* (Bunge) C.L.Li
산지의 돌담이나 풀밭에서 자라는 낙엽성 덩굴나무

과명	포도과
분포	경남, 전북, 제주, 충남
제주어	가메기밀리, 가메기멀위

포도는 온대성 과일이라 따뜻한 제주도에서는 재배가 만만치 않다. 사정이 이렇다 보니 제주도의 농촌에서는 1970년대만 하더라도 포도를 먹을 기회가 거의 없었고, 아버지가 밭에 나갔다가 돌아오는 길에 따온 머루 열매가 이를 대신했다. 먹을수록 자꾸 없어지는 것이 아까워 조금 먹고 보관했다가 다시 꺼내 먹었던 추억이 새록새록 떠오른다.

산에서 직접 따 먹었던 것은 보통 왕머루나 머루다. 하지만 제주도에서는 바닷가부터 산지까지 가장 흔하게 볼 수 있는 까마귀머루 열매도 먹었다. 아마 아버지가 따 왔던 머루도 까마귀머루였던 것 같다. 약간 신맛이 나지만 달콤한 맛이 있어 먹을 만했다.

까마귀머루라는 이름은 제주어에서 유래한다. 제주어 '가메기멀위'에서 왔다는 이야기다. '잎이 까마귀의 발처럼 갈라진 모습'이어서 그런 이름이 붙었다고 한다. 그렇지만 옛날 선조들이 잎이 몇 갈래 갈라졌는지 자세히 관찰하고 식물에 이름을 붙였을까 싶다. 그것보다는 돌담 위에서 까마귀가 열매를 따 먹는 모습을 보고 '까마귀머루'라 이름을 붙였다는 것이 더 설득력이 있어 보인다. 또 까마귀처럼 까맣게 열매가 익는다는 의미에서 이름을 그렇게 붙였다는 주장도 있다.

제주도에서 까마귀머루는 바닷가의 밭담 위, 산지의 풀밭 등 다양한 곳에서 볼 수 있다. 줄기에는 꽃자루에 발달한 덩굴손이 있어 다른 식물이나 돌담을 감으면서 올라간다. 잎은 다른 머루보다 두툼하고, 뒷면은 회갈색 털로 빽빽하다. 잎 뒷

제주의 덩굴식물

면의 회갈색 털은 까마귀머루를 구분하는 중요한 특징이다. 꽃은 크기가 작은 대신 모여서 크게 보이도록 원뿔모양꽃차례로 달린다. 열매는 포도보다는 성기게 달리나 그런대로 많은 편이며, 시큼하면서도 달콤한 맛이 난다.

까마귀머루는 요즘은 건강식으로 먹는다고 하지만, 예전에는 보릿고개를 넘기기 위한 구황식물이기도 했다. 열매로 술을 담기도 하고, 즙을 짜서 혈액순환이나 체질 개선을 위한 약으로도 쓴다.

❦ **줄기**
길이가 2미터에 달한다. 어린줄기는 능각뾰족한 모서리이 있으며, 적갈색 털이 있다.

🍃 **잎**
어긋나며, 달걀 모양 잎은 세 개에서 다섯 개로 깊게 갈라진다. 끝은 서서히 뾰족해지고 밑부분은 심장 모양이다. 표면은 광택이 나며, 뒷면에는 빽빽이 난 회갈색 털이 있다.

✿ **꽃**
7월에 잎과 마주나는 연한 황록색 꽃이 원뿔모양꽃차례를 이룬다. 꽃차례가 잎보다 짧고, 꽃자루에서 덩굴손이 발달하며 털이 있다. 수꽃은 수술이 길고, 양성화는 수술이 짧다.

○ **열매**
둥근 모양 장과가 포도송이처럼 달린다. 9~10월에 검은색으로 익고 신맛이 난다.

주요 특징

잎은 세 갈래에서 다섯 갈래로 갈라지고, 뒷면에는 회갈색 털이 빽빽이 나 있다.

남오미자

Kadsura japonica (L.) Dunal
저지대 숲 가장자리에서 자라는 상록성 덩굴나무

과명	오미자과
분포	남해안 섬 지역, 제주
제주어	푸슨줄

오미자처럼 식물 이름의 끝 글자에 자子를 넣는 경우가 있다. 이는 한방에서 부르는 이름을 빌려 쓴 것으로 식물의 열매나 씨를 약으로 썼다는 의미다. 오미자도 약효가 뛰어나 다양하게 이용되었다. 오미자는 폐와 신장을 보호하고, 혈액순환을 원활하게 하여 혈압을 내리며, 당뇨와 감기 예방에도 효과가 있다고 전해진다. 또 눈을 맑게 하며 술독을 풀어 준다고도 한다.

제주도에서 자생하는 오미자 종류로는 흑오미자와 남오미자가 있다. 흑오미자는 20~30년 전까지만 해도 중산간이나 한라산 중턱에서 꽤 많이 보였다고 하나 지금은 옛말이 되어 버렸다. 멸종이 되지는 않았지만 거의 숫자를 셀 수 있을 정도로 감소했다. 맛이 좋고 약효가 뛰어나 흑오미자를 마구 채집해서 그렇게 된 듯하다. 조선시대에는 흑오미자를 진상했다는 기록이 있을 정도로 인기 좋은 식물이었다. 하지만 흑오미자는 남오미자와는 속屬 자체가 달라 서로 먼 집안이다.

남오미자라는 이름은 '남쪽에서 자라는 오미자'라는 뜻에서 유래했다. 제주도에서는 남오미자가 주로 저지대 곶자왈 가장자리나 숲 주변 돌담에서 쉽게 관찰된다. 반그늘이면 어디에서도 잘 자라고 다른 나무에 기대어 기어 올라간다. 꽃은 암수딴그루로 꽃술이 둥근 모양인데, 수꽃은 빨간색, 암꽃은 녹색인 것이 재미있다. 무성하게 달리는 잎은 광택이 있고, 가을이 되면 단풍이 드는 모습 또한 예쁘다. 조그맣고 둥근 열매들이 뭉쳐서 대롱대롱 달려 하나의 큰 열매처럼 보이며, 빨갛게 익으면 하나씩 떨어져 결국 대만 남는다.

남오미자는 모습이 특이하여 생태사진가들에게 인기 있는 식물이다. 노란 꽃잎 안에 있는 둥근 모양의 꽃술은 뭔가 하나 빠진 것 같이 허전하여 여백의 미를 느끼게 하고, 붉은색 열매는 색깔이 강렬하고 모습이 독특하여 한 번만 봐도 뇌리에 박힌다. 이런 이미지 때문에 꽃이 필 때나 열매가 달릴 때나 남오미자는 그 해에 꼭 봐야만 하는 식물이 될 수밖에 없다. 남오미자는 민간에서 생활에 다양하게 이용했다. 나무껍질은 예로부터 물에 삶아서 머리 감는 데 썼으며, 줄기는 점성이 있어 제지용 접착제로 썼다.

줄기
길이는 3미터에 달한다. 나무껍질은 갈색이며, 오래된 줄기는 코르크질로 쌓여 있다.

잎
어긋나며 넓은 달걀 모양 또는 긴 타원형이다.
잎 가장자리에는 이 모양 톱니가 드문드문 있고, 표면은 광택이 나며, 뒷면은 자색을 띠는 경우가 많다.

꽃
암수딴그루 간혹 한그루로 7~9월에 황백색으로 한 개씩 달린다. 꽃자루는 잎자루보다 길고 수술은 붉은색, 암술은 녹백색으로 둥근 모양이다.

열매
둥근 장과가 11월에 붉은색으로 익는다.

주요 특징
다른 오미자와 달리 잎이 상록성이며 열매가 둥글게 모여 달린다.

노박덩굴

Celastrus orbiculatus Thunb.
산지에서 자라는 낙엽성 덩굴나무

과명	노박덩굴과
분포	전국
제주어	본지낭, 본지쿨

늦가을이 되면 들꽃은 거의 발견하기 어렵다. 들꽃애호가들은 이 시기가 되면 열매에 눈을 돌린다. 이때 가장 먼저 눈에 들어오는 나무가 매력적인 열매를 가진 노박덩굴이다. 둥근 열매는 익기 전에 녹색을 띠다가 낙엽이 질 무렵에는 노란색으로 변한다. 시간이 흘러 다 익으면 안쪽에 있던 붉은색 씨껍질이 다시 드러난다. 이 순간이 바로 노박덩굴의 시간이다. 노란색과 붉은색의 조화가 너무나 화려하여 숲을 찾는 사람들은 자연스럽게 걸음을 멈추고 노박덩굴 열매에 관심을 보인다.

노박덩굴은 건조한 곳이든 습한 곳이든 어디에서나 만날 수 있는 덩굴나무다. 따로 뿌리를 내리고 다른 나무에 기대어 올라가기는 하나 줄기만 살짝 걸칠 뿐이다. 잎도 넓적하니 큰 편이지만 완전히 빛을 가리지도 않는다. 이런 노박덩굴의 생태적 특징은 다른 나무에 큰 피해를 주지 않는 요소가 된다.

노박덩굴의 꽃은 사실 작은 꽃들이 모여 있는 집합체다. 꽃은 너무나 작아 하나하나는 곤충을 불러들이기가 쉽지 않다. 하지만 여러 송이 작은 꽃들이 모여서 큰 꽃처럼 보이게 했다. 이는 매개체의 한 번 방문으로 많은 꽃이 꽃가루받이를 할 수 있는 효율적인 꽃 구조다. 가을에 익는 노박덩굴의 황적색 열매는 화려하여 새들의 눈에 띄기 쉽다. 게다가 열매는 새들이 먹기에도 적당한 크기다. 새들이 씨껍질 안에 들어 있던 씨앗을 다른 곳에 옮겨 주는데, 그렇게 이동한 씨앗은 적당한 환경을 찾으면 그곳에서 다시 싹을 틔운다.

노박덩굴이라는 이름의 유래에 관한 여러 가지 이야기가 있으나 그 뜻에 대해 알려진 바는 없다. 노끈을 만드는 재료로 사용했던 나무라는 뜻의 노박따위나무에서 유래했다는 주장, 길섶의 한자 표기인 노방路傍에서 유래했다는 주장, 노란 열매가 달린다는 의미에서 유래했다는 주장 등이 있다. 중국에서는 뱀을 닮은 등나무라 하여 남사南蛇라 하고, 일본에서는 열매가 낙상홍과 닮았다 하여 '덩굴낙상홍'이라 한다.

노박덩굴은 쓰임이 다양하다. 어린잎은 나물로 먹을 수 있는 구황식물이었다. 줄기나 나무껍질에는 질긴 섬유가 있어 노끈이나 밧줄을 만드는 재료로 썼다. 열매 기름은 혈액순환을 돕고 음식을 썩게 하지 않는다고 한다.

줄기
길이는 10미터까지 되고, 갈색 또는 회갈색을 띤다.

잎
어긋나며 타원형 또는 원형이다. 잎끝은 뾰족하고 밑부분은 둥근 모습이다. 잎자루가 있고 가장자리에 둔한 톱니가 있다.

꽃
암수딴그루이며, 5월에 잎겨드랑이에서 황록색 꽃이 모여 핀다. 암꽃에는 수술이 퇴화한 헛수술이 있고, 꽃잎·수술·꽃받침조각은 다섯 개씩이다.

열매
둥근 삭과가 9월부터 황적색으로 익으며, 서서히 세 갈래로 갈라지고, 종자는 붉은색 껍질에 싸여 있다.

주요 특징
푼지나무와 달리 줄기에 가시가 없고, 열매는 세 갈래로 갈라지며, 종자는 붉은색 껍질에 싸여 있다.

다래

Actinidia arguta (Siebold & Zucc.) Planch. ex Miq.
산지에서 자라는 낙엽성 덩굴나무

과명	다래나무과
분포	전국
제주어	ᄃᆞ렛줄, ᄃᆞ렛줄

"머루랑 다래랑 먹고 청산에 살어리랏다." 고려가요 '청산별곡'의 가사 중 일부다. 이처럼 다래는 머루와 함께 예로부터 산에 가면 따 먹을 수 있었던 대표적인 과일이었다. 지금이야 다양한 재배품종도 있고, 외국에서 열대과일까지 수입해서 먹을 수 있지만, 고작해야 산에서 다래나 머루 같은 야생 열매를 먹는 것이 전부였던 시절이 있었다. 다래는 이렇게 우리 민족과 떼려야 뗄 수 없는 과일이다.

다래는 약간 추운 곳을 좋아하여 제주도에서는 중산간 곶자왈부터 한라산 중턱까지 흔히 자란다. 줄기는 물체를 타고 올라가지만 걸쳐 놓기만 할 뿐 다른 나무에 뿌리를 박지 않으며, 오래된 나무는 비늘처럼 껍질이 벗겨진다. 잎은 좌우로 풍성하게 펼쳐지고, 그 사이에서 하얀 꽃 몇 송이가 아래를 향해 피어난다. 가을이면 꽃이 피었던 자리에 조그만 타원형 초록색 열매가 달린다. 열매는 새콤달콤한 맛이 있어 사람들이 먹을 수 있으며, 동물들에게도 인기가 좋다.

다래라는 이름은 열매가 달다는 뜻으로 '달애'로 쓰던 것이 '다래'로 변했다고 추정한다. 중국 이름은 '원숭이의 복숭아'라는 뜻의 미후도獼猴桃이며, 일본 이름은 '원숭이의 배'라는 뜻의 원리猿梨, サルナシ다. 중국이나 일본 이름에서 다래가 원숭이들이 좋아하는 열매라는 사실을 알 수 있다. 제주도에서 부르는 이름인 ᄃᆞ렛줄의 '줄'은 덩굴식물을 뜻한다.

제주도에서 자생하는 다래 종류로는 다래 말고도 개다래와 섬다래가 있다. 개다래는 제주도 전 지역에서 볼 수 있다. 꽃이 필 때 잎 표면이 하얗게 분을 칠해

놓은 것 같은 모습으로 변하며, 잎이나 열매 끝이 다래에 비해 뾰족하다. 섬다래는 제주도 서쪽 곶자왈에서 드물게 보이며, 새순이 올라올 때 붉은빛을 띠고, 꽃받침이나 씨방에 갈색 털이 빽빽이 나기 때문에 구별이 된다.

다래 열매로는 술을 담그기도 하고, 꿀에 넣고 조렸다가 간식으로 먹기도 했다. 한방에서는 열이 많이 날 때, 심한 갈증이 날 때, 소변이 잘 나오지 않을 때도 다래를 처방했다.

※ 줄기

길이가 10미터에 달한다. 회갈색으로 불규칙하게 벗겨지며 속은 갈색 계단 모양이다.

◎ 잎

어긋나며, 넓은 타원형이다. 잎끝은 좁아져 뾰족하고, 밑부분은 둥글거나 심장 모양이며, 가장자리에는 가시 같은 잔톱니가 있다. 표면은 녹색으로 광택이 나며, 잎자루에는 누운 털이 있다.

❀ 꽃

암수딴그루로 6월에 줄기 윗부분의 잎겨드랑이에 흰색 꽃이 한 개에서 일곱 개씩 모여 달린다. 꽃잎은 네 개에서 여섯 개이고, 타원형 꽃받침잎은 겉에 잔털이 있으며, 수술의 꽃밥은 검은색으로 많고 암술대는 선형이다.

○ 열매

달걀 모양의 원형 장과가 10월에 황록색으로 익는다.

주요 특징

줄기 종단면이 갈색 계단 모양이며, 수술의 꽃밥은 검은색이다.

담쟁이덩굴

Parthenocissus tricuspidata (Siebold & Zucc.) Planch.
산지 바위나 나무줄기에 붙어 자라는 낙엽성 덩굴나무

과명	포도과
분포	전국
제주어	눈벌레기, 담장이, 담젱이

 지금 60대는 어린 시절에 담쟁이덩굴을 가지고 놀았다. 특별한 장난감이 없던 시절이라 쉽게 접할 수 있는 자연물이 그들의 장난감이자 소꿉놀이 재료였다. 둥그렇게 자란 도깨비쇠고비의 어린 순을 잘라서 손가락에 끼면 반지가 되었고, 무릇의 뿌리를 잘라서 올려놓으면 반찬이 되었다. 담쟁이덩굴의 잎자루는 길고 탄력이 있다. 잎몸을 제거한 잎자루를 눈 위아래로 끼워서 벌려 놓으면 눈알이 튀어나올 것 같은 커다란 눈이 되는데, 그 모습을 보고 깔깔거리며 놀았던 기억이 있다. 담쟁이덩굴의 제주어인 눈벨레기는 여기서 온 듯하다. 제주어 '벨레기'는 '벌린다'라는 뜻이 있는 명사형이다.
 담쟁이덩굴은 동네 담벼락, 건물 외벽, 나무줄기 등 어디에서나 볼 수 있는 덩굴나무다. 이름은 담장에 잘 붙어서 자라기 때문에 '담장의 덩굴'이라 하다가 다시 '담쟁이덩굴'이 되었다. 강인한 생명력과 아름다운 가을 단풍 때문에 문학작품에도 종종 등장한다. 오 헨리의 '마지막 잎새'는 담쟁이덩굴의 잎이다. 도종환의 시 '담쟁이'도 너무나 유명하다. 두 작품의 담쟁이는 모두 희망을 상징한다.
 담쟁이덩굴의 넓적한 잎은 잘 정리해 놓은 것 같이 규칙적으로 담벼락에 붙는다. 잎겨드랑이에서 올라온 꽃은 일부러 보지 않으면 눈에 띄지 않을 정도로 작다. 하지만 개미들은 꽃이 핀 것을 어떻게 알았는지 부지런히 꽃 안으로 들락거린다. 덩굴식물들은 일반적으로 잎이 변한 덩굴손을 가지고 있어 다른 물체를 감고 올라가지만 담쟁이는 줄기 끝에 흡착근吸着根이라는 뿌리를 가지고 흙 하나 없는 담벼락을 힘차게 오를 수 있다. 흡착근은 땅 위 줄기에서 공기 중으로 뻗어 다른 식물이나 물체에 달라붙는 공기뿌리로, 끝이 작은 빨판처럼 생겨서 아무 곳에나 달라붙을 수 있는 편리한 기관이다.

담쟁이는 도심을 활기차게 만드는 역할을 한다. 봄에는 파릇한 잎으로 회색 담벼락을 녹색으로 바꾸고, 가을에는 아름다운 단풍으로 도시의 거리를 멋있게 변신시킨다. 이처럼 최근에는 벽면 녹화용으로 일부러 담쟁이덩굴을 심기도 한다. 그래서인지 담쟁이덩굴은 '땅을 덮는 비단'이라는 의미로 지금地錦이라 부르기도 한다. 담쟁이덩굴의 줄기는 한방에서 관절염 치료나 가래를 삭일 때 처방했다.

줄기
바위 또는 나무줄기에 붙어서 10미터 이상 자란다. 덩굴손은 잎과 마주나고 끝에 흡착판이 생긴다.

잎
어긋나며 옆으로 넓은 달걀 모양이다. 잎끝은 뾰족하고 세 개로 갈라지며, 밑부분은 심장 모양으로 가장자리에는 둔한 톱니가 불규칙하게 나 있고 잎자루가 길다.

꽃
6~7월에 잎겨드랑이나 가지 끝에 황록색 꽃이 취산꽃차례로 달린다.

열매
둥근 장과가 8~10월에 검은색으로 익으며, 표면은 흰 가루로 덮인다.

주요 특징
잎의 크기가 크고 세 개로 갈라지며, 흡착판이 발달한다.

댕댕이덩굴

Cocculus orbiculatus (L.) DC.
산지에서 자라는 낙엽성 덩굴나무

과명	새모래덩굴과
분포	전국
제주어	고냉이정낭, 떡정당, 마의정낭, 정당줄, 정동줄

"항우도 댕댕이덩굴에 걸려 넘어진다"라는 속담이 있다. 자만하면 천하의 항우도 언젠가 낭패를 본다는 뜻이다. 속담은 풀처럼 연약해 보이지만 탄력 있고 질긴 댕댕이덩굴의 성질을 잘 표현해 주고 있다. 제주도에서 댕댕이덩굴은 곶자왈이나 오름에 가면 쉽게 만날 수 있는 흔한 식물이다. 줄기는 다 자라도 3미터 정도밖에 되지 않아 덩굴식물치고는 긴 편이 아니다. 그렇다 보니 댕댕이덩굴은 숲속에서는 살지 못하고 빛이 잘 드는 풀밭, 키 작은 나무, 돌담 위가 삶의 터전이다. 꽃은 작기도 하지만 연한 황백색이어서 곤충들의 눈에 띄지 않을 것 같다. 이를 극복하기 위해 댕댕이덩굴은 작은 꽃들을 모아 원뿔 모양으로 만들고 큰 꽃처럼 보이게 했다.

꽃가루받이가 끝나고 가을이 되면 동그란 열매가 포도송이처럼 까맣게 익어 간다. 꽃이 작은 것 치고는 열매가 너무나 튼실해 보인다. 열매 표면에는 하얀 가루가 덮여 있다. 검은색 바탕 위에 흰빛이 돌아 동물의 눈에 잘 띈다. 열매를 따 먹은 새들은 다른 곳에 가서 배설을 하고, 거기 떨어진 씨앗은 환경이 맞는다면 그곳에서 다시 싹을 틔운다.

이렇게 후손을 만들기 위해 과정마다 최선을 다하고 있는 댕댕이덩굴은 항우가 걸려 넘어질 만큼 옹골차다. 사람들은 이런 댕댕이덩굴을 다양하게 활용했다. 줄기로 바구니를 만들었고, 한방에서는 뿌리를 말려서 해열·이뇨·신경통 등을 치료하는 약재로 사용했다. 제주 사람들은 댕댕이덩굴의 탄력 있는 줄기로 '정당벌

립'이라는 모자를 만들었다. 정당벌립은 제주 사람들이 과거 농사나 가축을 기를 때 사용한 제주의 전통 수제 모자다. 그밖에 운반 도구인 키를 만드는 재료로도 이용했다.

댕댕이덩굴이라는 이름은 '줄기가 질기고 튼튼한 덩굴식물'이라는 뜻에서 유래한다. '댕댕하다'는 순우리말로 '단단하다'는 뜻이다. 댕댕이덩굴은 제주도에서도 지역마다 불리는 이름이 조금씩 다르다. 한라산 서쪽인 동광지역에서는 '정동줄'이라 하고, 동부지역에서는 '정당줄'이라 한다. 품질은 안덕면 동광리와 표선면 표선리에서 자라는 것을 최고로 쳤다. 서쪽에 나는 것은 마디 사이가 길며, 동쪽에서 나는 것은 조금 더 짧다.

줄기
길이는 3미터에 달하고 털이 있다.

잎
어긋나며 달걀 모양 또는 달걀 모양 원형으로 윗부분이 세 개로 갈라진다. 잎끝은 뾰족하거나 둔하고, 밑부분은 심장 모양 비슷하다. 양면과 잎자루에 털이 있다.

꽃
암수딴그루로 6월에 잎겨드랑이에서 황백색 꽃이 원뿔모양꽃차례로 달린다. 꽃받침조각과 꽃잎은 각각 여섯 개이며 꽃잎은 보통 끝이 두 개로 갈라진다. 수꽃에는 수술이 여섯 개가 있고, 암꽃에는 여섯 개의 헛수술과 한 개의 암술이 있다.

열매
둥근 핵과가 10월에 검은색으로 익으며, 흰 가루로 덮인다.

주요 특징

줄기와 잎에 털이 있고, 수술은 여섯 개, 암술머리는 갈라지지 않는다.

등수국

Hydrangea petiolaris Siebold & Zucc.
숲속에 자라는 낙엽성 덩굴나무

과명	수국과
분포	경북, 제주
제주어	남송악, 줄사발꽃

봄에는 복수초, 각시붓꽃 등 따스한 바람과 햇빛을 받고 피어난 수많은 들꽃이 제주도의 오름을 수놓는다. 하지만 여름이 시작되면 오름 오르기는 자연스럽게 그늘이 있는 숲길 걷기로 바뀐다. 이때 숲길의 큰 나무 위에서 등수국이 화려하게 꽃을 펼쳐 놓는다. 사려니숲길이나 한라생태숲길은 등수국을 볼 수 있는 최고의 장소다.

등수국은 큰 나무나 바위를 감고 살아간다. 줄기는 길게 자라고, 공기뿌리가 나와 다른 나무줄기를 타고 올라간다. 잎은 넓고 풍성하여 큰 나무라도 모두 가려 버릴 기세다. 만약 등수국이 꼭대기까지 자란다면 자신의 몸을 빌려 주었던 나무는 오히려 빛을 받지 못해 결국 숨이 막혀 죽을 지도 모른다.

꽃은 산수국처럼 꽃차례의 가장자리에는 헛꽃을 배치하고 있고, 가운데는 꽃잎이 없는 진짜꽃이 꽃술을 푸짐하게 펼쳐 놓았다. 전체적으로 보면 비행접시를 닮았다. 모두 꽃가루받이 매개체를 끌어들이기 위한 수단이다. 진짜꽃은 너무 작아 꽃가루받이 매개체를 끌어들일 수 없다. 그래서 뭉쳐서 피는 것으로는 부족했는지 꽃받침을 꽃잎처럼 만들어 바깥으로 배치했다. 꽃이 많은 만큼 열매도 수북이 달린다. 열매는 둥글고, 암술대가 다 익을 때까지 남아 있는 것이 눈에 띈다.

등수국보다 조금 앞서 바위수국이 꽃을 피운다. 바위수국도 등수국처럼 바위나 큰 나무를 감고 자란다. 등수국과 차이가 있다면 등수국은 잎의 톱니가 작고 규칙적이지만, 바위수국은 비교적 크고 불규칙하다. 또 등수국의 헛꽃 꽃받침조각은 서너 개인 것에 비해 바위수국은 하나다.

바위수국

등수국이라는 이름은 '등나무처럼 줄기를 감고 올라가는 수국'이라는 뜻이다. 종소명 *petiolaris*는 '잎자루 위의'라는 뜻으로 긴 잎자루의 특징을 설명하고 있다. 제주도에서는 '줄사발꽃'이라 한다. 제주어로 '줄'은 덩굴이다. 그리고 수국을 제주도에서는 '사발꽃'이라 부른다. 꽃이 피면 사발 모양을 닮아서 붙여졌다. 줄사발꽃은 '덩굴수국'이라는 말이 되니 등수국과 같은 의미다.

🌱 줄기
길이가 20미터에 달한다. 나무껍질은 갈색이며, 줄기에서 공기뿌리식물의 줄기에서 나와 공기 중에 노출되어 있는 뿌리가 나와 나무줄기를 타고 올라간다.

🍃 잎
마주나며 넓은 달걀 모양이다. 잎끝은 뾰족하고, 밑부분은 둥글거나 심장 모양이며, 가장자리에 예리한 톱니가 있다. 표면 맥 위와 뒷면 맥 위, 맥 겨드랑이에 털이 있다.

❀ 꽃
5~6월에 가지 끝에 흰색 꽃이 산방상취산꽃차례로 모여 달린다. 가장자리에는 꽃잎 같은 세 개나 네 개의 헛꽃 꽃받침조각이 있다. 안쪽의 황백색 양성화는 꽃잎이 다섯 개이며, 수술은 열다섯 개에서 스무 개, 암술대는 두 개다.

○ 열매
둥근 삭과가 9~10월에 갈색으로 익는다.

주요 특징
헛꽃의 꽃받침조각이 서너 개이고, 잎 가장자리의 톱니가 비교적 고르며, 암술대는 두 개다.

마삭줄

Trachelospermum asiaticum (Siebold & Zucc.) Nakai

산지에서 자라는 상록성 덩굴나무

과명	협죽도과
분포	경북, 서해안 섬 지역, 전북 이남 지역, 제주
제주어	마삭쿨

 마삭줄은 오름이나 곶자왈 숲 등 제주도에서 가장 흔하게 볼 수 있는 덩굴나무다. 봄이 절정인 5월, 곶자왈은 마삭줄의 꽃향기로 뒤덮인다. 마삭줄은 숲속의 큰 나무를 점령하기도 하고, 밭담을 따라 모습을 드러내기도 한다. 특히 큰 나무에서 줄기를 길게 내어 뻗어 내린 모습은 최고의 풍경이다. 하지만 마삭줄은 특이한 꽃 구조와 향기를 가지고 있어도 사람들의 큰 관심을 끌지는 못한다. 아마 개체 수가 너무 많아서가 아닐까 싶다.

 담벼락이나 큰 나무를 타고 오르는 마삭줄은 많은 꽃을 피운다. 반면 숲속에서 땅바닥을 덮은 개체에서는 꽃을 거의 볼 수 없다. 어린 개체이기도 하지만 빛을 잘 받지 못할 때 생기는 현상이다. 꽃은 하얗게 피어서 서서히 노란색으로 변해 가며, 바람개비 모양을 하고 있어 금방이라도 바람을 타고 날아갈 것처럼 보인다.

 꽃이 필 때 내뿜는 마삭줄의 꽃향기도 일품이다. 향기에 이끌린 곤충들은 마삭줄꽃 앞에서 문전성시를 이룬다. 열매는 꽃과 어울리지 않게 양쪽으로 다리를 쭉 뻗은 모습이다. 열매가 다 익으면 꼬투리가 벌어지면서 솜털 같은 날개를 단 씨앗이 멀리 날아간다. 보통 상록성 나무의 잎은 가을이 되어도 단풍이 잘 들지 않으나 마삭줄의 잎은 붉은색, 노란색, 갈색 등 다양한 색깔로 변한다.

 제주도에는 마삭줄과 털마삭줄이 자란다. 꽃받침조각이 작고, 수술이 꽃 바깥으로 살짝 돌출하며, 암술대가 꽃받침보다 두 배 정도 길면 마삭줄이다. 이에 비해 털마삭줄은 꽃받침조각이 잎 모양으로 크고, 수술이 꽃통 중간에 붙어 있으며, 꽃자루·어린 가지·잎 뒷면에 털이 있다. 하지만 이렇게 식물의 종을 자세히 나누는 것은 전문가의 몫이다.

　마삭麻索은 '삼으로 꼰 밧줄'을 뜻하므로 마삭줄이라는 이름은 '삼밧줄 같은 덩굴성 줄기로 줄을 만든 것'이라는 의미를 담고 있다. 제주어 마삭쿨의 '쿨'도 '줄', 곧 덩굴을 의미한다. 한방에서 마삭줄은 바위를 감고 자란다 하여 낙석등絡石藤이라 한다. 마삭줄은 식물체 전체를 약재로 쓰는데, 관절염·신경통·고혈압에 효과가 있다고 한다. 꽃과 열매가 독특하여 최근에는 관상용으로도 키운다.

줄기
길이는 5미터 이상 되고, 줄기에 부착근이 있어 다른 물체에 잘 달라붙는다.

잎
마주나며 타원형 또는 긴 타원형이다. 가죽질이며, 광택이 있고, 양 끝이 뾰족하다.

꽃
5~6월에 흰색으로 달려 황색으로 변하며, 가지 끝이나 잎겨드랑이에 양성화가 모여 달린다. 꽃은 바람개비 모양이며, 끝이 다섯 갈래로 갈라지고, 수술은 꽃의 통부 바깥으로 살짝 돌출한다. 암술대는 꽃받침보다 두 배 정도 길다.

열매
선형의 골돌과가 10~11월에 적갈색으로 익는다. 긴 타원형 종자 끝에는 솜털 같은 흰색 관모가 붙어 있다.

주요 특징

수술은 꽃의 통부 바깥으로 살짝 돌출한다. 암술대는 꽃받침보다 두 배 정도 길다.

멀꿀

Stauntonia hexaphylla (Thunb.) Decne.
숲 가장자리에서 자라는 상록성 덩굴나무

과명	으름덩굴과
분포	남서해안 섬 지역, 제주
제주어	멍, 멍줄, 멍쿨

멀꿀은 예전에 가을이 되면 꼭 따 먹어야 하는 열매였다. 제주도의 어느 곳에서나 잘 자라기 때문에 쉽게 찾을 수 있었고, 씨가 너무 많아 골라내야 하는 불편함이 있기는 했지만 달콤한 맛이 일품이었다. 이렇게 해서 멀꿀은 으름덩굴과 함께 먹을거리가 별로 없던 시절 제주의 가을을 대표하는 덩굴나무였다.

멀꿀은 제주도의 곶자왈이나 숲에 가면 쉽게 만날 수 있다. 다른 나무를 타고 올라가는 잎의 모습은 으름덩굴과 비슷하나, 꽃과 열매의 모습은 완전히 다르다. 잎은 여러 개가 모여 손바닥 모양을 하고 겨울에도 달려 있다. 종소명 *hexaphylla*은 '여섯 개의 잎을 가진'이라는 뜻으로 멀꿀의 잎의 특징을 설명하고 있다.

꽃은 잎겨드랑이에서 나온 긴 꽃대 위에 주렁주렁 달려 풍성한 느낌을 준다. 꽃잎은 퇴화되었지만 꽃받침이 발달하여 이를 대신하고 있다. 여러 갈래로 갈라진 꽃받침잎 안쪽에는 홍자색 줄무늬가 선명하다. 꽃가루받이를 위한 매개체의 유도선으로 보인다. 어떤 개체는 아예 흰색 꽃이 달리기도 한다.

가을이면 열매가 익는다. 길쭉한 으름덩굴의 열매와 달리 짧고 통통한 모습이다. 초록색 열매는 서서히 붉은색으로 변하고 다 익어도 껍질은 벌어지지 않는다. 대신 열매는 자연스럽게 땅바닥으로 떨어지고, 단맛에 이끌린 개미들이 삽시간에 모여들어 씨앗을 물고 먼 곳으로 이동한다. 개미들이 멀꿀의 씨앗 퍼뜨리기를 도와주고 있는 셈이다.

멀꿀이라는 이름은 제주어에서 유래한다. 멀꿀의 제주어로는 멍줄, 멍쿨 등이 있

다. '멍'은 '멍', '줄'이나 '쿨'은 '덩굴'을 뜻한다. 즉, 열매가 적자색으로 익어 멍이 든 것처럼 보이고, 덩굴로 자란다는 의미가 담겨 있다. 열매의 과육은 으름덩굴보다 더 달콤하다. 멀꿀은 열매뿐만 아니라 기온이 따뜻한 곳에서는 꽃이 아름답고 향기가 좋아 조경수로 쓰기도 한다. 예전 제주도에서는 멀꿀을 이용해 쟁기의 솜비줄봇줄을 만들었다. 한방에서는 뿌리와 줄기를 야모과野木瓜라 하여 가래를 진정시키고 열을 내리기 위한 약재로 쓴다.

🌿 **줄기**
길이 15미터 정도 자란다. 새 가지는 녹색을 띠고 털이 없다. 겨울눈은 긴 타원형이다.

🍃 **잎**
어긋나며, 세 개에서 일곱 개의 작은잎으로 이루어진 손바닥 모양의 겹잎이다. 작은잎은 달걀 모양 또는 타원형으로 두껍고, 뒷면은 연한 녹색이며 가장자리는 밋밋하다.

🌸 **꽃**
암수한그루로 5~6월에 잎겨드랑이에서 나온 꽃대 위에 녹백색 꽃이 총상꽃차례로 달린다. 꽃자루가 있으며, 꽃잎 안쪽에는 연한 홍자색 줄이 있다. 수꽃에는 여섯 개의 수술이 있고, 암꽃에는 세 개의 암술이 있다.

🍎 **열매**
달걀 모양 장과가 10월에 적갈색으로 익는다.

주요 특징
잎은 손바닥 모양이고, 녹백색 꽃이 총상꽃차례로 달린다. 열매는 익어도 벌어지지 않는다.

모람

Ficus oxyphylla Miq. ex Zoll.
산지의 숲에서 자라는 상록성 덩굴나무

과명	뽕나무과
분포	전남, 제주
제주어	가메기빈독낭, 모람, 모람쿨

밖에서 보면 꽃이 보이지 않아 피지 않는 것 같지만, 사실 잎겨드랑이에 달린 둥근 열매처럼 생긴 꽃주머니 안에서 자잘한 꽃들이 많이 자라고 있다. 이렇게 생긴 식물을 은화과隱花果 식물이라 하며, 모람·무화과·천선과·왕모람 등이 이에 속한다.

모람이라는 이름은 제주어에서 유래한다. 제주도에서는 보통 모람 또는 모람쿨이라 하고, 동부지역에서는 가메기빈독낭으로 부르기도 한다. '쿨'은 덩굴을 뜻하는 제주어로 모람이 덩굴식물임을 나타낸다. 또 '가메기'는 까마귀라는 의미로, 어떤 것과 비교했을 때 더 작거나 질이 떨어질 때 붙인다. '빈독'은 천선과 열매를 말한다. 모람 열매가 천선과 열매만큼은 못하지만 비슷하기 때문에 가메기빈독낭이라 한 것 같다. 종소명 *oxyphylla*는 '날카로운 모양을 가진 잎의'라는 뜻이 있다. 뾰족한 잎이 날카롭게 보여서 붙여졌다.

모람은 가지에 공기뿌리를 내어 바위나 나무줄기에 붙어 자란다. 줄기는 사방으로 퍼지고 잎은 풍성하게 달려 주변을 가득 덮는다. 꽃은 밖으로 드러나지 않고 열매처럼 생긴 긴 달걀 모양의 꽃주머니 안에 있다. 그렇다 보니 모람의 꽃가루받이 방식은 특별하다. 좀벌은 모람의 꽃주머니 안에서 살아간다. 좀벌의 산란 시기에 맞추어 수꽃들은 꽃밥을 내고, 꽃주머니 위쪽에는 작은 구멍이 생긴다. 수꽃주머니 안에서 짝짓기를 마친 암컷 좀벌은 산란할 곳을 찾아서 구멍을 통해 밖으로 나가는데 이때 꽃가루를 몸에 묻혀 나가게 된다. 그해에 성숙한 암꽃주머니 안에서 좀벌이 산란할 때 암술머리에 수꽃주머니에서 가져온 꽃가루를 묻히면서 꽃가루받이가 이루어지게 된다. 이렇게 모람의 꽃가루받이는 좀벌이 수행한다.

모람에 비해 왕모람은 빛이 잘 드는 곳에서 흔히 볼 수 있다. 어릴 때는 잎에 결각이 있다가 자라면서 없어지고, 달걀 모양으로 두툼하다. 잎 크기는 모람보다 작고 꼬리 모양이 되지 않으며, 열매 주머니가 모람보다 더 크다. 모람은 담벼락 녹화용으로 쓰이거나 분재로 키우기도 하며, 열매껍질은 인조섬유의 재료로 쓰이기도 했다. 민간에서는 줄기와 잎을 해독에 썼고, 뿌리는 관절염에 이용했다.

줄기
길이가 2~5미터에 달하며, 돌담·바위·나무 등을 감고 자란다. 나무껍질은 회갈색이며 어린 가지는 잔털이 있다.

잎
어긋나고 긴 타원형 또는 피침형이며, 잎은 두꺼운 가죽질이다. 잎끝은 점차 길게 뾰족해지고, 밑은 둥글며, 가장자리는 밋밋하다. 표면은 광택이 있고, 뒷면은 흰빛이 돌며, 잎자루에는 잔털이 있다.

꽃
암수딴그루로 잎겨드랑이에 한두 개씩 꽃주머니가 생겨 5~7월에 성숙한다. 꽃주머니는 긴 달걀 모양이며, 표면에 회백색 털이 있고, 윗부분에 좀벌이 드나드는 구멍이 생긴다.

열매
암꽃주머니가 성숙해 만들어진 은화과가 9~11월에 흑자색으로 익는다.

주요 특징
잎이 크고, 잎끝이 길게 점차 뾰족해지며, 열매 주머니가 1센티미터 이내로 작다.

영주치자

Gardneria nutans Siebold & Zucc
낮은 산지나 숲에서 자라는 상록성 덩굴나무

과명	마전과
분포	전남, 제주

제주도는 탐라, 탐모라, 탁라, 영주 등 여러 가지 이름을 가지고 있다. 탐라풀, 탐라황기, 영주제비란, 영주풀이라는 식물의 이름도 제주도를 뜻하는 지역명에서 왔다. 영주치자라는 이름도 '제주도에서 자라는 치자나무와 비슷한 식물'이라는 의미다. 그러나 치자나무에 비해 영주치자는 덩굴성이며, 햇빛이 그다지 잘 들지 않는 곳에서 자라기 때문에 서로 같은 집안이지만 전혀 다른 느낌을 준다.

영주치자는 국내에서는 흔한 식물이 아니며 제주도에서도 곶자왈이나 서귀포 지역의 하천 주변, 용암동굴의 함몰지 등에서나 드물게 볼 수는 덩굴나무다. 어린 줄기와 좁고 뾰족한 잎은 진한 녹색이어서 어두운 곳에서도 쉽게 눈에 띈다. 줄기는 숲속의 땅 위를 한참을 기다가 빛이 드는 공간을 찾으면 다른 나무를 감으면서 올라간다.

큰 나무 꼭대기에 다다른 영주치자는 느긋하게 꽃을 피우고 열매를 맺는다. 하지만 대부분 높은 곳에서 꽃을 피우기 때문에 꽃가루받이를 끝내고 떨어진 꽃송이 말고는 꽃 보기가 쉽지 않다. 하지만 운이 좋으면 큰 나무가 쓰러져 빛이 드는 곳에서 꽃을 활짝 피운 영주치자를 볼 수 있다. 꽃은 잎겨드랑이에 한두 송이씩 아래를 향해 달린다. 활짝 열었던 꽃잎은 시간이 갈수록 뒤로 말리고, 꽃 색깔도 처음에는 흰색을 띠다가 서서히 황색으로 변해 간다. 꽃가루받이가 끝나면 꽃은 통째로 떨어지고, 그 자리에 열매가 달린다. 열매는 녹색에서 주황색을 거쳐 붉게 익는다. 종소명 *nutans*도 '고개를 숙이는'이라는 뜻이 있다. 영주치자꽃이 아래를 향하는 특징을 설명하고 있다.

열매 보기도 쉽지 않다. 영주치자가 주로 그늘에서 자라다 보니 꽃을 잘 피우지 않고, 피더라도 큰 나무 위쪽에 달려 있기 때문이다. 영주치자는 작은 새들이 잘 먹을 수 있도록 적당한 크기로 열매를 변화시켰다. 열매를 먹은 새들은 다른 곳으로 가서 배설하고, 환경이 맞으면 그곳에 떨어진 씨앗이 다시 싹을 틔운다. 결국 영주치자의 씨앗 퍼뜨리기는 작은 크기의 새들이 담당하고 있다. 민간에서는 위가 안 좋을 때 영주치자를 이용하기도 했다. 꽃과 열매가 예뻐 관상용으로도 충분히 사랑받을 만한 식물이다.

줄기
길이는 4~6미터 정도 자란다. 어린 가지는 녹색으로 둥글다.

잎
마주나며 달걀 모양 또는 달걀 모양 피침형이다. 잎끝은 뾰족하고, 밑부분은 둥글거나 쐐기 모양이며, 가장자리는 밋밋하고, 양면에 털이 없다.

꽃
7월에 새 가지 잎겨드랑이에 한두 개씩 흰색으로 달리고 꽃받침열편에는 털이 없다. 꽃잎은 다섯 개로 갈라지고 뒤로 젖혀지며 안쪽 아래에 털이 있다. 암술대는 수술대보다 길고 암술머리는 두 개로 얕게 갈라진다.

열매
달걀 모양 원형 장과가 12~1월에 붉게 익는다.

주요 특징
잎은 달걀 모양 또는 달걀 모양 피침형이고, 꽃받침조각에 털이 없다. 열매는 둥글거나 달걀 모양이다.

왕머루

Vitis amurensis Rupr.
산지에서 자라는 낙엽성 덩굴나무

과명	포도과
분포	전국
제주어	멀리낭, 멀위

머루를 실제 먹어 보면 새콤하면서 달콤한 맛이 난다. 50대를 넘긴 세대는 어린 시절 아버지가 밭에서 따 온 머루 열매를 입술이 시커멓게 변하도록 먹었던 기억이 있다. 식용했던 것은 머루와 왕머루이며 제주에서는 까마귀머루도 먹었다, 새머루나 개머루는 먹지 않았다. 그래서 보통 머루라고 하면 먹을 수 있는 머루와 왕머루를 말하는 경우가 많다. 서로 비슷하여 자세히 동정해 보아야 정확히 알 수 있지만, 잎 뒷면에 적갈색 털이 있는 것이 머루, 없으면 왕머루다. 또 머루는 쉽게 볼 수 없으니 주변에서 흔히 만나는 것은 왕머루로 보면 된다.

왕머루는 제주도의 곶자왈부터 한라산 중턱까지 분포 지역이 넓어 쉽게 볼 수 있다. 특히 한라산의 삼형제오름이나 동백동산 포제단길에는 왕머루가 지천이다. 줄기는 길게 땅바닥을 덮으며 자라거나 나무줄기를 타고 오른다. 잎은 여러 갈래로 얕게 갈라지기는 하지만 전체적으로 보면 둥근 느낌을 준다. 덩굴손이 꽃자루 밑부분에서 나오는 것도 특이하다. 조그만 꽃들은 가지를 친 꽃대에 차곡차곡 모여 달려 큰 꽃송이를 만든다.

열매는 넓적한 잎 뒤쪽에 보일 듯 말 듯 포도송이처럼 달려 9월이 되면 먹음직스럽게 익어 간다. 그런데 한꺼번에 익지 않고 한 알씩 익기 때문에 옛날에도 사람들이 찾기 전에 새들의 먹이가 되는 경우가 많았다. 머루는 까마귀머루라는 뜻의 한자 이름인 '영욱蘡薁'이라는 이름을 가지고 있다. 사람들만 먹었던 것이 아니라 새들의 중요한 먹이였다는 사실을 알려 준다. 열매는 그냥 먹기도 하고 술을

담가서 먹기도 한다.

　새머루도 자생지가 해발고도가 조금 높은 곳에 있어 왕머루와 서로 겹치는 경우가 많다. 잎·꽃·열매도 언뜻 보면 비슷하다. 하지만 새머루의 줄기가 왕머루보다 짧고, 전체적으로 잎이 삼각 모양으로 갈라지지 않으며, 덩굴손은 마디에서 잎과 마주난다. 열매는 남색 빛이 조금 도는 흑색이며, 크기는 왕머루보다 조금 더 작고 식용하지 않는다.

줄기
길이가 10미터 이상 자라며 나무껍질은 짙은 갈색 또는 적갈색이다. 오래되면 세로로 갈라진다. 어린 가지는 부드러운 털로 덮여 있다.

잎
어긋나며 옆으로 퍼진 달걀 모양이다. 잎끝은 뾰족하고 밑부분은 심장 모양이다. 가장자리는 보통 세 갈래에서 다섯 갈래 얕게 갈라지고, 이 모양 톱니가 있다. 어릴 때는 뒷면에 거미줄 같은 털이 있으나 차츰 없어진다.

꽃
6~7월에 황록색 꽃이 모여 원뿔모양꽃차례를 이루며, 보통 꽃자루 아랫부분에서 덩굴손이 발달한다.

열매
둥근 장과가 8~9월에 아래로 쳐지며 검은색으로 익는다.

주요 특징
잎이 세 갈래에서 다섯 갈래로 얕게 갈라지고, 잎 뒷면 잎맥에만 털이 있다.

으름덩굴

Akebia quinata (Houtt.) Decne.

산기슭에서 흔히 자라는 낙엽성 덩굴나무

과명	으름덩굴과
분포	황해도 이남
제주어	유럼, 유름, 졸갱이줄, 졸갱잇줄, 종갱이

 으름덩굴하면 우선 산에서 즐겨 따 먹던 열매를 떠올린다. '한국의 바나나'라는 별명답게 열매의 맛은 바나나처럼 달콤하고 부드러우나, 씨가 너무 많아서 요령을 익히지 않으면 먹을 때 다소 불편하다. 실수로 씨를 씹기라도 하면 달콤한 맛은 한순간에 사라져 으름의 참맛을 느끼지 못한다. 하지만 먹을거리가 부족했던 시절에는 산에서 가장 즐겨 따 먹었던 열매였다.
 봄꽃이 절정을 이루는 4월이 되면 으름덩굴도 연한 자주색 꽃을 피운다. 으름덩굴은 한라산 기슭, 곶자왈, 산지의 돌담, 바닷가 주변 등 제주도 곳곳에서 볼 수 있는 덩굴식물이다. 잎은 손바닥모양이며 가을이면 낙엽이 진다. 꽃은 한 그루에서 암·수꽃이 따로 피는 암수딴꽃이다. 암꽃과 수꽃 모두 여러 개가 달리는데 크기가 큰 것이 암꽃이다. 모두 꽃잎이 생략된 채, 석 장의 꽃받침이 발달하여 이를 대신하고, 수꽃에는 암술이, 암꽃에는 수술이 퇴화했다. 꽃잎이 퇴화한 것은 주변의 큰 나무들이 잎을 내면 양분을 만들기 어려워져서 그 전에 빨리 꽃을 피우고 씨앗을 만들어야 하기 때문이다. 그러나 으름덩굴이 어떻게 꽃가루받이를 하고, 수정하는지에 관한 자세한 내용은 잘 알려지지 않았다. 가을이 되어 열매가 엷은 갈색으로 익으면 봉합선을 따라 길게 갈라져서 우윳빛 속살이 드러난다.
 예로부터 사람들은 으름을 머루나 다래처럼 산에서 나는 중요한 열매로 생각했다. 으름덩굴의 열매를 '으름'이라 한다. 으름의 이름 유래에 관한 내용은 정확히 알려진 바 없다. 이와 관련해서 여러 주장이 있으나 한방에서 쓰던 옛 약재 이름인 '이흐름'에서 유래한다는 것이 설득력 있어 보인다. 이흐름에서 으름으로 변했다는 이야기다. 종소명 *quinata*는 '다섯 개의'라는 뜻으로 다섯 장의 작은잎으로 이루어진 으름덩굴의 잎을 설명하고 있다.

산에 가면 쉽게 볼 수 있는 으름덩굴은 다양하게 이용되었다. 씨에서 기름을 짜서 식용으로 쓰기도 하고, 등잔불의 기름으로도 썼다. 줄기는 질겨서 새끼줄이 없을 때는 나뭇단이나 농기구를 묶는 도구가 되기도 했다. 제주도에서도 농작물을 운반할 때 쓰는 산태삼테기나 쟁기 몸체에 볏을 고정할 때 묶는 줄인 볏줄의 재료로 이용했다. 잎은 말려서 차로 마시기도 하며, 줄기를 삶은 물은 염료로 쓰기도 했다. 한방에서는 뿌리껍질을 목통木通, 줄기를 통초通草라 하여 약재로 사용한다.

❀ 줄기

길이는 7미터에 달하며, 나무껍질은 갈색이다.

❀ 잎

새 가지에서는 어긋나지만 오랜 가지에서는 모여난다. 손바닥 모양의 겹잎으로 작은잎은 다섯 개에서 일곱 개다. 작은잎은 타원형 또는 거꿀달걀형이며 가장자리는 밋밋하다. 표면은 녹색, 뒷면은 흰빛이 돈다.

❀ 꽃

암수한그루로 4~5월에 짧은 가지 잎겨드랑이에서 연한 자주색 꽃이 총상꽃차례로 모여 달린다. 수꽃은 꽃차례 끝에 네 개에서 여덟 개씩 달리며, 암꽃은 수꽃보다 크고, 아래쪽에 한 개에서 세 개씩 달린다.

❀ 열매

타원형 골돌과가 9~10월에 익으면 세로로 갈라져 과육이 보인다.

주요 특징

멀꿀에 비해 잎이 낙엽성이며 열매는 익으면 갈라진다.

인동덩굴

Lonicera japonica Thunb.
숲 가장자리, 풀밭, 길가에서 자라는 낙엽성 덩굴나무

과명	인동과
분포	전국
제주어	연동줄, 윤동, 인동고장

인동덩굴은 바닷가에서부터 곶자왈, 오름을 거쳐 한라산 중턱까지 빛이 드는 곳이면 제주도 어디에서나 볼 수 있다. 은은하게 뿜어 나오는 꽃향기가 일품이다. 또 꽃에 꿀이 많아 어린 시절 꽃잎 뒤로 꿀을 빨던 추억을 누구나 가지고 있을 만큼 우리에게 친숙한 식물이다.

인동덩굴은 '살아 있는 채로 겨울을 넘긴다' 해서 옛 이름은 '겨우살이넌출'이며, 중부 이북 지방에서조차도 푸른빛으로 겨울을 나는 개체를 종종 볼 수 있다. 이처럼 겨울에도 시들지 않아 '인동忍冬'이라는 이름이 붙었다. 그 밖에도 인동덩굴은 많은 이름을 가지고 있다. 그만큼 사람들과 관련이 깊다는 의미다. 흰색·노란색 꽃이 핀다 하여 금은화金銀花, 꽃술의 모양이 할아버지 수염을 닮았다 하여 노옹수老翁鬚, 꿀이 많다 하여 밀보등蜜褓藤 이라고도 한다.

'인동초'라는 이름 때문에 풀로 생각하기 쉬우나 인동덩굴은 엄연히 덩굴성 나무다. 인동덩굴은 좌전등左纏藤이라는 다른 이름도 가지고 있다. 이름을 풀이하면 '왼쪽으로 물체를 감는 덩굴'이라는 뜻이 된다. 실제로 줄기의 모습을 잘 보면 왼쪽으로 물체를 감고 있다는 사실을 알 수 있다. 이처럼 인동덩굴은 줄기에 탄력이 있어서 다른 물체를 잘 감는다. 인동덩굴의 잎은 가죽처럼 두꺼워 떨어질 것 같지 않으나 추운 곳에서는 겨울이 오면 대부분 낙엽이 진다. 하지만 고도가 낮은 저지대 곶자왈에서 자라는 인동덩굴은 사철 푸른 잎을 달고 있다. 꽃은 흰색으로 올라와서 서서히 노란색으로 변하며, 그 시간은 하루도 걸리지 않는다. 보통 식물들은 꽃이 시들어 갈 때 모습이 서서히 변한다. 하지만 인동덩굴은 원래의 모양을 유지한 채 색깔만 변한다. 인동덩굴은 겨울 추위도 잘 견뎌 내는 강인함이 있고, 한번 뿌리를 내리고 나면 여간해서 죽지 않을 정도로 생명력이 강하다. 이런 모습 때문에 조선시대 선비들은 기품을 잃지 않고, 불의에 타협하지 않는 덕목을 인동덩굴에서 찾기도 했다.

 꽃에는 꿀이 많고 향기도 좋아 밀원식물로 이용되기도 한다. 민간에서는 각기병에 좋다고 해서 꽃을 따서 술을 담가 먹었으며, 허리가 아플 때는 물에 뿌려서 목욕을 했다. 그리고 감기로 열이 오를 때면 줄기를 꿀과 함께 달여서 마시기도 했다.

❀ **줄기**
길이는 10미터 정도다. 가지가 많이 갈라지며, 속은 비어 있다.

❀ **잎**
마주나며, 긴 타원형 또는 긴 달걀 모양이다. 가장자리는 밋밋하지만 어린잎은 깊게 갈라진다. 표면에는 털이 흩어져 있고, 뒷면에는 선점이 흩어져 있으며, 털이 빽빽이 난다.

❀ **꽃**
5~6월에 가지 끝 잎겨드랑이에 두 개씩 모여 달린다. 꽃은 입술 모양으로 깊게 두 갈래로 갈라지며, 흰색으로 올라와서 서서히 황색으로 변한다.

❀ **열매**
둥근 장과가 10~11월에 검은색으로 익는다.

주요 특징

꽃은 두 개씩 달리며, 흰색으로 올라와 황색으로 변한다.

줄사철나무

Euonymus fortunei (Turcz.) Hand.-Mazz. var. *radicans* (Siebold ex Miq.) Rehder
숲 가장자리 또는 산지의 바위 지대에서 자라는 상록성 덩굴나무

과명	노박덩굴과
분포	경북, 전북, 제주, 충남 이남 지역

제주도에서는 묘지를 '산'이라 한다. 그리고 묘지 주변에는 돌담을 쌓는데 이를 '산담'이라 한다. 보통 산담의 규모는 너비 1미터 높이 1미터 이상 되며, 안에는 많은 잡풀과 잡목이 들어차기 때문에 추석이 오기 전 매년 벌초를 해 준다. 하지만 산담 위로 번진 줄사철나무는 제거하지 않는다. 오히려 멋있게 전정을 해 준다. 1년에 한 번 줄사철나무를 관리해 주고 있는 셈이다. 줄사철나무가 이미 많이 번져서 나무 전체를 제거하지 못한다는 물리적인 이유도 있지만, 멋지게 전정을 하면 묘지를 아름답게 단장할 수도 있기 때문이다.

줄사철나무는 한국이 고향인 나무다. 하지만 너무나 흔한 나무이고, 다른 나무에 붙어서 자라는 모습 때문에 사람들이 별로 좋아하지 않는 것 같다. 이렇다 보니 비슷한 나무인 사철나무는 울타리로 심는 등 관심을 보이는데, 줄사철나무에는 흥미가 없다. 꽃이 작기도 하고, 덩굴성이어서 목재로 크게 쓰임이 없어서일 것이다.

줄사철나무는 다른 나무를 따라 올라가면서 공기 중에 뿌리를 내어 물을 흡수하고, 광합성을 하여 스스로 양분을 만든다. 잎은 작지만 두툼하고, 가죽질이어서 꽤 단단해 보인다. 꽃은 여러 송이가 나무 전체에 수북이 피어나며, 작은 꽃들은 여러 개가 뭉쳐서 큰 꽃처럼 보인다. 열매껍질이 네 개로 갈라지면서 안에서 빨간색 씨앗이 나오는 모습은 사철나무를 빼닮았다. 씨앗의 색깔이 얼마나 강렬한지 산을 찾은 사람들은 줄사철나무 앞에서 한 번쯤 걸음을 멈출 수밖에 없다.

사계절 푸른 잎을 달고 있어서 사철나무라 하는데, 줄사철나무는 덩굴성으로 자라기 때문에 '줄'이라는 접두어가 붙었다. 덩굴나무라는 의미로 덩굴사철나무라고도 한다. 사철나무와 같은 집안이어서 꽃이나 열매가 작을 뿐 모습은 닮았다. 하지만 잎은 크기가 훨씬 작아서 전혀 다른 집안 같다. 도리어 숲속의 어린 줄사철나무의 잎은 마삭줄을 더 닮았다.

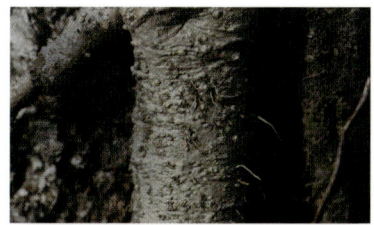

줄기
길이가 10미터 정도까지 자란다. 줄기에서 공기뿌리를 내어 주변의 바위나 나무를 타고 자란다.

잎
마주나며 긴 타원형 또는 달걀 모양이다. 가죽질 잎은 양 끝이 뾰족하고 가장자리에는 얕고 둔한 톱니가 있다.

꽃
6~7월에 잎겨드랑이에 황록색의 양성화가 일곱 개에서 열다섯 개씩 모여 달려 취산꽃차례를 이룬다. 수술은 꽃잎과 길이가 비슷하다.

열매
둥근 삭과가 10~12월에 연한 홍색으로 익는다. 네 갈래로 갈라지며 속에서 적황색 종자가 나온다.

주요 특징
덩굴성이며, 잎·꽃·열매의 크기가 작아 좀사철나무라 부르기도 한다.

이야기로 만나는 제주의 나무

10장
가시가 달린 나무

꾸지뽕나무
두릅나무
머귀나무
산유자나무
산초나무
상동나무
실거리나무
음나무
청미래덩굴
초피나무

꾸지뽕나무

Cudrania tricuspidata (Carrière) Bureau ex Lavallée

빛이 잘 드는 산지에서 자라는 낙엽성 작은키나무 또는 작은큰키나무

과명	뽕나무과
분포	경남, 경북, 전남, 전북, 제주, 충남, 충북, 황해
제주어	굿가시낭, 귀낭, 쿳가시낭, 쿳가시낭, 쿳낭

꾸지뽕나무는 제주도의 곶자왈이나 오름에서 가장 많이 볼 수 있는 나무다. 크게 자라는 나무는 아니지만 줄기에 난 억세고 날카로운 가시가 사람들의 이목을 끈다. 곶자왈 숲으로 들어갔다가 잘못 건드리기라도 하면 꾸지뽕나무 가시에 찔린 상처를 반드시 동반한다. 가시가 얼마나 단단한지 예전부터 제주도에서는 소라나 고동을 까서 먹을 때 이용했을 정도다. 제주도에서 부르는 이름도 '가시가 강하다'는 의미가 담긴 굿가시낭, 쿳가시낭이다.

키가 8미터까지 자란다고 하지만 제주도에서 보이는 나무들은 보통 5미터 정도다. 주로 숲 가장자리에 삶터를 마련하고 가지가 변한 커다란 가시를 앞세워 숲을 지키는 파수꾼 노릇을 한다. 잎은 두툼하고, 새로 나온 가지에서 나온 어린잎은 주로 세 갈래로 얕게 갈라지며, 오래되면 가장자리가 밋밋해진다. 초여름 작은 꽃들이 뭉쳐 둥근 머리 모양을 이루며 암꽃과 수꽃이 다르다. 꽃이 피었던 자리에는 녹색의 둥근 열매가 달리고 가을에 빨갛게 익는다. 제주도에서는 꾸지뽕나무 열매를 '틀'이라 하는데, 매우 맛이 좋아 산에 가면 꼭 따 먹었다.

꾸지뽕나무라는 이름은 전라도 방언에서 유래했다는데, 그 뜻에 관해서는 특별히 알려진 바가 없다. 하지만 오래도록 남아 있는 꾸지뽕나무의 긴 암술대가 꾸지와 비슷하다 해서 유래한 것으로 추정하기도 한다. 꾸지는 과거에 병기兵器를 꾸민 붉은 털을 말한다. 종소명인 *tricuspidata*는 '세 개의 볼록한'이라는 뜻이 있다. 어릴 때 새 가지에서 나온 세 갈래 잎이 있어서 붙은 듯하다.

주로 뽕나무의 잎으로 누에를 치지만 꾸지뽕나무 잎을 이용하기도 했다. 꾸지뽕나무의 잎을 먹고 자란 누에의 실은 단단하고 질겨 활시위를 만들었다고도 한다. 또 과거에 최고급 거문고 줄은 꾸지뽕나무잎으로 기른 누에에서 뽑은 실을 사용했다는 이야기가 있다. 하지만 꾸지뽕나무의 진면목은 약재에 있다. 한방에서는 신장을 튼튼하게 하거나 강장強壯을 위해 사용했고, 풍을 없애는 데도 이용했다. 최근 항암물질이 들어 있다는 연구 결과가 나오면서 한동안 수난을 당하기도 했다.

줄기
높이는 8미터까지 자라고, 어린 가지에 짧은 털이 있다. 잎겨드랑이에 가지가 변형된 가시가 있다.

잎
어긋나며, 달걀 모양 또는 타원형으로 세 갈래로 갈라지기도 한다. 잎끝은 뾰족하고, 밑부분은 둥글다. 표면에 잔털이 있고, 뒷면에는 돌기 같은 털이 있다.

꽃
암수딴그루로 6월에 잎겨드랑이에 머리모양꽃차례로 달린다. 수꽃이삭은 작은 황색 꽃들이 모여 머리 모양을 이루고, 짧고 연한 털이 빽빽이 난다. 암꽃이삭은 둥글며 짧은 자루가 있다.

열매
둥근 취합과가 9~10월에 붉게 익는다.

주요 특징
잎겨드랑이에 가지가 변형되어 생긴 가시가 있고, 잎에 톱니가 없으며, 수꽃이삭이 머리 모양이다.

두릅나무

Aralia elata (Miq.) Seem.

빛이 잘 드는 산지에서 자라는 낙엽성 작은키나무 또는 작은큰키나무

과명	두릅나무과
분포	전국
제주어	들굽낭, 들급낭, 들끕낭

두릅나무는 제주도 저지대의 곶자왈이나 오름 어느 곳에서도 잘 자라는 나무다. 두릅나무의 어린순은 따서 초고추장에 찍어 생으로 먹기도 하고 살짝 데쳐서도 먹는다. 쌉쌀하면서 향이 있어 봄철 입맛을 돋우는 데 그만이다. 옛사람들은 다음 해에 새싹이 돋을 것을 생각하며 필요한 만큼만 따서 먹었다. 하지만 요즘은 봄에 새싹이 올라오면 사람들이 새순이 올라오는 족족 남김없이 잘라 낸다.

두릅나무는 새순을 따도 다시 올라오도록 설계되었다고 하나 여러 번 잘려나가면 살아날 재간이 없다. 그 결과 완전히 죽어 앙상한 가지들만 남아 숲의 한 공간을 채우기도 한다. 그러나 두릅나무도 온전히 당하지만은 않는다. 새순이 나는 그 자리에 날카로운 가시를 만들어 놓았다. 이 가시 때문에 사람과 동물이 쉽게 접근하지 못한다. 이런 노력으로 두릅나무는 무사히 대를 이어 갈 수 있다. 하지만 개발이라는 전방위적인 공격 앞에는 속수무책이다. 개발이라는 이름 아래 누구의 간섭 없이 두릅나무의 새순을 따던 곳에는 골프장이나 공원, 심지어 정부나 지방단체의 기관이 들어서기도 한다. 이런저런 이유로 두릅나무의 삶터는 점점 좁아질 수밖에 없다.

이처럼 두릅나무 순은 들에서 딸 수 있는 대표적인 나물이다. 키는 5미터까지 자라는 것도 있으나 보통 2미터 전후로 크며, 줄기 위쪽에 잎이 달린다. 새순은 매우 부드러워 먹을 수 있고, 붉은색을 띠다가 서서히 녹색으로 변한다. 줄기뿐만 아니라 잎줄기에도 가시가 돋아 있다. 여름에 피는 꽃은 약간 푸른빛이 돌고, 위

쪽에는 암·수꽃이 함께 달리며 아래쪽에는 수꽃이 있다. 둥근 열매는 가을에 검게 익고, 꽃대마다 주렁주렁 달린다.

두릅나무라는 이름은 한자음에서 유래했다. 나무의 머리 위에 순이 난다고 하여 목두채 木頭菜 또는 두채목頭菜木이라고도 한다. 두채는 나무줄기 끝에서 나오는 어린순이 머리처럼 나오는 것을 비유한 이름이다. 제주도에서는 들굽낭이라 한다. 종소명 *elata*는 '키가 큰'이라는 뜻이 있다. 작은키나무지만 생각보다 높게 자라서 이런 이름이 붙은 듯하다. 한방에서 약재로 처방하기도 하는데, 뿌리껍질은 당뇨병과 위장병에, 잎과 뿌리는 간이 좋지 않을 때 쓴다.

겨울눈

줄기
높이는 2~5미터 정도이고, 날카로운 가시가 많다.
나무껍질은 회갈색이다.

잎
어긋나지만 가지 끝에서는 모여 달린다.
2회깃꼴겹잎으로 잎줄기와 작은잎에 가시가 생기고,
작은잎 가장자리에는 불규칙한 톱니가 있다.

꽃
7~9월에 연한 녹백색 꽃이 줄기 끝에 우산모양꽃차례로
달리며, 위쪽에는 양성화, 아래쪽에는 수꽃이 달린다.

열매
둥근 장과가 9~10월에 검게 익는다.

주요 특징

잎줄기와 잎에 날카로운 가시가 있다.

머귀나무

Zanthoxylum ailanthoides Siebold & Zucc.

바닷가 가까운 산지에서 자라는 낙엽성 큰키나무

과명	운향과
분포	경남, 경북울릉도, 전남, 전북, 제주
제주어	머구낭, 머귀남, 머귀낭

머귀나무는 산지에서 흔히 볼 수 있는 나무다. 곶자왈에서부터 오름, 심지어 밭둑에서도 보인다. 숲이 이루어질 때 먼저 맨땅에 자리 잡는 식물을 선구식물이라 한다. 예덕나무, 아그배나무, 층층나무, 꽝꽝나무 등이 이에 속하며, 머귀나무도 그 가운데 하나다. 만약 곶자왈에서 머귀나무를 보았다면 숲이 이루어진 지 오래되지 않은 곳이라 생각하면 된다.

머귀나무의 가장 큰 특징은 잎자루와 줄기에 난 가시다. 가시는 어릴 때는 녹색이지만 오래되면 회갈색으로 변하면서 코르크가 발달하여 동그란 모습이 된다. 그리고 크게 자란 나무에는 가시가 줄기 위쪽에만 있고, 아래쪽에는 흔적만 남아 울퉁불퉁한 모습을 하고 있다. 가시가 동물로부터 자신을 지키기 위한 것인 만큼 이제는 새들만 조심하면 된다는 의미다. 머귀나무는 크게 자라는 큰키나무답게 잎도 커다랗다. 암수딴그루여서 암나무와 수나무가 다르고, 큰 덩치에 비해 꽃은 굉장히 작다. 대신에 여러 갈래로 모여서 피어 큰 꽃처럼 보인다. 꽃이 달린 자리에서 나온 열매도 꽃처럼 자잘하다. 껍질이 갈라지면서 밖으로 나온 열매는 반질거리는 모습이 너무나 귀엽다.

머귀나무라는 이름은 제주도에서 부르는 이름인 머귀낭에서 유래한다. 이것은 머귀나무가 제주도에서 가장 많이 자란다는 사실을 말해 준다. 제주도에서는 부모님이 돌아가시면 상주는 상장喪杖이라는 지팡이를 짚고 곡을 했다. 그 지팡이의 재료로 아버지는 대나무, 어머니는 머귀나무를 썼다. 머귀나무 줄기의 가시

가 어머니의 고통을 상징한다고 믿기 때문이다.

반면에 육지에서는 어머니가 돌아가시면 상장의 재료로 오동나무를 쓴다. 육지에서는 궤짝을 오동나무로 만드는 반면 제주도에서는 머귀나무를 이용했다. 머귀나무의 한자명이 오동나무라 그런지 육지에서는 오동나무를 다른 이름으로 머귀나무라 하고, 제주도에서는 머귀나무를 오동나무로 부른다. 그런데 오동나무와 머귀나무는 서로 다른 나무다. 두 나무가 자라는 곳은 다르지만 이름도, 쓰임도 같았다는 사실이 재미있다. 제주도에서는 머귀나무를 쟁기의 멍에를 만드는 재료로 쓰기도 했다.

줄기
높이는 15미터 정도 자라고, 나무껍질은 회갈색이며, 큰 가시가 있다.

잎
어긋나며, 열세 개에서 스물세 개의 작은잎으로 이루어진 깃꼴겹잎이다. 작은잎은 긴 타원형으로 잎자루가 있고, 잎끝은 뾰족하고 가장자리에는 둔한 톱니가 있다.

꽃
암수딴그루이며 8~9월에 황백색 꽃이 새 가지 끝에 산방꽃차례로 모여 달린다.

열매
둥근 삭과가 세 개로 분리되며, 11월에 검게 익고 매운맛이 있다.

주요 특징
전체 잎복엽은 물론 작은잎소엽도 크다. 가지가 굵으며, 꽃차례가 올라오는 가지 한쪽에 잔털이 빽빽이 난다.

산유자나무

Xylosma japonica (Thunb.) A.Gray ex H.Ohashi
바닷가 가까운 산지에서 자라는
상록성 작은키나무 또는 작은큰키나무

과명	이나무과
분포	전남, 제주
제주어	소왁낭, 소왁낭가시, 수왁낭

산유자나무는 상록성 나무로 곶자왈에서 주로 자라며 저지대 계곡 주변에서도 간간이 볼 수 있다. 산유자나무라는 이름은 유자나무처럼 가시가 있고, 산에서 자라는 나무라는 뜻에서 유래했다. 이름 때문에 유자나무와 비슷할 것으로 생각할 수 있으나 두 나무는 전혀 관계가 없다. 운향과인 유자나무와 달리 산유자나무는 산유자나무과로 집안도 다르고, 꽃·잎·열매 어느 한 곳도 비슷하지 않다. 굳이 찾는다면 줄기에 가시가 난다는 정도다.

이처럼 산유자나무의 상징은 가시다. 보통 가시는 잎이나 줄기 등이 변해서 만들어지며 자기를 보호하기 위한 수단이다. 실거리나무의 가시는 갈고리 모양을 하고 있고, 꾸지뽕나무의 가시는 단단하고 두꺼운 바늘 같다. 반면에 혹쐐기풀의 가시는 아주 작아서 연약해 보이나 찔리면 아픔은 다른 가시 못지않다. 산유자나무의 가시는 억세고 위협적이다. 길쭉하고 날카로운 가시 위에 다시 가지를 치듯 더 돋아난 형태다. 줄기 아래쪽의 가시는 아주 촘촘하여 다른 나무의 가시들과는 비교가 안 된다. 가시는 더 자라면 일부는 가지로 변하기도 한다.

산유자나무는 7미터 가까이 자란다고 하지만 보통 제주도에서 보이는 것들은 3~5미터 정도다. 가뜩이나 키가 크지 않은데 상록성 나무들로 이루어진 숲에서 큰 나무들과 함께 자라기 때문에 눈에 잘 띄지 않는다. 그러나 잎은 풍성하게 달리고, 잎자루에서는 커다란 가시가 올라온다. 잎겨드랑이에서 올라온 꽃은 암·수꽃이 다르고 무더운 여름철 노랗게 꽃을 피운다. 꽃잎은 퇴화했지만 대신 수꽃은 많이 달릴 뿐 아니라 수술도 수두룩하다. 오동통한 암꽃의 씨방 위에 두 갈래로 갈라진 짧은 암술머리가 너무나 귀엽다. 콩알보다 조금 더 큰 열매는 녹색으로 올라와서 서서히 검게 익으며, 늦가을까지 남아 있어서 새들의 귀한 식량이 된다.

산유자나무라는 이름이 제주어에서 유래했다는 이야기가 있지만, 의미는 특별히 알려진 바 없다. 그래도 유추해 보면 유자나무의 가시를 닮아서 그런 이름이 붙었을 것 같다. 산유자나무를 제주도에서는 소왁낭으로 부른다. 소왁은 소왕과 같은 의미로 가시를 뜻하는 제주어다. 날카로운 가시 때문에 생울타리용으로 심는다. 최근에는 산유자나무 추출물에서 미백 등의 피부 개선 효능을 찾아냈다는 연구 결과도 나왔다.

줄기
높이는 7미터 정도 자라고 날카로운 큰 가시가 발달한다. 나무껍질은 회갈색이며, 오래되면 세로로 얕게 갈라져 조각으로 떨어진다.

잎
어긋나며 넓은 달걀 모양으로 가죽질이다. 잎끝은 뾰족하고, 밑부분은 넓은 쐐기 모양이며, 가장자리에 톱니가 있다. 어린나무 잎겨드랑이에는 가시가 있다.

꽃
암수딴그루이며 8~9월에 잎겨드랑이에 꽃잎이 없는 황백색 꽃이 총상꽃차례로 달린다. 꽃자루는 짧고, 꽃받침조각은 네 개이며, 꽃잎은 없다. 수꽃은 여러 개이고, 암꽃은 한 개이며, 암술머리는 두 갈래로 갈라진다.

열매
둥근 장과가 10~11월에 검게 익는다.

주요 특징
줄기와 나무껍질에 날카로운 큰 가시가 발달한다.

산초나무

Zanthoxylum schinifolium Siebold & Zucc.
저지대 산지에서 자라는 낙엽성 작은키나무

과명	운향과
분포	전국
제주어	개제피

산초나무는 곶자왈에서 흔히 볼 수 있는 나무다. 새로 난 가지에는 세로로 흰 무늬가 선명하고, 줄기에는 조금 길쭉하게 가시가 달렸다. 모습은 초피나무를 닮았다320쪽 참조. 꽃과 열매만 비슷한 것이 아니라 향기가 있어 향신료로 쓰는 것도 닮았다. 하지만 제주도에서는 산초나무보다는 초피나무를 이용했다. 이름도 제주도에서는 산초나무를 개제피라 부른다. 제피는 초피나무를 일컫는 제주어이며, 접두어 '개'는 쓰임이 변변치 못할 때 붙이는 경우가 많다. 제주 사람들은 산초나무보다 초피나무를 우선했다는 사실을 이름에서도 알 수 있다.

제주도에서 산초나무는 빨갛게 열매가 익을 때가 아니면 크게 주목받지 못한다. 키도 크지 않고, 꽃도 작을 뿐만 아니라 살짝 올라온 황록색 꽃술도 진하지 않아 눈에 잘 띄지 않는다. 꽃잎은 퇴화했고, 꽃받침 위에 달랑 수술 다섯 개, 암술 한 개가 올라온다. 게다가 줄기에는 가시가 달려 있으니 산초나무를 만나도 한 발짝 떨어져 볼 수밖에 없다. 가시의 아래쪽은 타원형으로, 표면에도 줄무늬를 만든 것이 이채롭다.

제주도에서는 초피나무 잎을 향신료로 음식에 쓴다. 향기가 더 강하고 주변에서 쉽게 얻을 수 있기 때문이다. 반면에 육지에서는 여러 가지 음식을 만드는데 산초나무를 주로 이용한다. 이것은 초피나무에 비해 산초나무가 전국적으로 분포 면적이 넓어서 구하기 쉬웠기 때문이라고 생각된다. 종소명 *schinifolium*는 '페퍼나무속 *Schinus*의 잎과 같은'이라는 뜻이 있다. 페퍼나무속은 후추 등 향신료로 쓰

가시가 달린 나무

개산초

는 나무를 말하며, 산초나무의 특징을 설명하고 있다.

산초나무와 초피나무는 비슷하지만 많은 부분에서 다르다. 가장 큰 차이는 초피나무는 가시가 마주나고, 산초나무는 어긋난다는 점이다. 또 이름이 비슷한 개산초라는 나무도 있다. 개산초는 주로 제주도 서쪽 곶자왈에서 보인다. 산초나무와 달리 줄기에 독특한 날개가 있고, 작은잎의 크기는 크지만 숫자는 적다. 산초나무는 음식을 만들 때 향신료로 쓰는 것 외에도 민간에서 약재로도 썼다. 열매에서 짠 기름은 기침에 좋고, 구충과 살균작용을 한다.

줄기
높이는 1~3미터 정도다. 나무껍질은 회갈색으로 가시가 어긋나지만, 밑부분에서는 흩어져 난다.

잎
어긋나며, 일곱 개에서 열아홉 개의 작은잎으로 이루어진 깃꼴겹잎이다. 작은잎은 피침형 또는 타원 모양 피침형으로 가장자리에 잔톱니가 있다. 잎줄기에는 좁은 날개와 잔가시가 있다.

수꽃

암꽃

꽃
암수딴그루로 7~8월에 새 가지 끝부분에서 황록색 꽃이 모여 산방꽃차례를 이룬다. 수꽃은 수술이 다섯 개이고, 퇴화된 암술이 있다. 암술은 세 개에서 다섯 개의 심피로 갈라졌다.

열매
둥근 삭과가 10~11월에 녹갈색에서 홍색으로 익고, 종자는 흑색이다.

주요 특징
낙엽이 지고, 작은잎이 많으며, 가시가 어긋난다.

상동나무

Sageretia thea (Osbeck) M.C.Johnst.

바닷가 또는 바닷가 가까운 산지에서 자라는
반덩굴성 작은키나무

과명	갈매나무과
분포	전남, 제주
제주어	삼동낭, 상동낭, 폴볼레

요즘 아이들은 동네 놀이터에서 놀거나 놀이공원을 찾기도 하며, 온라인 게임을 즐기기도 하지만 과거와 달리 놀이 공간이 훨씬 좁아졌다. 예전 아이들은 가까운 들로 산으로 바다로 뛰어다니며 놀았다. 그러다 먹을 수 있는 열매를 만나기라도 하면 더없이 행복해졌다. 상동나무는 꼭 깊은 산속으로 들어가지 않아도 가까운 곳에서 열매를 따 먹을 수 있다는 유리한 점이 있었다. 여름이 시작되면 아이들은 검게 익은 열매를 따 먹으러 바다나 산을 찾았다. 그런가 하면 밭에서 돌아오는 아버지의 손에도 항상 상동나무 열매가 들려 있었다.

상동나무는 제주도 전역의 바닷가나 곶자왈 주변에서 흔히 볼 수 있는 나무다. 줄기는 비스듬히 자라거나 다른 물체를 타고 올라가며, 가지 끝이 변한 가시가 있다. 크게 자란 줄기에는 나무껍질이 군데군데 벗겨져 얼룩무늬가 생긴다. 손톱만 한 잎이 가지마다 달리고 겨울까지도 조금 남아 있다. 보통 나무들은 봄에 꽃이 피지만 상동나무의 꽃은 가을에 볼 수 있다. 아쉽게도 꽃이 너무나 작아 확대경이 없으면 구분하지 못할 정도. 게다가 색깔도 노란색으로 진하지 않아 눈에 잘 띄지는 않는다. 열매는 콩알 정도 크기이며, 가을에 붉은색을 거쳐 이듬해 봄에 검게 익는다.

겨울에도 잎이 떨어지지 않고 남아 있어서 상동나무라는 이름이 되었다. 한자로 생동목生冬木이라 쓰다가 차츰 상동나무로 변한 것이다. 제주도에서도 이를 뒷받침하듯 상동낭이라 부른다. 또 보리수 열매를 닮았고 검게 익어서 폴볼레라 하

기도 한다. 종소명 *thea*는 '날카로운'이라는 뜻이 있다. 어릴 때 줄기에 가시가 있거나 나무가 크게 자라도 가지 끝이 가시처럼 되는 특징을 잘 설명해 주고 있다.

　최근 국립산림과학원 연구에 의하면 상동나무 잎과 가지에 항암·염증치료에 효과가 있는 물질이 있다고 한다. 열매는 그냥 먹거나 술을 담가 먹고, 껍질은 약재와 차의 재료로 이용한다. 또 덩굴성이면서 열매가 아름다워 관상용으로도 가꾸며, 울타리용으로 심기도 한다.

줄기
높이는 2미터 정도 자란다. 나무껍질은 회갈색이며, 어린 가지에는 갈색 털이 빽빽이 나고, 가지 끝이 가시로 변한다.

잎
어긋나며 타원형 또는 넓은 달걀 모양이다. 잎끝은 둔하고, 밑부분은 둥글며, 가장자리에 잔톱니가 있다. 표면은 광택이 나고 잎자루에 잔털이 있다.

꽃
10~11월에 가지 끝 또는 잎겨드랑이에 나온 꽃대에 황색 꽃이 모여 이삭꽃차례를 이룬다. 꽃잎은 주걱 모양이고 작은 꽃자루는 거의 없다. 암술대가 매우 짧고 암술머리는 세 갈래로 갈라진다.

열매
둥근 핵과가 이듬해 5~6월에 흑자색으로 익는다.

주요 특징
겨울에도 잎이 조금 남아 있고, 가을에 꽃이 피며, 봄에 열매가 익는다.

실거리나무

Caesalpinia decapetala (Roth) Alston
바닷가 또는 산지에서 자라는 낙엽성·덩굴성 작은키나무

과명	콩과
분포	전남, 제주
제주어	갑풀낭오라, 범주리낭, 수꾸리낭, 씰거리낭

봄이 끝나 갈 무렵 제주도 해안도로는 실거리나무의 노란색 꽃이 있어 더 멋스럽다. 검은색 현무암, 파란색 바다, 노란색 실거리나무의 꽃은 '깔 맞춤'의 진수를 보여 준다. 실거리나무는 바닷가와 참 잘 어울리는 나무다. 그렇다고 실거리나무를 바닷가에서만 볼 수 있는 것은 아니며 빛이 잘 드는 오름이나 곶자왈 숲 가장자리에서도 만날 수 있다.

키는 6미터 정도 자라지만 보통 3미터를 넘지 않는 경우가 많고, 줄기에는 아래로 꼬부라진 가시가 있다. 무시무시한 가시에 비해 잎은 톱니가 없고 동글동글하여 부드럽고 귀여운 느낌을 준다. 꽃도 특이하다. 동전 크기의 노란 꽃잎은 다섯 장으로 모두 아래를 향해 핀다. 크기가 작은 위쪽 꽃잎에는 꽃가루받이 매개체를 끌어들이기 위한 것으로 보이는 선명한 붉은색 줄이 있다. 꽃술도 노란색 꽃잎 바탕에 붉은색이어서 뚜렷하다. 다섯 장의 꽃받침도 노란색으로 약간 길쭉한 것을 빼면 꽃잎을 닮았다. 종소명 *decapetala*는 '꽃잎이 열 장 있는'이라는 뜻이 있다. 다섯 장의 꽃받침을 포함해 꽃잎이 열 장으로 보여서 붙여졌다. 긴 타원형 꼬투리 열매는 여름이 끝나 갈 무렵 녹색으로 달리고, 가을에 갈색으로 익는다.

실거리나무는 줄기와 가지에 퍼져 있는 갈고리처럼 휘어져 있는 가시가 상징이다. 한 번 걸리면 절대 놓아 주지 않는다. 옷 하나는 버릴 각오를 해야 하고, 잘못하다가는 다리에 심하게 상처를 입을 수도 있다. 게다가 줄기가 가로로 넓게 뻗는 성질이 있어서 가시에 걸릴 확률이 더 높다. 이처럼 실거리나무의 가시는 너무나 강력하다.

　실거리나무라는 이름은 제주도에서 부르는 이름인 '씰거리낭'에서 유래한다. '줄기에 난 꼬부라진 가시에 실을 걸 수 있다'라는 뜻이다. 제주도에서는 지역에 따라 범주리낭, 갑풀낭 등으로도 불린다. 갑풀낭의 '갑풀'은 비닐을 뜻하는 제주어다. 비닐이 실거리나무 가시에 오랫동안 걸려 있어 마치 비닐나무처럼 보여서 그런 이름이 붙은 것 같다. 그 외에도 '가시에 걸리면 빠져나가지 못한다'라는 뜻을 가진 총각귀신나무, 단추갈이나무 등으로 불린다. 한자어로는 야조각野皂角이다. 민간에서는 열매를 운실雲實이라 하여 이질과 설사에 약재로 썼다.

줄기
나무껍질은 자갈색 또는 짙은 회색이며 꼬부라진 예리한 가시가 있다.

잎
어긋나며, 다섯 쌍에서 열 쌍의 작은잎으로 이루어진 깃꼴겹잎이다. 작은잎은 긴 타원형이며 끝이 둥글다. 잎줄기에는 예리하고 꼬부라진 가시가 있다.

꽃
5~6월에 가지 끝에 노란색 꽃이 총상꽃차례로 달리고, 꽃잎과 꽃받침은 다섯 장이며, 위쪽 꽃잎에 붉은 줄이 있다. 수술은 열 개이고, 수술대 아랫부분에 털이 있다.

열매
긴 타원형 협과가 9월에 흑갈색으로 익으며, 여섯 개에서 여덟 개의 종자가 들어 있다.

주요 특징
크고 노란 꽃이 총상꽃차례로 달리고, 꽃잎을 닮은 다섯 장의 꽃받침이 있다.

음나무

Kalopanax septemlobus (Thunb.) Koidz.
산지에서 자라는 낙엽성 큰키나무

과명	두릅나무과
분포	전국
제주어	가시엄낭, 엄낭

제주도에서 음나무는 주로 곶자왈이나 한라산 중턱에서 볼 수 있으나, 드물게 나타나는 것으로 보아 생각만큼 개체 수가 많은 것 같지는 않다. 하지만 조선시대에는 음나무를 진상했다는 기록이 있을 정도이니, 예전에는 제주도에서 많이 자랐던 것으로 생각된다.

음나무는 새로 나는 잎을 나물로 먹는다. 달콤하면서 부드럽게 씹히는 맛이 있어서 동물뿐만 아니라 사람들도 좋아한다. 이를 방어하기 위해 음나무는 무서운 가시로 무장했다. 하지만 점점 몸을 키우면서 줄기 아래쪽 가시는 차차 없애고 위쪽에만 조금 남긴다. 새 말고는 동물들이 나무 꼭대기까지는 올라오지 못하기 때문에 굳이 가시를 만들 필요가 없는 것이다.

음나무는 크게 자라는 큰키나무다. 줄기는 크면서 황갈색에서 서서히 회흑색으로 변하고 폭이 넓은 가시가 난다. 황록색 꽃은 크기가 너무나 작아서 큰 꽃으로 보이기 위해 모여서 우산 모양을 만들었다. 그 결과 녹색의 큰 잎과 비슷한 색을 띠는 작은 꽃인데도 멀리서도 음나무가 꽃이 피었다는 사실을 알 수 있다. 하지만 음나무가 너무 높이 자라는 나무라 꽃을 자세히 볼 수 없다는 단점이 있다. 콩알만 한 열매도 꽃의 수만큼이나 수두룩하게 달린다.

음나무라는 이름은 엄나무에서 유래한다. '엄'의 어원에 관한 여러 이야기가 있다. 엄은 새싹을 뜻하는 옛 이름으로 음나무 잎을 식용한 것과 관련지어 설명한다. 또 줄기에 날카로운 가시가 있어 엄嚴하게 보인다 해서 엄나무라고 하던 것이 음나무로 바뀌었다는 주장도 있다. 제주도에서도 '엄낭'이라 부른다. 종소명 *septemlobus*는 '일곱 개로 얕게 갈라진'이라는 뜻으로 음나무의 잎이 여러 갈래로 갈라진 특징을 설명하고 있다. 옛날에는 귀신을 쫓는다는 의미로 음나무를 대문 옆에 심거나 위에 걸쳐 놓기도 했다. 무서운 가시를 귀신이 싫어한다고 생각했기 때문이다.

제주도에서는 콩이나 보리 등 곡식을 수확하고 탈곡할 때 쓰는 농기구인 도깨의 재료로 음나무를 이용했다. 음나무의 어린잎은 데쳐서 나물로 먹거나 쌈을 싸 먹기도 하며, 줄기와 가지는 보양식의 재료로, 백숙을 만들 때 넣는다. 한방에서는 나무껍질을 해동피海桐皮라 하여 허리나 다리가 아플 때, 마비가 왔을 때 처방한다.

줄기
높이는 25미터 정도다. 나무껍질은 회흑색이며, 폭이 넓은 가시가 있다.

잎
어긋나지만 가지 끝에서는 모여난다. 둥글며 다섯 갈래에서 아홉 갈래로 갈라지고, 갈래 조각의 끝은 뾰족하다. 밑부분은 얕은 심장 모양이고, 가장자리에는 잔톱니가 있다.

꽃
새 가지 끝에서 7~8월에 황록색으로 피고, 긴 꽃대 위에 우산모양꽃차례로 달린다.

열매
둥근 핵과가 9~10월에 검게 익는다.

주요 특징
줄기와 가지에 가시가 있지만 잎에는 없다. 열매는 검은색이다.

청미래덩굴

Smilax china L.
산지에서 자라는 낙엽성 덩굴나무

과명	백합과
분포	전국
제주어	동고리낭, 멩게낭, 멜레기낭, 벨랑귀낭, 벨레기낭

청미래덩굴은 제주도의 오름, 곶자왈, 들판, 산지의 길가 할 것 없이 어디에서나 만날 수 있는 아주 흔한 덩굴나무다. 봄에 동그랗고 두꺼운 잎 사이로 올라오는 새순은 너무나 부드럽다. 50대를 넘긴 사람들은 맛은 없어도 갓 올라온 새순을 따 먹었던 유년 시절의 추억이 있다. 경상도에서는 망개나무, 전라도에서는 맹감나무, 제주도에서는 멩게낭·동고리낭·멜레기낭 등 지역에 따라 부르는 이름이 많다.

청미래덩굴은 햇빛이 잘 드는 곳이 주 삶터이지만, 숲속 그늘에서도 잘 자란다. 어느 곳에서나 볼 수 있어 너무나 흔하고, 생활에 크게 쓰임이 없어서인지 사람들에게는 관심 밖이다. 나무처럼 줄기가 굵어지지도 않고, 풀처럼 부드럽지도 않아 나무인지 풀인지도 헷갈린다. 턱잎이 변한 한 쌍의 덩굴손은 닿을 수 있는 곳이면 아무 곳이나 붙잡고 올라간다. 그러다 잡을 것이 없으면 끝이 말린다. 또 줄기를 사방으로 뻗기 시작하면서 갈고리 같은 작은 가시를 여기저기 내어 동물들의 출입을 방해하기도 한다.

꽃은 자잘하고, 색이 연한 황록색으로 진하지 않아 유심히 보지 않으면 꽃이 피었는지 알지 못한다. 사람들의 눈에 들어올 때는 열매가 붉게 익는 가을이다. 조롱조롱 달린 동그란 열매는 가을이 되면 서서히 붉게 익어 간다. 이때는 식물들이 잎을 떨어뜨리고 겨울을 준비할 시기여서 붉은색 열매가 더욱 도드라진다.

육지에서는 쌀로 만든 반죽을 청미래덩굴의 잎으로 싸서 떡을 쪄 먹기도 했다.

잎을 벗겨 내도 달라붙지 않고, 잎 특유의 향기가 배어 독특한 맛이 난다. 또 이렇게 잎으로 떡을 싸면 오랫동안 보관해도 쉽게 상하지 않아 먹을 수 있는 기간도 길어졌다. 이것이 유명한 망개떡이다. 망개떡이라는 이름은 청미래덩굴의 경상도 지방명인 망개나무에서 유래한다.

청미래덩굴은 생활 도구의 재료로는 쓰임이 크게 없었으나 민간에서는 몸을 건강하게 만드는 재료로 활용했다. 잎을 달여서 차로 마시면 몸속의 독을 제거한다고 알려져 있다. 땅속줄기의 마디마다 있는 수염뿌리에는 가끔 토복령土茯苓이라고 하는 굵은 혹 같은 것이 생긴다. 그 속에 녹말 성분이 들어 있어서 옛날에는 흉년이 들때 곡식과 섞어 밥을 지어 먹기도 했다.

줄기
길이 1~5미터 정도 자란다. 뿌리줄기는 단단하고, 갈고리 같은 가시가 있다. 가지는 마디가 굽어 지그재그 모양을 한다.

잎
어긋나며, 표면에 광택이 있는 원형 또는 넓은 타원형이다. 잎끝은 짧게 뾰족하거나 오목하고 밑부분은 원형 또는 얕은 심장 모양이다. 가죽질이며, 잎겨드랑이에는 두 개의 덩굴손이 있다.

꽃
암수딴그루로 4~5월에 새 가지의 잎겨드랑이에서 황록색 꽃이 우산모양꽃차례로 모여 달린다.

열매
둥근 장과가 10~11월에 붉게 익는다.

주요 특징
잎이 두껍고 광택이 있으며, 줄기에는 갈고리 같은 가시가 있다. 열매는 붉게 익는다.

초피나무

Zanthoxylum piperitum (L.) DC.
저지대 산지에서 자라는 낙엽성 작은키나무

과명	운향과
분포	황해 이남
제주어	제피낭, 조피낭, 죄피낭, 줴피낭, 춤제피

최근 기후변화 때문에 바다 수온이 따뜻해지면서 난대성 어류인 자리돔이 제주도에서 울릉도까지 이동했다는 소식이 들린다. 하지만 현재까지 자리돔의 주산지는 제주도 해안이다. 예로부터 제주 사람들은 여름이 되면 자리돔을 잡아서 물회로 먹었다. 이 '자리물회'는 제주도의 대표적인 향토음식이다. 하지만 몇 년이 더 지나면 자리물회를 울릉도에서도 즐겨 먹는 날이 오지 않을까 싶다.

제주도내 식당에서는 여름철 특별 메뉴로 자리물회가 메뉴판의 한 자리를 차지한다. 자리물회는 자리돔 활어를 얇게 썰어서 양파와 식초 등을 곁들인 음식이다. 자리물회를 만들 때 꼭 넣는 향신료가 바로 초피나무의 잎이다. 잎에서 나는 진한 향이 비린내를 없애 준다. 초피나무잎은 자리물회 말고도 추어탕을 비롯해 다양한 생선요리에 이용한다.

초피나무는 운향과 식물로 제주도에서는 오름이나 곶자왈의 숲속에서 흔하게 볼 수 있는 키가 작은 나무다. 키는 커 봤자 3미터를 넘지 않으며, 줄기에는 턱잎이 변한 가시가 있다. 달걀 모양의 작은잎에도 가시가 나 있으며, 조금만 만져도 진한 향을 내뿜는다. 봄이 한창인 4월에 자잘한 황록색 꽃들이 모여 달리고, 가을이 시작되는 9월에는 열매가 빨갛게 익어 간다.

초피나무의 상징은 잎과 열매에서 나는 진한 향기다. 종소명 *piperitum*은 '후추와 같은'이라는 뜻이 있다. 음식에 곁들이는 후추와 같이 초피나무도 향신료로 쓰였기 때문에 이런 이름이 붙었다. 초피나무는 향기와 함께 줄기에 가시가 있어

나쁜 기운을 쫓아내는 나무로 생각하기도 했다. 또 생선 독을 풀어 주는 해독 약품의 재료로 사용되며, 어린잎으로는 차를 만들어 마시기도 한다.

초피나무라는 이름은 열매껍질을 뜻하는 초피椒皮에서 유래한다. 초피나무의 열매껍질은 한방에서는 약재로 이용했고, 식용하기도 했다. 제주도에서는 초피나무를 제피낭이라 하며, 산초나무의 제주어인 개제피에 대비되는 이름으로 참제피낭이라 부르기도 한다. 그리고 제주도에는 초피나무와 이름이 비슷한 왕초피나무와 산초나무가 같이 자란다. 왕초피나무는 초피나무에 비해 더 크게 자라며, 가시의 아랫부분이 넓다. 또 왕초피나무는 초피나무보다 작은잎의 수는 더 적지만 크기는 더 크다. 결정적으로 왕초피나무의 잎에서는 향기가 나지 않는다.

줄기
높이는 1~3미터 정도 자란다. 나무껍질은 회갈색이며 잎자루 기부에 턱잎이 변한 가시가 마주난다.

잎
어긋나며, 아홉 개에서 열아홉 개의 작은잎으로 이루어진 깃꼴겹잎이다. 작은잎은 넓은 피침형 또는 달걀 모양이며, 가장자리에 물결 모양 톱니와 선점이 있고 향기가 있다. 잎줄기에는 좁은 날개와 짧은 가시가 있다.

꽃
암수딴그루로 4~5월에 새 가지 끝에서 나온 꽃대에 연한 황록색 꽃이 모여 달리며, 꽃잎은 없다. 수술은 네 개에서 여덟 개이고, 암술은 두 개의 심피로 갈라진다.

열매
선점이 있는 둥근 삭과가 9~10월에 붉게 익는다.

주요 특징
가시가 마주나고, 물결 모양 톱니가 있다.

이야기로 만나는 제주의 나무

11장
도토리가 열리는 나무

개가시나무
떡갈나무
붉가시나무
상수리나무
신갈나무
졸참나무
종가시나무
참가시나무

개가시나무

Quercus gilva Blume

저지대 산지에서 자라는 상록성 큰키나무

과명	참나무과
분포	제주
제주어	개가시낭

ⓒ문명옥

　보통 도토리가 열리는 나무를 참나무라 부른다. 참나무는 크게 중부지방에서 주로 자라는 낙엽성 참나무와 따뜻한 남부지방에서 자라는 상록성 참나무로 구분할 수 있다. 제주도에서는 참가시나무, 개가시나무, 종가시나무, 붉가시나무 등 네 종류의 상록성 참나무를 볼 수 있다. 모두 제주도의 곶자왈에서 볼 수 있지만, 개가시나무는 매우 한정적으로 분포한다.
　개가시나무의 나무껍질은 오래되면 비늘조각처럼 붙어 있다 하나씩 떨어져 나간다. 생태강사들은 이를 두고 식물이 똥을 싸는 모습이라고 아이들에게 설명한다. 식물도 양분을 얻는 과정에서 찌꺼기가 쌓이고 이를 배출한다. 보통 낙엽을 떨어뜨리는 방법을 쓰기도 하고, 개가시나무처럼 나무껍질로 내보내기도 한다. 이렇게 나무껍질이 갈라지는 것은 개가시나무의 주요 특징 중 하나다.
　개가시나무의 또 하나의 특징은 다른 가시나무류에 비해 잎이 좁고 작으며, 뒷면에 황갈색 털이 빽빽이 난다는 것이다. 크게 자라는 나무여서 바람이 불 때면 잎 뒷면의 황색이 선명하게 드러나서 멀리서도 개가시나무임을 단박에 알 수 있다. 종소명 *gilva*는 '황색의'라는 뜻으로 황갈색을 띠는 잎 뒷면의 특징을 잘 설명하고 있다. 수꽃은 꼬리 모양으로 길게 늘어지며, 바로 위쪽에는 사마귀 모양의 녹색 암꽃이 있다. 열매 끝에 다른 가시나무 열매에 없는 하얀 털이 있는 점도 특별하다.
　제주도는 개가시나무의 북방한계선에 해당한다. 아쉽지만 제주도에 오지 않으면 개가시나무를 볼 수 없다는 말이다. 최근 국립산림과학원 난대아열대연구소 조사에 의하면 제주도에 670여 그루의 개가시나무가 자생한다고 한다. 대부분 제주도 서쪽의 청수곶자왈과 저지곶자왈 등에 분포하며, 선흘곶자왈에도 일곱 그루가 자라는 것으로 조사되었다. 국내 전체로 보면 너무나 적은 숫자다. 이런 희귀성 때문에 개가시나무는 환경부 지정 멸종위기야생식물 2급으로 지정되어 법의 보호를 받고 있다.

식물 이름의 '개'라는 접두어에는 '사람에게 별로 쓸모없거나 깊은 산속에 자라는 식물'이라는 뜻이 담겨 있다. 여기서 개가시나무의 '개'는 쓸모없다기보다 깊은 산속인 곶자왈에 산다는 의미다. 개가시나무도 다른 가시나무 종류처럼 재질이 단단하여 다양한 농기구의 재료로 사용하기도 했다.

줄기

높이는 20미터 정도에 달하며, 흑갈색 나무껍질은 자라면서 조금씩 벗겨진다. 어린 가지에는 황갈색 털이 빽빽이 나 있다.

잎

어긋나고 가죽질이다. 거꿀피침형으로 잎끝은 뾰족하고 밑부분은 둔하다. 윗부분에 예리한 톱니가 있고, 뒷면에 황갈색 털이 빽빽이 나 있으며, 잎자루에도 털이 있다.

꽃

암수한그루로 4월에 꽃이 핀다. 수꽃은 새 가지 아랫부분에서 밑으로 처지고 암꽃이삭은 윗부분 잎겨드랑이에 달린다. 암꽃은 총포에 싸이고, 암술대는 세 개다.

열매

딱딱한 달걀 모양 견과가 11월에 달린다. 열매 깍정이에는 털이 있다.

주요 특징

잎은 거꿀피침형으로 뒷면에 황갈색 털이 빽빽이 나고, 열매 깍정이(각두, 열매를 싸고 있는 술잔 모양의 받침)에도 흰색 털이 있다.

떡갈나무

Quercus dentata Thunb.
산지에서 자라는 낙엽성 큰키나무

과명	참나무과
분포	전국
제주어	갈낭, 초남, 초낭

 떡갈나무는 동요나 시에 많이 등장하기 때문에 이름을 모르는 사람이 거의 없을 것 같다. 하지만 육지와 달리 제주도에서는 현재 해발 400~600미터 오름 몇 곳에만 자생하기 때문에 나름 귀한 나무다. 몇 년 전 말로만 듣던 떡갈나무를 제주도 서쪽의 새별오름에서 우연히 만났을 때 너무나 행복했던 기억이 있다.

 떡갈나무는 낙엽이 지는 참나무속 나무 가운데 잎이 가장 크고, 높게 자라는 나무다. 떡갈나무라는 이름도 '넓은 잎을 덮개로 이용하는 참나무'라는 뜻의 옛 이름 '덥가나모'에서 유래했다. 잎은 넓적하고 커서 예전에 떡을 찔 때 사이사이에 넣었다고 한다. 이를 근거로 떡갈나무라는 이름이 떡을 찔 때 넣는 참나무라고 주장하기도 한다. 하지만 제주도의 떡갈나무는 키가 4미터를 넘지 않고, 잎도 크지 않다. 아마도 바람 많은 오름에서 살아가려면 몸체를 작게 할 수밖에 없었던 것 같다.

 꽃은 꼬리모양꽃차례로 달려 다른 참나무속 나무와 별다른 차이가 없다. 이에 비해 상록성 참나무의 뾰족한 잎을 주로 보는 제주 사람들에게 둥근 톱니를 가진 떡갈나무의 물결 모양 잎은 너무나 생소하다. 종소명 *dentata*는 '이빨 모양의'라는 뜻으로 잎 가장자리의 특징을 설명한다. 잎에는 털이 많아 부드러운 느낌을 준다. 털이 많으면 수분 증발을 막아 주고 추운 오름에서 추위를 더 잘 견디게 해 준다.

 제주도에서는 떡갈나무를 초낭 또는 갈낭이라 부른다. 초낭은 일반적으로 상수리나무나 떡갈나무에 붙였던 이름이므로 두 나무의 쓰임이 비슷했던 것 같다.

예전 제주도 서부 지역에서는 떡갈나무가 많아 나무껍질을 가지고 밧줄을 물들일 때 염료로 이용했고, 이를 갈물이라 했다. 제주어 갈낭은 갈물에서 온 듯하다.

떡갈나무의 나무껍질은 타닌 성분이 많아 한방에서는 '목골피'라 하여 강장제로 이용했다. 줄기는 단단하여 숯을 만들 때 썼고, 잎은 냉장고에 넣어 두면 냄새를 제거하는 탈취제 효과도 있다. 열매는 다람쥐의 먹이가 되고, 사람들이 만들어 먹는 도토리묵의 재료가 되기도 한다. 또 나무에서 나오는 진은 장수풍뎅이, 사슴벌레, 나비 등의 먹이가 되기 때문에 생태계에서는 없어서는 안 되는 나무다.

줄기
높이는 20미터에 달한다. 나무껍질은 회갈색이고, 불규칙하게 갈라진다. 1년생 가지는 굵고 갈색이며, 별 모양 황갈색 털이 있다.

잎
어긋나며 거꿀달걀형으로 가죽질이다. 잎끝은 둔하고, 밑부분은 귀가 발달하며, 가장자리에는 물결 모양의 둥근 톱니가 있다. 잎자루는 매우 짧으며 뒷면에는 회갈색 털이 있다.

꽃
암수한그루이며, 4~5월에 수꽃차례는 새 가지의 잎겨드랑이에서 밑으로 처지고, 암꽃차례는 새 가지 끝의 잎겨드랑이에 몇 개씩 모여 달린다.

열매
넓은 달걀 모양 견과가 10월에 익는다. 열매 깍정이의 선형비늘조각은 뒤로 젖혀진다.

주요 특징
잎이 크고, 뒷면에 회갈색 털이 빽빽이 나며, 잎자루가 매우 짧다.

붉가시나무

Quercus acuta Thunb.
산지에서 자라는 상록성 큰키나무

과명	참나무과
분포	경북울릉도, 남서해안 섬 지역, 제주
제주어	가시낭, 북가시낭, 홍가시낭

붉가시나무는 상록성 참나무 중에서 가장 높은 곳에서 관찰되는 나무로 저지대 곶자왈에서부터 해발 600미터까지 제주도 내의 분포 범위가 꽤 넓은 편이다. 대부분 하천 주변에서 자라며, 곶자왈이나 동굴 함몰지 주변에서도 간간이 나타난다. 큰 것은 높이가 20미터, 가슴높이 직경이 1미터를 넘는 것도 있어서 다른 집안의 나무뿐만 아니라 같은 가시나무류에도 전혀 밀리지 않는다. 크기로만 보면 상록성 나무 숲의 제왕이라 해도 전혀 손색이 없다.

나무 공부를 처음 하는 사람들이 제주도에 오면 가시나무류를 구분하는 법부터 배운다. 수령이 오래된 붉가시나무는 줄기가 크고, 나무껍질은 비늘 모양으로 벗겨지면서 떨어진다. 다른 가시나무들과 달리 잎 가장자리에 톱니가 없는 것도 특징이다. '도토리'라고 부르는 열매도 다른 가시나무에 비해 크다. 예전 도토리를 구황식물로 이용하던 시절에는 열매가 크기 때문에 가장 각광을 받았던 나무가 아닐까 싶다.

붉가시나무라는 이름은 재질이 다른 가시나무에 비해 붉은 데서 유래한다. 제주어인 북가시낭, 홍가시낭도 같은 의미다. 종소명 *acuta*는 '끝이 뾰족하다'라는 뜻이다. 아마 붉가시나무의 뾰족하게 나온 잎끝 때문에 붙은 이름이라 생각된다.

붉가시나무는 환경 문제의 중요한 화두로 떠오른 기후변화 대응에 가장 좋은 나무로 주목받고 있다. 최근 국립산림과학원의 연구에 의하면 붉가시나무 군락지 1헥타르당 산소 발생량이 12.9톤이나 된다. 이는 소나무 5.9톤의 두 배이며, 성인 50명이 1년간 호흡할 수 있는 양과 맞먹는다고 한다. 또 탄소 흡수량도 1헥타르당 7.89톤으로 중형차 세 대가 1년간 배출하는 양과 비슷하다고 한다.

제주도의 토질은 돌이나 자갈이 섞여 억센 편이다. 이런 곳에는 붉가시나무처럼 재질이 튼튼하고 질긴 나무로 만든 농기구가 필수적이다. 밭을 가는 쟁기, 흙을 파내는 벤줄레와 따비의 재료로 쓰였고, 도정 기구인 남방에도 붉가시나무를 사용했다. 이밖에 집을 지을 때도 재질이 견고한 붉가시나무는 우선 고려하는 소재였다.

줄기
높이는 20미터에 달하며, 나무껍질은 회갈색 또는 회흑색이다. 오래되면 불규칙하게 비늘 모양으로 떨어지고, 껍질눈이 발달한다.

잎
어긋나며 긴 타원형이다. 가죽질 잎의 표면은 짙은 녹색, 뒷면은 담록색으로 어릴 때는 적갈색 털에 덮인다. 잎끝은 점차 뾰족해지고, 밑부분은 넓은 쐐기 모양이며, 가장자리는 밋밋하다.

꽃
암수한그루이며 5월에 핀다. 수꽃은 새 가지 밑부분에서 아래로 축 늘어지고, 여러 개의 수술이 있다. 암꽃은 새 가지 끝의 잎겨드랑이에 몇 개씩 모여 달리며, 갈색 털이 빽빽하다.

열매
달걀 모양 둥근 견과가 이듬해 9~10월에 익는다.

주요 특징
다른 상록성 참나무에 비해 잎이 큰 편이며 가장자리에 톱니가 거의 없다.

상수리나무
Quercus acutissima Carruth.
해발고도가 낮은 산지에서 자라는 낙엽성 큰키나무

과명	참나무과
분포	전국
제주어	진목眞木, 춤낭, 처낭, 초낭

도토리 열매가 열리는 참나무과에는 가시나무로 분류되는 상록성 참나무와 낙엽성 참나무가 있다. 제주도 저지대 곶자왈이나 오름 사면에서 보는 참나무는 대부분 상록성 나무지만 낙엽성 참나무인 상수리나무가 섞여 자란다. 이처럼 상수리나무는 제주도 오름과 곶자왈 등 제주도 곳곳에서 많이 볼 수 있으며, 도토리나무라고 하면 가장 먼저 떠올리게 되는 나무다. 상수리나무는 한자로 '진짜' 나무, 곧 참나무라는 뜻의 진목眞木이다. 어떤 지역에서는 상수리나무만을 참나무라고 할 정도다. 그만큼 참나무 중에서도 상수리나무를 최고로 쳤고, 쓰임이 많았다는 것을 이름에서 알 수 있다.

상수리나무의 나무껍질은 세로로 불규칙하게 갈라진다. 잎은 긴 타원형으로 끝이 뾰족하고, 가장자리의 톱니 끝에는 짧은 연노란색 침이 있다. 잎 가장자리의 침 색깔은 잎 모양이 비슷한 녹색 침이 있는 밤나무와 구별되는 지점이다. 종소명 *acutissima*도 '가장 뾰족한'이라는 뜻으로, 침처럼 뾰족한 잎 가장자리의 톱니를 설명한다. 꽃은 암·수꽃이 한 나무에서 자라며 모습은 다른 참나무와 별반 다르지 않다. 수꽃은 꼬리 모양을 하고, 암꽃은 새로운 가지 잎겨드랑이에서 작고 빨갛게 피어난다. 꽃가루받이가 끝나면 이듬해에 도토리라 부르는 커다란 열매가 달린다. 열매에 긴 비늘조각이 있는 깍정이가 반 이상을 덮고 있는 모습도 상수리나무를 잘 기억할 수 있게 해 준다.

상수리나무라는 이름은 도토리 열매를 뜻하는 '상실橡實'에서 유래한다. 상실에

'이'가 붙어 '상실이'라 부르다 상시리로 변했고, 다시 상수리가 된 것이다. 결과적으로 상수리는 '도토리가 열리는 나무'라는 뜻이다. 상수리나무는 참나무 중에서 도토리가 가장 크며, 탄수화물이 많아 흉년에 허기를 달래 주는 대표적인 구황식물이었으며, 도토리 가루로 떡이나 묵을 해 먹었다. 칼로리가 높지 않아 요즘도 다이어트 식품으로 각광 받는다. 목재는 잘 썩지 않고 단단하여 제주도에서는 표고버섯 재배용 원목으로 쓰인다.

🌱 줄기
높이는 25미터까지 자라며, 회갈색 나무껍질은 세로로 깊게 갈라진다.

🍃 잎
어긋나며 긴 타원형이다. 잎끝은 뾰족하고, 밑부분은 둥글며, 가장자리에는 예리한 톱니가 있다. 표면은 광택이 있고 뒷면은 연한 녹색이다.

🌸 꽃
암수한그루로 4~5월에 핀다. 수꽃차례는 새 가지 밑에서 아래로 드리우고 암꽃차례는 새 가지 끝의 잎겨드랑이에 달린다.

🌰 열매
둥근 모양 견과가 2년 된 가지에 한두 개씩 달리고, 이듬해 10월에 익는다.

주요 특징
잎 가장자리 톱니 끝은 바늘처럼 뾰족하고 연노란색이다. 나무껍질은 세로로 깊게 갈라진다.

신갈나무

Quercus mongolica Fisch. ex Ledeb.

고도가 높은 산지에서 자라는 낙엽성 큰키나무

과명	참나무과
분포	전국

10여 년 전만 해도 한라산 어리목 탐방로 해발 1300미터 지점에 '송덕수'라 불리는 보호수가 서 있었다. 안내표지판에는 "조선 정조 때 흉년이 들어 굶어 죽는 사람이 많았는데, 어느 집안의 하인이 먹을 것을 찾아 헤매다 이 나무 아래서 도토리를 주워서 주인을 살렸다"는 내용이 적혀 있었다. 이 이야기의 사실 여부와 상관없이 한라산을 오르기 시작하여 지루해질 즈음에 나타나는 장소이기 때문에 보호수가 있는 곳은 쉼터 구실을 톡톡히 했다. 하지만 무슨 이유에서인지 한해가 다르게 말라 가더니 지금은 완전히 사라졌다. 이 도토리나무가 바로 신갈나무다.

제주도에서는 신갈나무가 한라산 해발 1000미터 이상에서 흔히 볼 수 있는 나무로, 참나무 중에는 가장 고도가 높은 곳에서 자란다. 종소명 *mongolica*도 '몽골의'라는 뜻으로 추운 북부지방인 몽골에서 많이 자라고 있어서 붙여졌다. 이처럼 신갈나무는 바람이 많고, 비가 많이 내리고, 추운 척박한 환경에서 살아간다. 육지에서는 흔한 나무지만 제주도에서는 한라산에 가야만 볼 수 있는 나무다. 그렇다 보니 제주도에서만 따로 부르는 제주 이름이 없다. 이 사실로 미루어 보아 신갈나무는 만나기도 쉽지 않고, 쓰임이 별로 없었던 나무라고 추정해 볼 수 있다.

높이가 30미터에 달한다고 하나 제주도에서 자라는 것은 보통 7미터를 넘지 않는다. 추운 곳에서 자라기 때문에 키를 낮출 수밖에 없었던 것 같다. 암꽃은 새 가지의 잎겨드랑이에 나고, 꼬리처럼 길게 드리우는 수꽃의 모습은 다른 참나무와 비슷하다. 열매는 그해 가을에 익으며, 깍정이는 표면의 비늘이 구부러져 등이 굽은 모습을 하고 있다.

　이른바 중부지방의 참나무 6형제는 잎과 열매에서 차이가 있어서 잘 관찰하면 구분할 수 있다. 그 가운데 신갈나무는 갈참나무·떡갈나무와 비슷하다. 신갈나무는 잎 가장자리에 굵은 톱니가 있는 것은 갈참나무와 닮았으나 잎자루가 거의 없을 정도로 짧은 것은 다르다. 열매의 깍정이는 털을 뒤집어쓴 떡갈나무와 달리 비늘 모양으로 열매의 반 정도 붙어 있다.

　신갈나무라는 이름은 강원도 방언에서 유래했다. 짚신의 신발창으로 신갈나무 잎을 이용했다는 뜻에서 '신갈이나무'라 하다가 '신갈나무'가 되었다. 열매로 도토리묵을 만들어 먹었고, 목재는 재질이 굳고 치밀하여 건축재나 기구를 만드는 재료 등으로 쓰인다.

줄기
높이는 30미터에 달하며, 나무껍질은 암회색이다.

잎
어긋나지만 가지 끝에서는 모여 난 것처럼 보이고, 거꿀달걀형 또는 긴 타원형이다. 잎끝은 둔하고, 밑부분은 귀 모양이며, 가장자리에는 둔한 물결 모양 톱니가 있다. 잎자루가 짧고 털이 없다.

꽃
암수한그루이고 4~5월에 잎이 나올 때 함께 핀다. 수꽃차례는 새 가지 밑에서 아래로 드리우고, 암꽃차례는 윗부분 잎겨드랑이에서 곧추 자란다.

열매
타원형 견과가 9~10월에 익는다. 각두의 비늘조각은 세모피침형이다.

주요 특징

잎의 밑부분은 귀 모양이며, 잎자루는 짧다.

졸참나무

Quercus serrata Murray
산지에서 자라는 낙엽성 큰키나무

과명	참나무과
분포	중부 이남
제주어	소리낭, 초기낭

낙엽성 참나무에는 갈참나무, 굴참나무, 떡갈나무, 상수리나무, 신갈나무, 졸참나무가 있다. 이들을 보통 '참나무 6형제'라 부르는데, 제주도에서는 갈참나무와 굴참나무를 빼고, 네 종류를 볼 수 있다. 이 가운데 졸참나무는 제주도에서도 비교적 흔한 나무이며, 대략 해발 500미터 이상 산지의 숲에서부터 한라산 중턱까지 분포 범위가 넓은 편이다.

졸참나무는 '작다'라는 뜻의 '졸'이라는 접두어 때문에 작은 나무로 생각하기 쉽다. 게다가 '참나무 6형제'를 공부할 때도 기억하기 쉬우라고 졸참나무를 '졸병나무'라고 외운다. 하지만 졸참나무는 높이가 23미터까지 자라는 큰키나무다. 여기서 '졸'은 이른바 참나무 6형제 중 잎과 열매가 가장 작다는 의미일 뿐이다.

졸참나무의 특징은 잎과 열매에 있다. 잎은 다른 참나무가 물결 모양 아니면 잎 가장자리 톱니가 둔한 느낌을 주는 것에 비해 졸참나무는 크기도 작고, 끝이 뾰족하며, 가장 날카롭다. 종소명 *serrata*도 '톱니가 있는'이라는 뜻으로 졸참나무 잎의 특징을 잘 설명해 주고 있다. 열매도 다른 참나무에 비해 크기가 작고, 둘러싸고 있는 깍정이도 열매의 3분의 1 정도밖에 되지 않는다. 깍정이는 접시 모양으로 겉면에 작은 비늘이 빽빽하게 붙어 있어 털이 있는 상수리나무나 떡갈나무와 차이가 있다. 꽃은 다른 참나무과 나무들처럼 암꽃은 새로 난 가지의 위쪽 잎겨드랑이에 달리고, 수꽃은 길게 아래로 드리운다.

제주도에서는 졸참나무를 서어나무와 함께 '초기낭'이라 부른다. '초기'는 버섯

도토리가 열리는 나무

겨울눈

을 뜻하는 제주어다. 표고버섯의 종균 배양에 대표적으로 사용했던 나무여서 그런 이름이 붙었다. 표고버섯을 재배하는 곳과 졸참나무가 자라는 곳이 대체로 일치하여 많이 이용되었다고 추측해 볼 수 있다. 졸참나무는 재질이 단단해 가구나 기구를 만드는 데 이용되고 있으며, 나무껍질은 염색 재료로도 쓰인다. 열매로는 도토리묵을 만들어 먹고, 열매를 달인 물은 위장과 기침에 좋으며, 아토피에도 좋다고 알려져 있다.

🌿 줄기
높이가 23미터 정도 자란다. 나무껍질은 회백색으로 불규칙하게 세로로 갈라지고, 1년생 가지에는 털이 있다.

🍃 잎
어긋나며 달걀 모양 긴 타원형이다. 잎끝은 뾰족하고, 밑부분은 쐐기 모양이며, 톱니는 다소 안쪽으로 약간 굽는다. 표면에 털이 있으며, 잎자루에는 대부분 털이 있다.

수꽃   암꽃

🌸 꽃
암수한그루로 4~5월에 수꽃차례는 새 가지 밑부분의 잎겨드랑이에서 아래로 처지고, 암꽃차례는 새 가지 윗부분 잎겨드랑이에서 곧게 서서 자란다. 수술은 다섯 개에서 여덟 개이며, 암술대는 두 개에서 일곱 개로 갈라진다.

🌰 열매
긴 타원형 견과가 9~10월에 익는다. 깍정이의 비늘조각은 세모피침형으로 열매에 붙어 있다.

주요 특징
잎이 작고, 잎 가장자리 톱니는 안쪽으로 약간 굽는다.

종가시나무

Quercus glauca Thunb.

산지 또는 계곡 주변에서 자라는 상록성 큰키나무

과명	참나무과
분포	남서해안전남, 전북, 충남, 제주
제주어	가시낭, 버레낭, 소리가시낭

제주도 저지대의 곶자왈은 종가시나무, 구실잣밤나무, 동백나무 등 다양한 상록성 나무들이 모여서 넓은 숲을 이루고 있다. 이 가운데 곶자왈을 우점하고 있는 나무가 종가시나무다. 곶자왈뿐만 아니라 오름이나 하천 변 곳곳에서 볼 수 있어서 제주도에서 종가시나무는 가장 흔한 나무라 할 수 있다.

제주도에서는 1970년대까지만 해도 동백동산을 비롯한 곶자왈에서 숯을 구웠다. 숯의 질은 어떤 재료로 만들었는가에 따라 결정되었다. 그런 면에서 제주도 곶자왈은 최고의 장소였다. 가장 품질이 좋은 숯 재료인 참나무류가 많고, 그 가운데 가시나무류는 조직이 치밀하여 숯이 화력이 세고 오래 간다는 장점이 있다.

제주도에서 종가시나무를 버레낭이라 부른다. 제주어 버레는 '깎은 머리'라는 뜻으로 종鐘의 모습과 통한다. 이에 비추어 종가시나무라는 이름은 '종을 닮은 가시나무'라는 뜻에서 유래한다고 《한국 식물 이름의 유래》에서 설명하고 있다. 종소명 *glauca*는 '회녹색의'라는 뜻으로 종가시나무의 잎 뒷면이 회녹색을 띠는 것을 나타낸다.

종가시나무로 대표되는 가시나무는 재질이 단단하여 척박한 땅을 일구어야 했던 제주 사람들에게는 최고의 농기구 재료였다. 땅속 돌을 파내는 벤줄레, 토지 개간에 이용되는 따비, 흙덩어리를 깨뜨리는 돔배를 가시나무로 만들었다. 농기구 제작 기술의 집약체라 할 수 있는 쟁기의 성에쟁기는 몸체인 '술'과 앞으로 땅을 파헤쳐 나가는 '성에'로 이루어져 있다와 설칫의 재료에도 이용되었으며, 곡물 도정에 쓰이는 춤방애 상

---- 도토리가 열리는 나무

장틀, 틀목, 남방애의 재료에도 쓰였다.

도토리는 생태관광 프로그램에 유용하게 활용되고 있다. 동백동산의 종가시나무는 수만 큼이나 도토리를 풍성하게 만들어 낸다. 선흘리 주민들은 동백동산 탐방객을 대상으로 도토리칼국수를 만들어 먹는 체험프로그램을 진행하여 많은 소득을 올린다. 곶자왈을 개발하지 않아도 이를 활용하여 많은 소득을 올리는 마을 주민들의 지혜에 주목할 필요가 있다.

줄기
높이는 20미터 정도 자란다. 나무껍질은 녹색이 도는 회색이며 껍질눈이 흩어져 있다.

잎
어긋나며 긴 타원형이다. 잎끝은 점차 뾰족해지고 가장자리 중간 부분 이상에 톱니가 있다. 표면은 광택이 나고, 뒷면에는 회색의 누운 털이 있으나 금방 없어진다.

꽃
암수한그루이며 4~5월에 핀다. 수꽃차례는 새 가지 밑에서 아래로 드리우고, 암꽃차례는 새 가지 끝의 잎겨드랑이에서 두세 개씩 모여 달린다.

열매
달걀 모양 견과가 9~10월에 익는다.

주요 특징

잎의 중간 부분부터 위까지 톱니가 있고, 뒷면은 회색의 누운 털이 있다.

참가시나무

Quercus salicina Blume

저지대 산지에서 자라는 상록성 큰키나무

과명	참나무과
분포	경북울릉도, 전남, 제주
제주어	춤가시낭

제주도에서 볼 수 있는 가시나무류는 주로 저지대 하천 변이나 곶자왈에서 자란다. 그 가운데 참가시나무는 종가시나무나 붉가시나무보다 개체 수가 많지는 않다. 보통 식물 이름의 접두어 '참'은 사람에게 큰 이익을 준다는 의미이며 '개'는 그 반대다. 참나무를 풀이하면 '진짜 나무', 가시나무는 상록성 참나무를 말하므로 참가시나무는 '진짜 나무 중에 진짜'라는 뜻이니 사람들에게 얼마나 쓸모가 있었는지 짐작할 수 있다. 제주도에서도 같은 뜻으로 '춤가시낭'이라 부른다.

참가시나무는 종가시나무와 자생지가 겹치고 모습도 너무나 비슷하다. 종가시나무보다 조금이라도 더 크게 자라지만 줄기의 모습은 비슷하다. 잎의 모양도 서로 닮았으나 참가시나무의 잎이 조금 더 길쭉하며, 가장자리의 톱니가 더 날카롭고, 뒷면이 흰색을 띤다. 더욱이 참가시나무의 잎은 변이가 있어서 환경에 따라서 긴 타원형, 타원형 등 다양한 모습을 보인다. 종소명 *salicina*도 '버드나무잎을 닮은'이라는 뜻으로 참가시나무의 긴 타원형 잎의 특징을 설명하고 있다. 새 가지의 잎겨드랑이에서 올라오는 암꽃, 꼬리 모양으로 늘어지는 수꽃, 가을에 달리는 도토리 열매는 다른 참나무와 큰 차이가 없다.

가시나무라고 해서 날카로운 가시가 달렸다고 생각한다면 큰 오산이다. 나무 전체를 살펴보아도 어느 곳에도 가시가 없다. 가시의 뜻은 정확히 알 수 없으나 제주도에서 상록성 참나무를 통틀어 가시목이라 하는 것을 보면 가시나무라는 이름은 제주어에서 유래한 것으로 보인다. 한자로는 가서목^{哥舒木}이다. 재미있는 것은 일본에서도 참나무를 가시라고 한다는 것이다. 우리나라에서 쓰는 이름이 일본에 전해졌다는 이야기다.

잎, 어린줄기, 열매는 약재로 쓴다. 잎과 줄기를 달여서 차처럼 마시면 담낭 결석이나 신장 결석을 없애 줄 뿐만 아니라 콜레스테롤 수치를 낮추고, 소변을 잘 나오게 하며, 가래를 삭이는 효과가 있다. 목재는 단단하여 제주도에서는 낭갈래죽나무삽, 마깨나무망치 등 농기구나 생활용구의 재료로 썼고, 집을 지을 때도 이용했다.

줄기
높이는 20미터 정도 자란다. 나무껍질은 회흑색이며 둥근 흰색 껍질눈이 흩어져 있다. 겨울눈은 긴 타원형이고, 흰색 털이 빽빽이 난다.

잎
어긋나고 긴 타원형이다. 가죽질 잎 양 끝은 뾰족하고, 가장자리에 2분의 1 이상 날카로운 톱니가 있다. 표면은 광택이 나며 뒷면은 분백색이 돈다.

꽃
암수한그루이며 4~5월에 핀다. 수꽃차례는 새 가지 밑부분에서 아래로 드리우며, 암꽃은 새 가지 끝의 잎겨드랑이에서 서너 개씩 모여 달린다.

열매
넓은 달걀 모양 견과가 다음 해 9~10월에 익는다.

주요 특징

잎 가장자리에 2분의 1 이상 날카로운 톱니가 있으며, 뒷면은 분백색을 띤다.

이야기로 만나는 제주의 나무

12장
제주의 산딸기

가시딸기
거문딸기
검은딸기
겨울딸기
멍석딸기
복분자딸기
산딸기
서양오엽딸기
장딸기
줄딸기

가시딸기

Rubus hongnoensis Nakai

빛이 드는 숲속에서 자라는 낙엽성 작은키나무

과명	장미과
분포	제주
제주어	가시탈낭, 보리탈낭

식물은 필요하면 가시를 만들어 꽃이나 열매를 보호하고 자신의 후손을 이어 간다. 가시는 날카롭게 직선으로 뻗기도 하고, 아래로 굽기도 하는 등 모습이 천차만별이다. 가시딸기는 이름에 맞지 않게 가시를 찾아보기가 어렵다. 그렇다고 가시가 전혀 없는 것은 아니다. 어린 가지나 줄기에 잠깐 생겼다가 자라면서 없어지기도 하고, 조금 남아 있기도 하다. 그런데도 굳이 가시나무라고 한 것은 혹시 가시가 많이 있었으면 하는 바람을 담은 이름은 아닐까.

가시딸기는 제주도에서만 자라는 야생 딸기다. 빛이 잘 드는 곶자왈이나 숲이 있는 오름에서 간간이 만날 수 있으나 자생지는 많지 않다. 키는 크다 해도 어른 허리 정도다. 잎은 숲속에서 자라서인지 겹잎으로 이루어져 있다. 잎이 하나보다 여러 갈래로 나뉘어 있어야 빛을 받는 데 조금이라도 유리하기 때문이다.

훈풍이 불어오는 봄이 되면 가시딸기는 서서히 꽃을 피우기 시작한다. 숲속이라 꽃이 많은 것이 유리할 텐데 가지 끝에 꼭 한 송이만 달린다. 하지만 여기에는 반전이 있다. 여름이 시작될 무렵 꽃이 피었던 자리에 열매가 하나씩 달리고 서서히 붉은색으로 익어 간다. 꽃의 수가 적으니 다른 딸기에 비해 열매도 적고, 따라서 싹을 내는 새로운 개체도 많지 않다. 이를 대비하여 가시딸기는 땅속줄기를 발달시켰다. 일종의 보험을 들어 놓은 셈이다. 씨앗으로 싹을 내기도 하지만, 가시딸기는 땅속줄기를 뻗어 군락을 이루면서 자신의 영역을 넓혀 간다.

가시딸기라는 이름은 제주도에서 부르는 이름인 가시탈낭에서 유래한다. 줄기

와 잎줄기에 가시가 있어서 붙여졌다. 가시딸기의 열매가 익어 가는 시기는 제주도에서는 보리를 수확할 때다. 그래서 제주도에서는 가시딸기를 '보리탈낭'이라 부르기도 한다. 종소명 *hongnoensis*는 가시딸기가 처음 발견된 곳이 홍노리라는 것을 뜻한다. 홍노리는 지금의 서귀포시 동홍동과 서홍동을 합친 옛날 지명이며, 가시딸기의 고향이 제주도라는 사실을 말해 준다.

⚘ 줄기

높이는 50~100센티미터 정도 된다. 땅속줄기가 옆으로 뻗으며 줄기를 내어 군락을 이룬다. 가시가 드물게 있고 털은 없다.

🍃 잎

어긋나며, 줄기잎은 세 개에서 일곱 개의 작은잎으로 이루어진 겹잎이다. 작은잎은 넓은 피침형으로 끝이 서서히 뾰족해지고, 밑부분은 둥글거나 넓은 쐐기 모양이며, 가장자리에 겹톱니가 있다.

❀ 꽃

3~4월에 가지 끝에 흰색 꽃이 한 개씩 달리며, 꽃잎은 거꿀달걀형이다. 꽃받침조각은 좁은 삼각형으로 끝이 뾰족하고, 겉에 자잘한 복모가 있으며, 안쪽에 털이 많다.

◌ 열매

둥근 취과가 5~6월에 붉게 익는다.

주요 특징

줄기에 털이 없고, 가시가 드물게 있다.

거문딸기

Rubus trifidus Thunb.

바닷가 가까운 산지와 길가에서 자라는 낙엽성 작은키나무

과명	장미과
분포	부산, 울산, 전남, 제주

보통 야생 딸기라고 하면 키가 별로 크지 않으면서 가시가 있고, 곧게 서거나 덩굴성으로 옆으로 뻗는 것이 대부분이다. 하지만 거문딸기는 야생 딸기이면서도 나무처럼 키가 크고 가시도 없다. 잎도 통탈목처럼 넓적하고 여러 갈래로 갈라져 전체적으로 보면 야생 딸기 같지 않아 보인다.

거문딸기라는 이름에서 거문도에서 처음 발견되었다는 것을 알 수 있다. 그렇다고 거문딸기가 거문도에만 있는 것은 아니며, 제주도를 포함하여 남해안 섬 지역에까지 널리 퍼져 있다. 제주도에서는 바다 가까운 숲에서부터 마을 안길, 중산간 길가까지 어디를 가도 군락을 이루기 때문에 쉽게 눈에 띈다. 특히 제주도 동쪽 송당리, 서귀포시 법환동에는 마치 일부러 심은 가로수처럼 마을 안길을 멋스럽게 단장하고 있다.

거문딸기에는 가시가 없는 대신 줄기·잎자루·꽃자루에 붉은 샘털이 많다. 샘털을 자세히 보면 털처럼 보이지만 끝이 둥글게 뭉쳐 있는 것이 귀여운 느낌이다. 이 샘털은 거문딸기와 비슷한 섬딸기를 구분하는 중요한 특징이다. 하지만 샘털도 나무가 자라면서 서서히 없어진다. 거문딸기의 잎은 다른 딸기나무에 비해 유달리 잎이 크고 세 갈래로 깊게 갈라졌다. 종소명 *trifidus*는 '세 개로 갈라진'이라는 뜻으로 거문딸기 잎의 특징을 잘 나타낸다. 갈라진 커다란 잎 사이로 올해 자란 어린 녹색 가지가 보이고, 봄이 끝나 갈 무렵 그 끝에 하얀 꽃이 몇 송이 달린다.

꽃은 고개 숙임 없이 모두 당당하게 하늘을 향해 있다. 하지만 커다란 덩치에

맞지 않게 꽃은 서너 송이가 달리고, 그것도 한꺼번에 피지 않고 시간 간격을 두면서 하나씩 꽃잎을 연다. 이것은 나름의 꽃가루받이 방책일 듯싶다. 한꺼번에 꽃을 피웠다가 모두 잘리기라도 하면 낭패를 볼 수 있기 때문이다. 아니나 다를까 거문딸기의 삶터는 주로 사람들이 오가는 길가여서 그 위험은 항상 노출되어 있다. 그로부터 한 달 정도 지나면 녹색 열매가 달리고 서서히 붉은빛이 도는 황색으로 익어 간다. 빨갛게 익은 딸기가 눈에 익숙한 탓에 황색을 띠는 열매의 모습이 새롭다. 가시가 없어서 열매 따기는 너무나 수월하다. 때맞추어 오름 산행을 하는 사람들은 거문딸기로 다가가 보지만 수가 적어 따 먹을 것은 별로 없다.

줄기
높이가 1~3미터에 달하고, 굵으며 가시가 없다. 어린 가지는 녹색이며, 털과 샘털이 있다가 서서히 없어진다.

잎
어긋나며 넓은 달걀 모양으로, 세 갈래에서 일곱 갈래로 갈라진다. 표면에는 털이 없으며, 뒷면 맥 위에 짧은 털이 있다. 잎끝은 뾰족하고, 밑부분은 심장 모양이며, 가장자리에 불규칙한 톱니가 있다. 어린 가지의 잎자루에는 샘털이 있다.

꽃
4~5월에 새 가지 끝에 흰색 꽃이 세 개에서 다섯 개씩 위를 향해 달린다. 꽃잎은 넓은 거꿀달걀형이다. 꽃자루에 샘털이 있고, 꽃받침과 더불어 벨벳 같은 털이 난다. 꽃받침조각은 피침형으로 다섯 개이며, 안쪽에 짧은 털이 빽빽이 난다.

열매
둥근 모양 취과가 5~6월에 등황색으로 익는다.

주요 특징
어린 가지의 잎자루와 꽃자루에 샘털이 있으며, 꽃은 위를 향해 핀다.

검은딸기

Rubus croceacanthus H.Lév.
숲가장자리나 풀밭에서 자라는 낙엽성 작은키나무

과명	장미과
분포	제주
제주어	가막탈낭, 감은탈낭

산딸기라는 나무가 따로 있지만 보통 산에서 자라는 딸기를 통틀어 산딸기라 부른다. 산딸기는 줄딸기, 멍석딸기, 장딸기, 거지딸기, 수리딸기, 복분자딸기, 겨울딸기, 검은딸기 등 종류가 많다. 열매는 시큼하고 단맛을 가지고 있어 그냥 먹기도 하고, 따로 모아 술을 담가 먹거나 잼을 만들어 먹기도 한다.

검은딸기는 제주도에서 자라며, 주로 동부지역 곶자왈이나 오름 초입에서 드물게 보인다. 이처럼 검은딸기는 자생지가 몇 곳 없고, 개체 수가 많지 않아 쉽게 만날 수 있는 딸기나무는 아니다. 동백동산 먼물깍에도 검은딸기 한 그루가 있었다. 하지만 몇 해 전 모 연구소가 먼물깍의 수심을 모니터링한다고 튜브를 습지에 띄워 놓고 줄을 검은딸기에 고정하는 바람에 견디지 못하고 결국 고사해 버린 일이 있었다. 비교적 접근하기 쉬워서 검은딸기에 관심을 가진 사람들이 이곳을 찾곤 했었는데 너무나 아쉽게 되어 버렸다. 연구를 위한 일이라 해도 사소한 것까지 신경을 써야 한다는 사실을 생각해 보게 한 사건이었다.

검은딸기는 햇빛이 잘 드는 곳에서 곧추서거나 약간 옆으로 뻗으면서 세를 넓혀 간다. 간섭이 없으면 순식간에 공간을 점령해 버릴 기세다. 검은딸기는 겨울에도 떨어지지 않는 잎과 가장자리의 거친 톱니가 인상적이지만, 거꾸로 달린 줄기의 가시에 먼저 놀란다. 꽃은 흰색으로 줄기를 따라 줄지어 달린다. 하지만 꽃이 아무리 화사하더라도 선뜻 다가서고 싶지 않을 정도로 줄기나 잎줄기에 아래로 구부러진 날카로운 가시가 있다. 게다가 뾰족뾰족 돋아난 붉은색 샘털이 빽빽하여 온통 가시로 덮인 느낌이다. 열매는 생각만큼 많이 달리지 않으나 서서히 붉게 익다가 검붉게 변한다. 열매가 떨어진 뒤에 바로 새 가지와 새잎이 돋아난다. 새 가지는 길게 자라 하늘을 향하고, 새잎도 더 커져서 이전과 조금 다른 모습을 한다.

검은딸기가 제주도에서 자라는 나무인 만큼 이름도 제주어에서 유래했다. 열매가 검게 익어 간다고 해서 이름을 검은딸기라 지은 모양이다. 하지만 완전히 검은색은 아니며 정확하게 검붉은색이라 해야 맞을 것 같다. 제주도에서는 검은딸기를 감은탈낭, 가막탈낭이라 한다. 제주어로 '감은' '가막'은 검다, '탈'은 딸기라는 뜻이다.

줄기
높이는 1미터 정도이며, 줄기는 녹색이다. 뿌리에서 모여 나며 거꾸로 달린 가시가 있다. 곧추서거나 약간 구부러져 옆으로 기면서 뻗는다.

잎
어긋나며, 세 개에서 다섯 개의 작은잎으로 이루어진 겹잎이다. 잎줄기, 잎자루, 잎 뒷면 맥 위에 잔털과 샘털이 빽빽이 나며, 갈고리처럼 굽은 가시가 드물게 있다. 작은잎의 끝은 뾰족하고, 밑부분은 둥글거나 쐐기 모양이며 가장자리에 겹톱니가 있다.

꽃
5~6월에 가지 끝에 한 개에서 세 개씩 흰색 꽃이 달린다. 꽃잎은 다섯 개로 거의 둥글며, 꽃받침조각보다 길다. 꽃자루에 잔털과 샘털이 빽빽이 난다.

열매
둥근 취과가 6~7월에 검붉게 익는다.

주요 특징
작은 가지, 잎줄기, 꽃자루에 붉은색 샘털이 빽빽이 난다.

겨울딸기

Rubus buergeri Miq.
저지대 숲속에서 자라는 반덩굴성·상록성 작은키나무

과명	장미과
분포	전남흑산도, 가거도, 제주
제주어	저슬탈

 딸기는 여름에 먹는 것이 제맛이지만 요즘은 계절을 가리지 않는다. 재배 기술이 발달하면서 사시사철 시장에 나와 있는 것을 살 수 있다. 특히 겨울철 막 따 온 싱싱한 딸기는 미각을 자극하기에 충분하다. 특히 재배 품종이 아닌 야생 산딸기 열매를 겨울에도 먹을 수 있다고 하면 누구나 호기심을 가질 수밖에 없다.
 제주도에서는 겨울에도 빨갛게 익은 산딸기를 볼 수 있다. 바로 겨울딸기라는 이름을 가진 야생 딸기로 여름철에 먹는 딸기 같은 맛은 아니나 그런대로 먹을 만하다. 국내 주요 자생지는 제주도이며, 흑산도나 가거도 등 남해안 섬 지역에서도 자란다. 제주도에서 겨울딸기가 사는 곳은 저지대 곶자왈이나, 하천 변, 숲을 이룬 오름 사면이다. 특히 서귀포 지역의 하천 주변 숲에 가면 굉장히 넓은 면적에 분포해 있는 것을 볼 수 있다. 최근 생태여행이 주목받으면서 관광객들은 빨갛게 익은 겨울딸기를 보려고 일부러 곶자왈을 찾기도 한다. 겨울딸기라는 이름이 주는 특별함 때문이 아닐까 싶다.
 여름에 꽃이 피고, 겨울에 열매가 익기 때문에 겨울딸기라 부른다. 제주어로는 겨울딸기를 뜻하는 저슬탈이다. 제주어로 '저슬'은 겨울, '탈'은 딸기다. 그런데 아열대 지역에서 자라는 겨울딸기는 봄에 꽃을 피우고 가을에 익는다고 한다. 보통의 식물들처럼 겨울딸기도 따뜻한 기후에서는 빨리 꽃을 피우고 열매를 맺는 것이다. 환경에 따라 생태적 주기도 달라져 겨울딸기라는 이름이 무색하다.
 국내에서 자라는 여러 종류의 산딸기 가운데 겨울딸기가 가장 키가 작을 것 같다. 아무래도 추운 겨울을 나려면 키를 작게 하여 다른 물체에 의지해야 유리할 것이다. 낙엽성인 다른 산딸기와 달리 겨울딸기는 손바닥 모양의 넓적한 상록성 잎을 가지고 땅 위를 기면서 영역을 넓혀 간다. 여름에 잎겨드랑이에 숨어 피는 흰 꽃도 크기가 작아 자세를 낮추지 않으면 자세히 볼 수 없다.

제주도 중산간에 위치한 곶자왈은 따뜻하여 눈이 쌓이는 날이 거의 없다. 하지만 운이 좋으면 하얀 눈과 겨울딸기의 붉은색 열매가 만들어 놓은 아름다운 풍경을 볼 수 있다. 이처럼 겨울딸기가 발산하는 매력은 겨울에도 곶자왈을 찾아야 할 또 하나의 이유를 만들어 준다. 열매는 그냥 먹을 수 있으며 잼이나 파이, 주스 등도 만들 수 있다.

줄기
높이는 20~30센티미터 정도로 땅을 기면서 자라고, 마디에서 뿌리가 내린다. 보통 줄기에 가시가 있으나 없는 것도 있다.

잎
어긋나며 달걀 모양 또는 거의 둥근 형태다. 잎은 얕게 세 갈래에서 다섯 갈래로 갈라진다. 잎끝은 둥글고, 밑부분은 심장 모양이며, 가장자리에 잔톱니가 있다. 잎자루에는 짧은 털이 빽빽이 나며, 작은 가시가 드물게 있다.

꽃
7~8월에 가지 끝이나 잎겨드랑이에서 나온 꽃차례에 네 개에서 열 개의 흰색 꽃이 모여 달리고, 꽃대와 꽃자루에 갈색 털이 빽빽이 난다. 꽃받침조각은 좁은 삼각형으로 끝이 뾰족하고, 뒷면에는 황색 털이 빽빽하다.

열매
둥근 취과가 10~12월에 붉게 익는다.

주요 특징

상록성 나무로 줄기는 땅을 기며 잎 뒷면에 갈색 털이 빽빽이 난다.

멍석딸기

Rubus parvifolius L.
산지에서 자라는 낙엽성 작은키나무

과명	장미과
분포	전국
제주어	보리탈, 탈낭, 태역탈

제주도에서는 멍석딸기를 바닷가 풀밭, 오름, 농로 주변 길가, 곶자왈 등 어디를 가나 흔히 볼 수 있다. 먹을거리가 별로 없던 시절에는 멍석딸기가 아이들의 주요 간식거리였다. 밭으로 일을 하러 갈 때나 산으로 놀러 갈 때도 잠깐 시간을 내어 멍석딸기를 따 먹는 것은 당연한 순서였다. 생각만큼 단맛은 없지만 한 줌 따서 입속으로 털어 넣으면 나름 먹을 만했다.

산딸기 종류는 암술이 많고 각각 작은 열매를 만든다. 이 작은 열매들이 다시 뭉쳐 하나의 큰 열매가 된다. 그리고 작은 과일 속에는 씨앗이 하나씩 들어 있다. 열매를 보면 아주 탐스러워 선뜻 달려들지만 씨앗이 많아서 먹기에 불편한 것이 사실이다. 그래도 빨갛게 익은 산딸기를 보고서 그냥 지나칠 사람은 많지 않을 것 같다.

봄이면 잔가시가 있는 멍석딸기의 줄기는 땅이나 돌담을 가리지 않고 사방으로 뻗으면서 자란다. 잎은 넓은 달걀 모양 작은잎으로 이루어진 겹잎이며, 줄기 끝에 진분홍색 꽃을 서너 개 피운다. 그런데 일반적인 산딸기 종류와 달리 꽃잎을 안쪽으로 오므린 채 꽃술을 감싸고, 꽃가루받이가 끝나면 하나씩 떨어져 나간다.

멍석딸기라는 이름은 줄기가 멍석처럼 땅바닥에 깔려 자라는 산딸기라는 뜻에서 유래한다. 멍석은 곡식을 널어 말릴 때 쓰는 생활 도구를 말한다. 전국에서 자라기 때문에 지방에 따라 멍딸기, 번둥딸기, 덤불딸기, 수리딸나무 등 많은 이름을 가지고 있다. 제주도에서도 지역에 따라 보리탈, 태역탈 등으로 불린다. 여기서 '탈'은 제주어로 '딸기'를 뜻한다. 보리탈은 보리를 수확할 때 열매가 익어서 붙은 이름인 듯하다. '태역'은 제주어로 '잔디'이므로 풀밭에서도 많이 보이기 때문에 생긴 이름 같다. 종소명 *parvifolius*는 '작은 모양의 잎의'라는 뜻으로 작은잎으로 이루어진 겹잎을 설명하고 있다.

명석딸기의 열매는 그냥 먹을 수도 있고 술을 담가 먹기도 한다. 한방에서는 약재로 쓰기도 하는데, 주로 소화기 질환과 독을 푸는 데 효험이 있다. 제주도에 자생하며 작은잎의 길이가 1센티미터 이하로 작고 줄기에 가시가 많은 것을 사슴딸기^{R. parvifolius var. taquetii}로 구분하기도 한다.

줄기
높이는 1~2미터 정도 되고 가시와 털이 있다. 꽃이 없는 줄기는 옆으로 뻗으며 자라다 흙이 덮이면 뿌리를 내린다.

잎
어긋나며, 세 개에서 다섯 개의 작은잎으로 이루어진 겹잎이다. 작은잎은 넓은 거꿀달걀형 또는 둥근 달걀 모양이며 가장자리 결각에 톱니가 있다. 표면에는 잔털, 뒷면에는 흰색 털이 빽빽이 나고, 잎줄기와 잎자루에 부드러운 털과 작은 가시가 있다.

꽃
5~6월에 가지 끝이나 잎겨드랑이에 진분홍색 꽃이 몇 개씩 모여 달린다. 꽃줄기와 꽃자루, 꽃받침 열편 뒷면에 부드러운 털이 빽빽이 나고, 작은 가시가 있다.

열매
달걀 모양 또는 둥근 취과가 6~8월에 붉게 익는다.

주요 특징

포복성 줄기로 가지를 길게 뻗고, 가시는 바늘 모양이 아니다.

복분자딸기

Rubus coreanus Miq.

햇빛이 잘 드는 산지에서 자라는 낙엽성 작은키나무

과명	장미과
분포	전국
제주어	가막탈낭, 가믄탈낭

숲 가장자리에 살면서 가시를 달고 있는 나무들은 숲을 지키는 파수꾼이다. 이런 나무들이 있으면 숲속으로 들어가고 싶어도 가시 때문에 한참 고생해야 한다. 복분자딸기는 가시뿐만 아니라 덤불을 만들어 철통 경비를 하고 있어서 그 방어망을 도저히 뚫을 수가 없다. 숲지킴이로서는 단연 으뜸이다.

제주도에서 복분자딸기는 곶자왈이나 오름의 숲 가장자리에서 볼 수 있다. 붉은 줄기에 갈고리 같은 가시를 달고, 하얀 분가루를 뒤집어쓰고 있다. 줄기는 곧게 자라다 어느 순간 방향을 바꿔 길게 늘어뜨리다 땅에 닿으면 다시 뿌리를 내리고, 그 자리에서 새로운 개체를 만들면서 덤불을 이룬다. 이것은 곧게 자라거나 땅을 기는 다른 산딸기와는 다른 모습이다. 복분자딸기는 왜 이런 방식을 택했을까. 그 이유는 열매에 있다. 열매가 까맣게 익으면 달콤한 맛이 있어 새들이 날아들고 곤충이 달려든다. 심지어 사람들은 익지 않은 열매까지 눈에 보이는 족족 엄청난 양을 따 간다. 사람들은 보통 열매로 술을 담그거나 약재로 이용하기 때문에 씨앗이 산지에 남지 않는다. 씨앗을 퍼뜨려 후손을 이어 가야 하는 복분자딸기 입장에서는 정말 환장할 노릇이다. 결국 복분자딸기는 다른 수단을 쓸 수밖에 없다. 바로 줄기를 늘어뜨려 새로운 개체를 만들어 가는 방식이다. 후손을 이어 가기 위한 복분자딸기의 고육지책인 셈이다.

잎은 작은잎으로 이루어진 겹잎으로 표면에 약간 광택이 있다. 꽃은 작은 꽃들이 모여 우산 모양을 하고 있고, 멍석딸기처럼 꽃잎을 안쪽으로 오므린 채 꽃술을 감싸고 있다. 꽃가루받이가 끝나면 꽃잎이 하나씩 떨어져 나가 꽃술만 남는다. 열매는 붉은색에서 검은색으로 익는다.

제주도에서는 복분자딸기를 검은딸기처럼 가믄탈낭 또는 가막탈낭이라 부른다. 여기서 '가믄' 또는 '가막'은 '검다', '탈낭'은 '딸기나무'라는 뜻의 제주어다. 모두 검은 열매가 달리는 데서 유래했다. 복분자딸기라는 이름은 열매인 복분자^{覆盆子}에서 유래한다. 복분자는 한방에서는 소변을 잘 나 오게 하거나 간을 보호하는 데 쓰는 약재다. 복분자로 만든 전통주는 각종 행사의 선물이나 상품으로 쓴다. 또 복분자에는 당분·섬유질·비타민 등의 영양소가 풍부해 건강식품으로도 애용된다.

줄기
높이가 1~3미터 정도이며, 나무껍질은 자주색 또는 붉은색을 띤다. 흰 가루로 덮여 있으며, 굽은 가시가 있다.

잎
어긋나며, 다섯 개에서 일곱 개의 작은잎으로 이루어진 겹잎이다. 작은잎은 달걀 모양 또는 타원형으로 잎끝이 뾰족하고, 밑부분은 둥글거나 넓은 쐐기 모양이며, 가장자리에는 불규칙한 톱니가 있다. 뒷면은 맥 위에 짧은 털이 있고, 잎자루에는 굽은 가시가 있다.

꽃
5~6월에 가지 끝에 분홍색 꽃이 산방꽃차례로 달리고, 꽃잎은 거꿀달걀형이다. 꽃받침조각은 긴 달걀 모양으로 꼬리처럼 길게 나오고, 가장자리에 털이 있으며, 꽃잎보다 길다.

열매
둥근 취과가 7~8월에 붉게 열리며, 서서히 검은색으로 익는다.

주요 특징
줄기를 길게 늘어뜨리고, 끝이 땅에 닿으면 뿌리를 내려 덤불을 이룬다.

산딸기

Rubus crataegifolius Bunge

햇빛이 잘 드는 산지에 자라는 낙엽성 작은키나무

과명	장미과
분포	전국
제주어	산탈낭, 탈낭

산딸기라고 하면 산에서 나는 야생 딸기를 통틀어 말한다. 종류도 많고 맛도 약간씩 다르다. 하지만 산딸기라는 이름을 가진 딸기나무는 따로 있다. 제주도에서 산딸기는 빛이 드는 곶자왈 숲 주변이나 하천 변 잡풀이 우거진 곳에서 쉽게 볼 수 있다. 숲 가장자리에 버티고 서서 숲의 파수꾼 역할을 하지만, 가시 때문에 가장 쉽게 베이는 나무이기도 하다.

산딸기가 자라는 곳은 대부분 오랜 시간 방치된 산지의 길가 또는 풀밭이다. 숲이 되는 과정에서 공터에 일찍 자리를 잡는 나무라 할 수 있다. 그렇다 보니 아무리 자연스러운 숲이라 할지라도 산딸기가 자라고 있다면 전에 인간의 간섭이 있었던 곳이라 생각해도 틀리지 않는다. 이처럼 산딸기는 사람들의 흔적이 남아 있는 곳에서 자란다.

곧게 자라는 줄기에는 가시가 있으며, 잎은 다른 산딸기류와 달리 크고, 몇 갈래로 갈라졌다. 나무 전체에 흰 꽃이 풍성하게 달리고, 빨갛게 익은 열매는 너무나 매혹적이다. 사람들은 산딸기의 열매를 본다면 줄기에 달린 가시에 찔릴 것을 걱정하면서도 그냥 지나치기가 쉽지 않다. 높이도 커 봤자 2미터 이내여서 열매 따기도 쉬운 편이다. 새콤달콤한 맛을 기대하며 한 움큼 따서 먹으면 산행의 즐거움이 두 배가 된다. 야생 딸기 중에 가장 맛있는 것을 고르라면 1위가 단연 산딸기가 아닐까 싶다.

산딸기는 '산에서 나는 딸기나무'라는 뜻이다. 이름처럼 민가 주변에서는 좀처럼 볼 수 없고 산지에서만 자라는 특성이 있다. 나무처럼 곧게 서서 자라서 나무딸기라 말하기도 하며, 진짜 딸기라는 뜻의 참딸기라고도 한다. 제주도에서도 산딸기라는 뜻의 '산탈낭'이라 부른다. 종소명 *crataegifolius*는 '산사속과 비슷한'이라는 뜻이 있다. 결각이 있는 산딸기의 잎이 산사속 나무의 잎과 비슷한 모양이어서 붙여졌다.

열매는 그냥 먹기도 하고 잼을 만들기도 한다. 최근 연구에 의하면 산딸기 열매가 혈관 내에 쌓인 노폐물을 배출시켜 혈관 질환 개선에 도움을 주며, 노화를 방지하는 물질도 들어있다고 한다. 또 가래를 삭이며 술독을 풀어 주는 효능도 있다고 한다.

줄기
높이는 1~2미터 정도 자라며, 뿌리가 길게 옆으로 뻗으며 군락을 이룬다. 줄기는 적갈색으로 가시가 흩어져 난다.

잎
어긋나며, 넓은 달걀 모양으로 세 갈래에서 다섯 갈래로 갈라진다. 잎끝은 뾰족하고, 밑부분은 심장 모양이며, 가장자리에는 겹톱니가 있다. 뒷면 맥 위에는 가는 털과 작은 가시가 있고, 잎자루에도 가시와 털이 있다.

꽃
5월에 가지 끝에 흰색 꽃이 몇 개씩 달린다. 꽃잎은 긴 타원형으로 뒤로 젖혀지고, 꽃받침 안쪽 면에는 빽빽이 난 흰 털이 있다.

열매
둥근 취과가 5~6월에 붉게 익는다.

주요 특징
줄기, 잎자루, 잎 뒷면에 가시가 있다.

서양오엽딸기
Rubus fruticosus L.
저지대 산지에서 자라는 유럽 원산의 낙엽성 작은키나무

| 과명 | 장미과 |
| 분포 | 전국 |

　귀화식물은 관상용 또는 목축용으로 들어왔다가 터를 잡고 살기도 하고, 의도치 않게 수입 물품이나 사람들이 이동할 때 함께 딸려 들어오기도 한다. 제주도에는 대략 250종이 넘는 귀화식물이 자란다. 유럽 원산인 서양오엽딸기는 과실수로 재배하기 위해 들여온 것이 제주도에 귀화한 경우에 해당한다. 제주도에서는 동부지역 김녕곶자왈과 제주시 아라동 하천 변에서 자라고 있다.
　서양오엽딸기를 보면 우선 두꺼운 줄기에서부터 꽃대까지 달리는 날카로운 가시에 놀란다. 더구나 군락을 이루기 때문에 꽃이 예쁘다고 생각 없이 달려들었다가는 오도 가도 못하게 되어 낭패를 당하기 십상이다. 서양에서는 동물들이 열매를 따 먹으려 서양오엽딸기가 있는 곳에 들어갔다가 나오지 못하여 죽는 일도 있다고 할 정도다.
　줄기에는 억센 가시가 거꾸로 살짝 휘어져 달리고, 4월이면 새싹이 돋기 시작한다. 손바닥 모양을 한 작은잎은 너무나 귀엽지만 하얀 털이 가득한 잎 뒷면의 잎줄기에도, 잎자루에도 거센 가시가 달려 함부로 만질 수가 없다. 연분홍색 꽃은 너무나 화사하여 어두운 곶자왈 안에서 단연 돋보인다. 카메라가 있다면 이 꽃을 보고 그냥 지나칠 사람이 없을 것 같다. 열매는 녹색에서 빨간색, 다시 검은색으로 익어 간다. 복분자처럼 생긴 까만 열매는 단맛이 일품이다. 열매는 그냥 먹을 수 있고, 잼이나 주스를 만들 수도 있다.
　유럽에서 들어온 귀화식물이면서 잎이 다섯 장이어서 서양오엽딸기라 한다. 최근에는 서양산딸기라고 부르기도 하며, 서양블랙베리로 알려져 있기도 하다. 종소명 *fruticosus*는 '작은키나무 모양의'라는 뜻이 있다. 서양오엽딸기가 나무처럼 곧게 서서 자라는 특징을 설명한다.

현재 서양오엽딸기는 김녕곶자왈 내 빛이 드는 초지에는 어김없이 들어서 있다. 곶자왈 대부분을 점령했을 정도로 분포 범위가 넓다. 아직 자생지가 두어 곳밖에 발견되지 않았지만 빠르게 확산하고 있어 제주숲의 생태교란이 우려되기도 한다.

줄기
높이는 1~2미터 정도 되고, 네모지며 적갈색이다. 전체적으로 억센 가시가 있다.

잎
어긋나며, 세 장에서 다섯 장의 작은잎으로 이루어진 손바닥 모양 겹잎이다. 작은잎은 달걀 모양 긴 타원형으로 잎끝은 뾰족하고 밑부분은 거의 둥글거나 쐐기 모양이며, 가장자리에 톱니가 있다. 표면은 털이 없고 광택이 나며 뒷면은 녹색으로 흰 솜털이 빽빽이 난다.

꽃
5~6월에 가지 끝에 연분홍색 또는 흰색 꽃이 원뿔모양꽃차례로 달린다. 꽃잎은 거꿀달걀형으로 가장자리에는 주름이 있고, 꽃받침조각은 좁은 삼각형으로 바깥 면에 털이 있다. 수술은 꽃잎보다 짧고 암술은 많다.

열매
둥근 모양 취과가 7~8월에 붉은색에서 검은색으로 익는다.

주요 특징

꽃은 원뿔모양꽃차례로 달리고, 잎은 손바닥 모양 겹잎으로 뒷면에 흰 솜털이 빽빽이 나 있다.

장딸기

Rubus hirsutus Thunb.

풀밭이나 숲 가장자리에서 자라는 낙엽성 작은키나무

과명	장미과
분포	경남, 전남, 제주
제주어	감티탈낭, 보리탈낭

장딸기는 중산간 마을 길가의 나무 아래, 오름 자락 같은 빛이 드는 숲 그늘 등 제주도 전역에서 어렵지 않게 관찰된다. 제주도에서는 겨울의 찬 기운이 남아 있는 3월 중순이면 장딸기꽃을 볼 수 있다. 이 시기는 보통 나무의 새잎이 돋아나기 전으로, 산딸기 중에서도 장딸기의 개화 시기가 가장 빠르다.

   보통 숲속에서 자라는 키 작은 식물들은 일찍 꽃을 피운다. 제주도에서는 복수초나 변산바람꽃이 2월이면 꽃을 피우고, 3월이면 열매가 달린다. 이렇게 작은 식물들은 큰 나무의 잎이 자라서 빛을 가리기 전에 꽃을 피워야 하고 열매를 만들어야 한다. 빨리 서두르지 않으면 씨앗을 만들고 후손을 이어 가는 일이 쉽지 않기 때문이다.

   나무 그늘에서 자라는 장딸기도 비슷한 운명이다. 제주도에서는 3월 중순이 되면 장딸기가 붉은빛이 도는 잎을 내면서 하얀 꽃을 수두룩하게 피운다. 산지의 들판은 어디를 가나 장딸기 꽃으로 장관이다. 꽃 주변은 일찍 깨어난 꽃등에나 벌들로 문전성시를 이루고 서서히 꽃가루받이가 시작된다. 봄이 무르익는 4월이 되면 붉은빛이 돌던 잎은 어느새 녹색으로 바뀌고 줄기에는 온통 흰 꽃이 뒤덮인다.

   5월은 보통 많은 식물이 꽃을 피우는 시기지만, 장딸기는 결실의 시기다. 꽃이 피었던 자리에는 어느새 붉은 열매가 달린다. 생각보다 꽤 많은 숫자다. 장딸기는 동물들에게 먹혀서 씨앗을 다른 곳으로 옮기려고 하지만 다시 싹을 낼 수 있는 곳에 갈 수 있을지 장담할 수가 없다. 이를 대비해 장딸기는 열매를 많이 만들어 놓았다. 뿌리를 옆으로 확장하면서 줄기를 내어 영역을 넓혀 가기도 한다.

장딸기는 열매가 고추장처럼 붉은색을 띤다 해서 이름이 유래한 것으로 추정한다. 장딸기의 장醬은 육장, 된장, 고추장 등을 말한다. 제주도에서 부르는 이름은 보리탈낭, 감티탈낭이다. 여기서 '탈'은 딸기, '낭'은 나무를 의미한다. 보리탈낭은 보리를 수확할 때 열매가 열리는 산딸기라 해서, 감티탈낭감티는 산간에 사는 제주 사람들이 쓰는 방한모자은 산에서 나는 야생딸기라 해서 붙여진 이름이다. 종소명 *hirsutus*가 '거센 털이 있는'이라는 뜻이 있는데, 줄기에 샘털과 잔털이 많아서 붙여진 듯하다.

❦ **줄기**

높이는 20~60센티미터 정도이며, 곧추서거나 길게 옆으로 비스듬히 선다. 뿌리가 옆으로 뻗으면서 자라서 군락을 이룬다.

❦ **잎**

어긋나며, 세 개에서 다섯 개의 작은잎으로 이루어진 겹잎이다. 중축과 잎자루에 짧은 털과 샘털이 있으며, 작은 가시가 드물게 있다. 작은잎은 달걀 모양이며, 가장자리에 겹톱니가 있다.

❦ **꽃**

3~5월에 가지 끝에 한 개씩 달린다. 꽃받침조각은 좁은삼각형으로 결실기에 뒤로 젖혀지며 끝이 길게 뾰족하다. 뒷면에는 짧은 털과 샘털이 빽빽하다. 수술은 꽃잎보다 짧고, 암술보다 약간 길다.

❦ **열매**

둥근 취과가 5~7월에 붉은색으로 익는다.

주요 특징

꽃은 가지 끝에 한 개씩 달리고, 줄기가 가늘고 샘털·잔털과 굽은 가시가 있다.

줄딸기

Rubus pungens Cambess.
산지에서 자라는 낙엽성 작은키나무

과명	장미과
분포	전국
제주어	산탈, 줄탈

제주시 해안동에 있는 중산간 목장에는 줄딸기가 남방바람꽃과 이웃하여 자란다. 게다가 남방바람꽃이 필 때면 줄딸기도 함께 꽃을 피워 두 종류를 한꺼번에 볼 수 있다. 이곳을 찾는 들꽃애호가들은 남방바람꽃을 보는 것이 주목적이지만 줄딸기꽃의 아름다움에 자연스럽게 시선을 옮기게 된다.

꽃만 가지고 이야기한다면 산딸기 가운데서 줄딸기꽃의 주목도가 단연 으뜸이다. 줄기의 잎겨드랑이에 줄지어 달린 연홍색 꽃이 햇빛을 받고 있는 모습은 너무나 화사하다. 이렇게 봄 햇살 아래 줄딸기는 푸른 싱그러움과 매력적인 꽃으로 사람들을 유혹한다. 이 때문에 아무리 흔하고 매년 보는 꽃이라도 때가 되면 다시 찾을 수밖에 없다.

줄딸기는 너무 그늘지지 않은 숲 가장자리에 자란다. 제주도에서는 곶자왈 숲이나 계곡 주변 숲에서 흔히 볼 수 있다. '줄기를 뻗으면서 자란다'고 하여 줄딸기라 하고, 다른 이름으로 덩굴딸기라고도 부른다. 하지만 일반적인 덩굴 식물처럼 다른 나무줄기를 감고 올라가지 않고 줄기를 아래로 길게 늘어뜨린다. 지역에 따라서는 덩굴딸기, 덤불딸기, 애기오엽딸기 등으로 부르고, 제주도에서도 '덩굴지는 딸기'라는 의미로 줄탈, '산에서 나는 딸기'라는 뜻으로 산탈이라 한다.

산딸기 집안에는 여러 종이 있으며, 종마다 각각의 특징을 가지고 있다. 보통 잎 한 장이 여러 갈래로 갈라져 있는 산딸기와 달리 줄딸기의 잎은 작고 연하며, 작은잎으로 이루어진 겹잎이다. 줄딸기의 잎은 무늬뾰족날개나방 애벌레가 먹고

자란다. 꽃 한가운데에 꽃술이 뭉쳐 있고, 연홍색 꽃잎이 활짝 열려 있다. 열매는 여름에 빨간색으로 먹음직스럽게 익는다. 단맛은 산딸기나 복분자딸기에 비하면 조금 떨어지는 편이어서 현장에서 따 먹는 일은 드물다.

줄기가 덩굴지고 꽃이 예뻐 울타리용으로 키우면 괜찮을 것 같다. 열매에는 여러 가지 영양소가 많아 그냥 먹거나 잼을 만들기도 하고, 술을 담가 먹기도 한다. 한방에서는 피로회복이나 식욕증진을 위한 약재로 쓴다.

줄기
높이는 1~3미터 정도 되고, 옆으로 비스듬히 뻗는다. 가시가 있고 어린 가지는 붉은빛이 돈다.

잎
어긋나며 다섯 개에서 일곱 개의 작은잎으로 이루어진 깃꼴겹잎이다. 중축과 잎자루에 털과 샘털이 있으며, 작은잎은 달걀 모양으로 끝이 뾰족하고 밑부분은 둥글거나 심장 모양이다. 잎 가장자리에는 결각상의 겹톱니가 있고, 뒷면 맥 위에는 잔털이 빽빽이 나 있으며, 작은 가시가 드물게 있다.

꽃
4~5월에 짧은 가지 끝에 연홍색 꽃이 한 개씩 달리며, 꽃자루에도 가시가 있다. 꽃잎은 다섯 개이며 꽃받침보다 길다.

열매
둥근 모양 취과가 6~8월에 붉게 익는다.

주요 특징
줄기가 옆으로 뻗고, 꽃자루와 꽃받침에 털이 있다.

참고문헌과 참고 웹사이트

강우근, 《강우근의 들꽃 이야기》, 도서출판 메이데이, 2012
강정효, 《한라산 이야기》, 눈빛, 2016
강판권, 《역사와 문화로 읽는 나무사전》, 글항아리, 2009
김찬수, 《알타이 식물 탐사기》, 지오북, 2020
김찬수 외, 《제주지역의 임목유전자원》, 국립산림과학원, 2007
김찬수 외, 《제주지역의 희귀식물》, 국립산림과학원, 2008
김태영·김진석, 《한국의 나무》, 2018, 돌베개
담수계, 《역주 증보 탐라지》, 제주문화원, 2005
박상진, 《우리 나무의 세계》, 김영사, 2015
박종욱 외(한국식물지편집위원회), 《The Genera of Vascular Plants of Korea》, 아카데미출판사, 2007
석주명, 《제주도 방언집》, 서귀포문화원, 2008
오장근·오찬진, 《(숲해설) 나무야 나무》, 푸른행복, 2015
윤충원, 《나무생태도감》, 지오북, 2016
이상태, 《한국식물검색집》, 아카데미서적, 1997
이성권, 《동백동산에서 나무와 마주하다》, 조천읍람사르습지보호지역관리위원회, 2016
이우철, 《한국 식물명의 유래》, 일조각, 2005
이우철, 《원색한국기준식물도감》, 아카데미서적, 1996
이우철, 《한국식물명고》, 아카데미서적, 1996
이유미, 《한국의 야생화》, 다른세상, 2010
이창복, 《대한식물도감》(검색표 포함), 향문사, 1980
이형상, 《남환박물》, 푸른역사, 2009
제주도 국립민속박물관, 《제주의 곶자왈》, 신광서림, 2007
제주대학교박물관, 《제주의 농기구》, 도서출판 각, 2009
제주대학교박물관, 《제주의 바다, 땅 그리고 사람》, 삼성문화인쇄, 2012
제주문화예술재단, 《(개정 증보) 제주어 사전》, 일신옵셋, 2009
제주 야생화, 《제주 야생화》, 디자인늘, 2014
제주특별자치도, 《조천읍 역사 문화지》, 일신옵셋, 2011
조민제 외 5인 편저, 《한국 식물 이름의 유래》, 심플라이프, 2021

"산유자나무 추출물 화장품 8종 출시", 〈한라일보〉, 2013년 9월 25일
국가생물종지식정보시스템 www.nature.go.kr
국가표준식물목록 www.nature.go.kr/kpni
나무위키 namu.wiki
제주특별자치도청 홈페이지 www.jeju.go.kr
한국민족문화대백과사전 encykorea.aks.ac.kr
한라수목원(식물자료실) sumokwon.jeju.go.kr

찾아보기 가나다순

ㄱ

가막살나무 *Viburnum dilatatum* Thunb. ········· 086
가시딸기 *Rubus hongnoensis* Nakai ········· 342
감탕나무 *Ilex integra* Thunb. ········· 128
개가시나무 *Quercus gilva* Blume ········· 324
개다래 *Actinidia polygama* (Siebold & Zucc.) Planch. ex Maxim. ········· 266
개머루 *Ampelopsis glandulosa* (Wall.) Momiy. var. *heterophylla* (Thunb.) Momiy. ········· 268
개서어나무 *Carpinus tschonoskii* Maxim. ········· 088
갯대추나무 *Paliurus ramosissimus* (Lour.) Poir. ········· 188
거문딸기 *Rubus trifidus* Thunb. ········· 344
검노린재나무 *Symplocos tanakana* Nakai ········· 090
검은딸기 *Rubus croceacanthus* H.Lév. ········· 346
겨울딸기 *Rubus buergeri* Miq. ········· 348
고추나무 *Staphylea bumalda* DC. ········· 092
곰솔 *Pinus thunbergii* Parl. ········· 236
곰의말채나무 *Cornus macrophylla* Wall. ········· 094
광나무 *Ligustrum japonicum* Thunb. ········· 130
구상나무 *Abies koreana* Wilson ········· 050
구실잣밤나무 *Castanopsis sieboldii* (Makino) Hatus. ········· 020
국수나무 *Stephanandra incisa* (Thunb.) Zabel ········· 096
굴거리나무 *Daphniphyllum macropodum* Miq. ········· 052
귀룽나무 *Prunus padus* L. ········· 054
길마가지나무 *Lonicera harae* Makino ········· 132
까마귀머루 *Vitis heyneana* Roem. & Schult. subsp. *ficifolia* (Bunge) C.L.Li ········· 270
까마귀밥나무 *Ribes fasciculatum* Siebold & Zucc. var. *chinense* Maxim. ········· 098
까마귀베개 *Rhamnella franguioides* (Maxim.) Weberb. ········· 134
까마귀쪽나무 *Litsea japonica* (Thunb.) Juss. ········· 190
꾸지뽕나무 *Cudrania tricuspidata* (Carrière) Bureau ex Lavallée ········· 302

ㄴ

남오미자 *Kadsura japonica* (L.) Dunal ········· 272
낭아초 *Indigofera pseudotinctoria* Matsum. ········· 192
노박덩굴 *Celastrus orbiculatus* Thunb. ········· 274
녹나무 *Cinnamomum camphora* (L.) J. Presl ········· 238
누리장나무 *Clerodendrum trichotomum* Thunb. ········· 100
느티나무 *Zelkova serrata* (Thunb.) Makino ········· 022

ㄷ

다래 *Actinidia arguta* (Siebold & Zucc.) Planch. ex Miq. 276
다정큼나무 *Rhaphiolepis indica* (L.) Lindl. var. *umbellata* (Thunb. ex Murray) H.Ohashi 024
담쟁이덩굴 *Parthenocissus tricuspidata* (Siebold & Zucc.) Planch. 278
담팔수 *Elaeocarpus sylvestris* var. *ellipticus* (Thunb.) H. Hara 026
댕댕이덩굴 *Cocculus orbiculatus* (L.) DC. 280
덜꿩나무 *Viburnum erosum* Thunb. 102
돈나무 *Pittosporum tobira* (Thunb.) W. T. Aiton 028
돌가시나무 *Rosa lucieae* Franch. & Rochebr. ex Crép. 194
동백나무 *Camellia japonica* L. 030
된장풀 *Desmodium caudatum* (Thunb.) DC. 136
두릅나무 *Aralia elata* (Miq.) Seem. 304
들쭉나무 *Vaccinium uliginosum* L. 056
등수국 *Hydrangea petiolaris* Siebold & Zucc. 282
때죽나무 *Styrax japonicus* Siebold & Zucc. 104
떡갈나무 *Quercus dentata* Thunb. 326

ㅁ

마가목 *Sorbus commixta* Hedl. 058
마삭줄 *Trachelospermum asiaticum* (Siebold & Zucc.) Nakai 284
말오줌때 *Euscaphis japonica* (Thunb.) Kanitz 168
머귀나무 *Zanthoxylum ailanthoides* Siebold & Zucc. 306
먼나무 *Ilex rotunda* Thunb. 032
멀구슬나무 *Melia azedarach* L. 196
멀꿀 *Stauntonia hexaphylla* (Thunb.) Decne. 286
멍석딸기 *Rubus parvifolius* L. 350
모람 *Ficus oxyphylla* Miq. ex Zoll. 288
모새나무 *Vaccinium bracteatum* Thunb. 170
목련 *Magnolia kobus* DC. 210
무주나무 *Lasianthus japonicus* Miq. 212

ㅂ

배롱나무 *Lagerstroemia indica* L. 034
백량금 *Ardisia crispa* (Thunb.) A.DC. 172
백리향 *Thymus quinquecostatus* Celak. 060
보리밥나무 *Elaeagnus macrophylla* Thunb. 198

복분자딸기 *Rubus coreanus* Miq. · 352
분단나무 *Viburnum furcatum* Blume ex Maxim. · 062
붉가시나무 *Quercus acuta* Thunb. · 328
붉나무 *Rhus chinensis* Mill. · 138
붉은병꽃나무 *Weigela florida* (Bunge) A. DC. · 064
붓순나무 *Illicium anisatum* L. · 174
비목나무 *Lindera angustifolia* W.C.Cheng · 106
비자나무 *Torreya nucifera* (L.) Siebold & Zucc. · 240
빌레나무 *Maesa japonica* (Thunb.) Moritzi & Zoll. · 140

ㅅ

사스래나무 *Betula ermanii* Cham. · 066
사스레피나무 *Eurya japonica* Thunb. · 142
산개벚지나무 *Prunus maximowiczii* Rupr. · 068
산검양옻나무 *Toxicodendron sylvestre* (Siebold & Zucc.) Kuntze · 144
산딸기 *Rubus crataegifolius* Bunge · 354
산딸나무 *Cornus kousa* F.Buerger ex Hance · 036
산뽕나무 *Morus bombycis* Koidz. · 108
산유자나무 *Xylosma japonica* (Thunb.) A.Gray ex H.Ohashi · 308
산철쭉 *Rhododendron yedoense* Maxim ex Reget f. *poukhanense* (H.Lev.) M.Sugim. ex T.Yamaz. · 070
산초나무 *Zanthoxylum schinifolium* Siebold & Zucc. · 310
산호수 *Ardisia pusilla* A.DC. · 176
상동나무 *Sageretia thea* (Osbeck) M.C.Johnst. · 312
상수리나무 *Quercus acutissima* Carruth. · 330
새덕이 *Neolitsea aciculata* (Blume) Koidz. · 146
새비나무 *Callicarpa mollis* Siebold & Zucc. · 148
생달나무 *Cinnamomum yabunikkei* H.Ohba · 150
서양오엽딸기 *Rubus fruticosus* L. · 356
섬개벚나무 *Prunus buergeriana* Miq. · 214
섬매발톱나무 *Berberis amurensis* var. *quelpaertensis* (Nakai) Nakai · 072
성널수국 *Hydrangea liukiuensis* Nakai · 216
센달나무 *Machilus japonica* Siebold & Zucc. · 242
소귀나무 *Myrica rubra* (Lour.) Siebold & Zucc. · 244
솔비나무 *Maackia fauriei* (H.Lév.) Takeda · 218
송악 *Hedera rhombea* (Miq.) Siebold & Zucc. ex Bean · 152
수정목 *Damnacanthus major* Siebold & Zucc. · 220

순비기나무 *Vitex rotundifolia* L.f. ······ 200
시로미 *Empetrum nigrum* L. subsp. *asiaticum* (Nakai ex H.Itô) Kuvaev ······ 074
신갈나무 *Quercus mongolica* Fisch. ex Ledeb. ······ 332
실거리나무 *Caesalpinia decapetala* (Roth) Alston ······ 314

ㅇ

암매 *Diapensia lapponica* L. var. *obovata* F.Schmidt ······ 222
영주치자 *Gardneria nutans* Siebold & Zucc ······ 290
예덕나무 *Mallotus japonicus* (L.f.) Müll.Arg. ······ 110
온주밀감 *Citrus unshiu* (Yu.Tanaka ex Swingle) Marcow. ······ 246
왕머루 *Vitis amurensis* Rupr. ······ 292
왕벚나무 *Prunus* × *yedoensis* Matsum. ······ 038
우묵사스레피 *Eurya emarginata* (Thunb.) Makino ······ 202
육박나무 *Actinodaphne lancifolia* (Blume) Meisn. ······ 154
윤노리나무 *Pourthiaea villosa* (Thunb.) Decne. ······ 112
으름덩굴 *Akebia quinata* (Houtt.) Decne. ······ 294
은행나무 *Ginkgo biloba* L. ······ 250
음나무 *Kalopanax septemlobus* (Thunb.) Koidz. ······ 316
이나무 *Idesia polycarpa* Maxim. ······ 178
이팝나무 *Chionanthus retusus* Lindl. & Paxton ······ 204
인동덩굴 *Lonicera japonica* Thunb. ······ 296

ㅈ

자귀나무 *Albizzia julibrissin* Durazz. ······ 114
자금우 *Ardisia japonica* (Thunb.) Blume ······ 156
작살나무 *Callicarpa japonica* Thunb. ······ 158
장딸기 *Rubus hirsutus* Thunb. ······ 358
제주백서향 *Daphne jejudoensis* M.Kim ······ 224
조록나무 *Distylium racemosum* Siebold & Zucc. ······ 252
졸참나무 *Quercus serrata* Murray ······ 334
종가시나무 *Quercus glauca* Thunb. ······ 336
주목 *Taxus cuspidata* Siebold & Zucc. ······ 076
주엽나무 *Gleditsia japonica* Miq. ······ 254
죽절초 *Sarcandra glabra* (Thunb.) Nakai ······ 226
줄딸기 *Rubus pungens* Cambess. ······ 360
줄사철나무 *Euonymus fortunei* (Turcz.) Hand.-Mazz. var. *radicans* (Siebold ex Miq.) Rehder ······ 298

ㅊ

참개암나무 *Corylus sieboldiana* Blume ········ 116
참가시나무 *Quercus salicina* Blume ········ 338
참꽃나무 *Rhododendron weyrichii* Maxim. ········ 180
참나무겨우살이 *Taxillus yadoriki* (Siebold ex Maxim.) Danser ········ 228
참느릅나무 *Ulmus parvifolia* Jacq. ········ 118
참빗살나무 *Euonymus hamiltonianus* Wall. ········ 120
참식나무 *Neolitsea sericea* (Blume) Koidz. ········ 040
채진목 *Amelanchier asiatica* (Siebold & Zucc.) Endl. ex Walp. ········ 230
청미래덩굴 *Smilax china* L. ········ 318
초령목 *Michelia compressa* Maxim. ········ 232
초피나무 *Zanthoxylum piperitum* (L.) DC. ········ 320

ㅌ

털진달래 *Rhododendron mucronulatum* var. *ciliatum* Nakai ········ 078

ㅍ

팥배나무 *Aria alnifolia* (Siebold & Zucc.) Decne. ········ 122
팽나무 *Celtis sinensis* Pers. ········ 256
푸조나무 *Aphananthe aspera* (Thunb.) Planch. ········ 258

ㅎ

함박꽃나무 *Magnolia sieboldii* K.Koch ········ 080
합다리나무 *Meliosma pinnata* (Roxb.) Maxim. var. *oldhamii* (Miq. ex Maxim.) Beusekom ········ 160
호자나무 *Damnacanthus indicus* C.F.Gaertn. ········ 182
홍괴불나무 *Lonicera maximowiczii* (Rupr.) Regel ········ 082
화살나무 *Euonymus alatus* (Thunb.) Siebold ········ 162
황근 *Hibiscus hamabo* Siebold & Zucc. ········ 206
황벽나무 *Phellodendron amurense* Rupr. ········ 124
황칠나무 *Dendropanax trifidus* (Thunb.) Makino ex H.Hara ········ 184
회화나무 *Styphnolobium japonicum* (L.) Schott ········ 260
후박나무 *Machilus thunbergii* Siebold & Zucc. ········ 042
후피향나무 *Ternstroemia gymnanthera* (Wight & Arn.) Bedd. ········ 164

이야기로 만나는 제주의 나무

글·사진 이성권

1판 1쇄 펴낸날 2022년 11월 30일
1판 2쇄 펴낸날 2023년 8월 14일
펴낸이 전은정
펴낸곳 목수책방
출판신고 제25100-2013-000021호
대표전화 070 8151 4255
팩시밀리 0303 3440 7277
이메일 moonlittree@naver.com
블로그 post.naver.com/moonlittree
페이스북 moksubooks
인스타그램 moksubooks
스마트스토어 smartstore.naver.com/moksubooks
디자인 엠모티프(문석용)
제작 야진북스

ISBN 979-11-88806-36-2 (03480)
가격 30,000원

Copyright ⓒ 2022 이성권
이 책은 저자 이성권과 목수책방의
독점 계약에 의해 출간되었으므로
이 책에 실린 내용의 무단 전재와 무단 복제,
광전자 매체 수록을 금합니다.